高等学校智能制造工程

数字化网络化智能化技术

主编 余晓晖

中国教育出版传媒集团

高等教育出版社·北京

内容提要

本书是高等学校智能制造工程系列教材之一，系统介绍智能制造革命性共性赋能技术的基本概念、基本原理、关键技术、发展趋势与工业应用。

本书分为 8 章。第 1 章绪论，介绍智能制造的意义、赋能技术以及赋能技术与工业融合的发展脉络。第 2 章计算机及其软件技术，介绍数字电路与集成电路、计算机、软件、数据管理与分析技术等内容。第 3 章数字传感与控制技术，从数字传感技术和数字控制技术两方面阐述其原理和应用。第 4 章通信与网络互联技术，从技术原理、关键技术、发展趋势与工业应用等几个方面对数字通信技术和互联网技术进行诠释。第 5 章云计算与大数据技术，介绍云计算、边缘计算技术和大数据技术等内容。第 6 章网络信息安全与区块链技术，从网络信息安全技术和区块链技术两方面介绍其技术原理、关键技术、发展趋势与工业应用。第 7 章智能化技术，介绍大数据智能、跨媒体智能、群体智能、混合增强智能和智能融合等技术。第 8 章人工智能在工业中的应用，从工业智能的应用发展、数字孪生技术及其在工业中的应用等方面介绍人工智能在相关工业领域实践和最新应用进展。

本书可作为高等学校智能制造工程、机械设计制造及其自动化等相关专业的教材，也可供相关工程技术人员参考。

图书在版编目（ＣＩＰ）数据

数字化网络化智能化技术 / 余晓晖主编. -- 北京：
高等教育出版社，2024.5

ISBN 978-7-04-061791-7

Ⅰ. ①数… Ⅱ. ①余… Ⅲ. ①智能制造系统-高等学
校-教材 Ⅳ. ①TH166

中国国家版本馆CIP数据核字（2024）第044285号

Shuzihua Wangluohua Zhinenghua Jishu

策划编辑	卢 广	责任编辑 卢 广	封面设计 李树龙	版式设计	李彩丽
责任绘图	黄云燕	责任校对 刁丽丽	责任印制 沈心怡		

出版发行	高等教育出版社	网 址	http://www.hep.edu.cn
社 址	北京市西城区德外大街 4 号		http://www.hep.com.cn
邮政编码	100120	网上订购	http://www.hepmall.com.cn
印 刷	北京印刷集团有限责任公司		http://www.hepmall.com
开 本	787 mm×1092 mm 1/16		http://www.hepmall.cn
印 张	18.25		
字 数	380 千字	版 次	2024 年 5 月第 1 版
购书热线	010-58581118	印 次	2024 年 5 月第 1 次印刷
咨询电话	400-810-0598	定 价	38.50 元

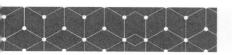

数字化网络化
智能化技术

主编 余晓晖

计算机访问：

1 计算机访问https://abooks.hep.com.cn/1261063。

2 注册并登录，进入"个人中心"，点击"绑定防伪码"，输入图书封底防伪码（20位密码，刮开涂层可见），完成课程绑定。

3 在"个人中心"→"我的图书"中选择本书，开始学习。

手机访问：

1 手机微信扫描下方二维码。

2 注册并登录后，点击"扫码"按钮，使用"扫码绑图书"功能或者输入图书封底防伪码（20位密码，刮开涂层可见），完成课程绑定。

3 在"个人中心"→"我的图书"中选择本书，开始学习。

课程绑定后一年为数字课程使用有效期。受硬件限制，部分内容无法在手机端显示，请按提示通过计算机访问学习。

如有使用问题，请直接在页面点击答疑图标进行问题咨询。

扫描二维码
访问新形态教材网

https://abooks.hep.com.cn/1261063

本书编写组

主　　编　　余晓晖

副主编　　敖　立

参　　编　　续合元　刘　默　任　禾　闫　树　陈　洁　王翰华　刘晓曼

李亚宁　汪俊龙　李　铮　徐浩铭　郑文煜　李婷伟　齐丹阳

王海萍　张立锋　赵　旭　张　乾　吴　迪　马　飞　李紫涵

朱斯语　马鹏玮　张奕卉　李　宇　邸绍岩　王　卓　巩艺骧

王超伦　马嘉慧

前　言

　　数字化、网络化、智能化技术可以为各行业、各种类制造系统赋能,与制造技术深度融合,形成智能制造技术。智能制造技术是第四次工业革命的核心技术,是推进制造企业转型升级的核心驱动力。对于智能制造而言,数字化、网络化、智能化技术是革命性共性赋能技术。特别是,人工智能作为引领新一轮科技革命和产业变革的战略性技术,正成为赋能推动新型工业化、建设制造强国的重要驱动力。

　　智能制造作为信息技术和制造业深度融合的产物,其要点包括两个方面。一方面,数字化、网络化、智能化等信息技术是智能制造革命性的共性赋能技术。这些共性赋能技术与制造技术的深度融合,引领和推动制造业革命性的转型升级。另一方面,智能制造的核心要义是人工智能赋能先进制造业。智能技术是赋能技术,为主导,制造技术是本体技术,为主体。数字化网络化智能化技术需要与制造技术进行深度融合,形成新一代智能制造技术。如同第一次工业革命中的蒸汽机技术、第二次工业革命中的电动机和内燃机技术,数字化、网络化、智能化技术在智能制造的发展中发挥了核心赋能支撑作用,特别是人工智能全面赋能工业各个领域,必将成为第四次工业革命的核心驱动力。

　　数字化、网络化、智能化技术的发展也为经济社会发展带来重大创新变革。数字化技术的发展将催生以数据为关键要素的新型经济形态,形成以数字产业化和产业数字化为主要特征的数字经济。网络化技术将社会经济串联成高效、协同的统一有机整体,将互联网的创新成果与经济社会各领域深度融合。而以新一代人工智能技术为代表的智能化技术,则将进一步引发社会经济各领域的深层次智能化变革,带来生产、生活与社会治理模式的全面跃迁。

　　本书是高等学校智能制造工程系列教材之一,主要面向学习智能制造的学生和从事智能制造的工程技术人员,系统介绍智能制造革命性共性赋能技术的基本概念、基本原理、关键技术、发展趋势与工业应用。本书具有以下特色。

　　(1) 系统性。本书内容从基本概念、基本原理入手,着重介绍数字化、网络化、智能化关键技术,最后落脚于工业应用,全书主线清晰、层次分明;注重本书各章节之间以及与本套教材之间内容上的协调与匹配,与本套教材一起共同构成智能制造工程的完整知识体系。

　　(2) 全面性。本书内容包括计算机及其软件技术、数字传感与控制技术、通信与网络互联技术、云计算与大数据技术、网络信息安全与区块链技术、智能化技术等,涵盖了智能制造赋能技术的各个方面。

（3）先进性。本书内容注重产学研融合，引入最新技术及其发展成果，例如 ChatGPT、区块链、数字孪生等。

（4）实践性。本书引入各类赋能技术的成功应用案例，既增加了教材的实践性，又开阔了读者的眼界。

（5）新形态。积极推动新形态教材的建设工作，不仅制作了配套的电子课件，还以二维码的形式提供大量案例视频，既拓展了教材的内容，又方便教学与学习。

本书由中国信息通信研究院组织编写。余晓晖担任主编，敖立担任副主编，余晓晖、敖立、刘默共同制定了本书编写大纲，并负责全书的统稿工作。具体编写分工如下：第 1 章由汪俊龙、徐浩铭编写，第 2 章由王翰华、郑文煜、齐丹阳编写，第 3 章由任禾编写，第 4 章由陈洁、朱斯语编写，第 5 章由闫树、马飞、李紫涵编写，第 6 章由刘晓曼编写，第 7 章由李亚宁、李婷伟、王海萍编写，第 8 章由李亚宁、赵旭、吴迪、李宇编写。参与本书编写工作的还有：续合元、李铮、张乾、邸绍岩、张立锋、马鹏玮、张奕卉、王卓、巩艺骧、王超伦、马嘉慧。

教育部高等学校机械类专业教学指导委员会主任、东北大学原校长赵继教授认真审阅了本书，提出了许多宝贵意见与建议。在此表示衷心感谢！

由于作者水平有限，书中不足之处在所难免，肯定广大读者批评指正，联系邮箱：renhe@caict.ac.cn。

作者

2023 年 11 月

目　录

第7章

智能化技术 / 169

第 1 章

绪论

1.1 智能制造概述

1.1.1 智能制造的意义

1. 我国正处在推动制造业由大到强的关键时期

制造业是国民经济的主体,是立国之本、强国之基,推动制造业高质量发展势在必行。从历史与现实看,制造业的强盛是实现现代化、成为世界强国的必要条件,基础雄厚且创新活跃的制造业是任何国家、地区繁荣发展的根基,其重要性远非对 GDP 的贡献率所能衡量。党的二十大强调要坚持把发展经济的着力点放在实体经济上,推进新型工业化,加快建设制造强国。

经过 70 多年的奋斗,我国走出了一条中国特色的工业化发展道路,已经建立了独立完整的产业体系,是世界上唯一拥有联合国产业分类中全部工业门类的国家,包括 41 个工业大类、207 个工业中类、666 个工业小类,工业增加值增长超 970 倍。自 2010 年始,我国制造业增加值已连续 12 年位居世界第一,占全球比重提高到近 30%,成为名副其实的制造业大国。我国制造业自主创新活跃,上天、入地、下海、高铁、通信、新能源等众多领域,持续涌现出水平先进的创新产品。我国制造业发展基础雄厚、动能强劲,产业链、供应链韧性持续提升,向着可持续发展的制造迈进。我国坚持推进信息化与工业化融合发展,构建了完备先进的信息通信基础设施和技术体系,形成产业与应用互促共进的良好生态。

但我们必须清醒意识到,我国制造业大而不够强,在质量效益、结构优化、可持续发展等方面还有一定短板。根据对世界制造强国的量化评价,美国居领先地位,处于第一方阵,把控了集成电路、科学仪器、生物医药等高端产业链的诸多核心环节;德国、日本处于第二方阵;中国处于第三方阵,正在接近和进入第二方阵,但与第一方阵的制造强国美国相比仍有较大差距。未来 30 年,我国必须坚定不移加快制造强国建设,不断推动制造业由大到强,由世界产业链中低端走向中高端,由制造大国迈向制造强国。

2. 智能制造是建设制造强国的主攻方向

从工业革命发展历程来看,人类经历了以机械化、电气化、信息化/自动化为特征的三次工业革命。新一轮科技革命和产业变革形成历史性交汇,信息化与工业化深度融合并纵深推进,以数字化、网络化、智能化为特征的第四次工业革命成为大势所趋。

从各国布局看,美国依托自身技术创新优势,以先进制造业战略推进新一轮工业革命;德国以工业 4.0 战略输出主张与标准,维系自身优势产业地位;日本提出超智能社会 5.0 战略,将互联网工业作为重要发力点;英国、法国、韩国及其他众多国家均出台了相关战略,以推动制造业智能化变革为主要抓手,构建当代国家竞争新优势。

从产业未来发展趋势来看,以数字化、网络化、智能化为代表的赋能技术正加速与制造业深度融合,尤其是以人工智能为代表的智能化技术已展现出对制造业的强大赋能作用,呈现出技术创新快、应用渗透强等特点,推动生产方式、创新方式和管理模式发生深刻变革。纵观全球科技和产业发展态势,新技术、新模式、新业态层出不穷,特别是生成式人工智能蓬勃发展、加速迭代,在研发设计、生产制造等领域展现出巨大潜力,推动传统工业经济向数字经济升级。新技术孕育新赛道,新趋势带来新变局,以人工智能为引领的新一轮科技革命和产业变革必将重塑国际竞争格局,为后发国家由制造业中低端迈向中高端提供难得的历史机遇。推动人工智能赋能新型工业化,对于加快制造强国建设、为中国式现代化构筑强大物质技术基础具有重要意义。

1.1.2　智能制造的三类范式

智能制造是先进制造技术与新一代信息技术的深度融合,致力于通过产品、生产、服务等制造全生命周期、全要素环节的优化集成,沿数字化、网络化、智能化的方向不断提升企业的产品质量、效益、服务水平,推动制造业实现创新、协调、绿色、开放、共享发展。

随着技术融合与应用的不断深化与发展,智能制造在演进过程中形成了三个基本范式。一是计算机、感知、控制、通信等技术与制造业融合,逐步演化出数字化制造;二是互联网技术与制造业的融合发展形成数字化网络化制造;三是以人工智能(artificial intelligence, AI)、大数据、5G 等为代表的新一代信息通信技术与制造业融合应用,助力制造业迈向数字化网络化智能化制造,如图 1-1 所示。

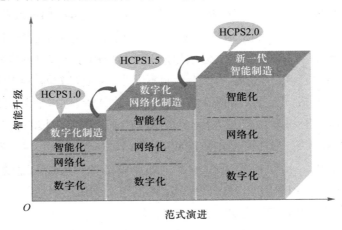

图 1-1　智能制造的三个基本范式

从系统构成的角度看,智能制造系统主要是由人、信息系统和物理系统构成的人-信息-物理系统(human cyber-physical system,HCPS),如图 1-2 所示。其中,物理系统是完成生产活动的主体;人则是完成生产活动的主宰与主导,主要完成感知、学习、决策及操控等任务;信息系统则通过软硬件部署,实现信息的输入与计算分析,有效代替人类完成感知、决策、分析及操控等任务中的部分功能。而智能制造的实质就是设计、构建和应用不同用途、不同层次的 HCPS。

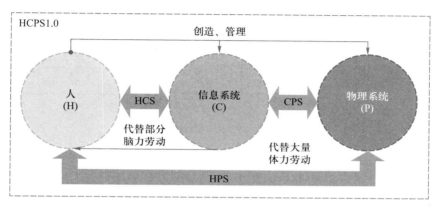

图 1-2　人-信息-物理系统构成简图

随着智能制造范式的演进,HCPS 也在相应地演进。从传统的"人-物理"(HPS)二元系统进入"人-信息-物理"三元系统(HCPS1.0&HCPS1.5),进而进入新一代"人-信息-物理"系统(HCPS2.0),表现出不同的内涵和技术体系。

1. 数字化制造

传统制造系统只包含人和物理系统两部分,主要通过人对机器的操作完成工作任务。尽管物理系统替代了部分人类劳动,但仍需要人完成感知、决策、控制、学习等任务,对人要求高,脑力和体力劳动较大,系统整体效率不够高。20 世纪中叶以后,制造业对技术进步的强烈需求以及计算机、数字控制等信息化技术的发展,共同推动制造业进入了数字化制造时期。与传统制造 HPS 系统相比,最本质的变化是信息系统的加入,从而融合形成了 HCPS 三元系统。数字化制造可定义为第一代智能制造,而面向数字化制造的 HCPS 可定义为 HCPS1.0。

与 HPS 相比,HCPS1.0 整合了人、信息系统和物理系统的各自优势,制造系统的计算分析、精确控制以及感知能力等都得到极大的提高,相应地,其自动化程度、工作效率、质量与稳定性以及解决复杂问题的能力等各方面均得以显著提升。不仅操作人员的体力劳动强度进一步降低,更重要的是,人类的部分脑力劳动也可由信息系统完成,知识的传播利用以及传承效率都得以有效提高。例如,与传统机床加工系统(HPS)对应的数控机床加工系统(HCPS1.0),则是在人和机床之间增加了信息系统。

在 HCPS1.0 中,物理系统仍然是主体,信息系统虽然在很大程度上取代了人的分析

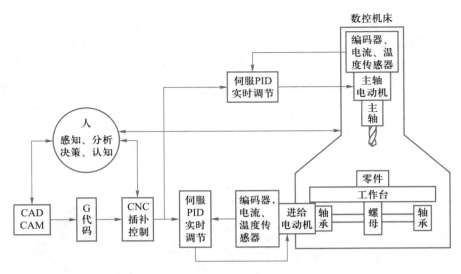

图 1-3　数控机床原理简图

计算与控制工作,但人依然起着核心作用,其制造能力在很大程度上依然取决于操作者的知识与经验。如图 1-3 所示的数控机床是机械加工领域的关键核心设备,相比传统机床,其本质变化是增加了一套计算机数字控制(computer numerical control,CNC)系统。操作者需要根据自身的知识和经验把零件的加工工艺路线、刀具的运动轨迹、工艺过程和切削参数等按照数控机床规定的指令代码及程序格式编写为加工程序单,然后输入数控机床的数控装置中,计算机数字控制系统即可根据加工程序自动控制机床完成加工任务。但操作者还需对加工过程进行监控和必要的优化调整。

2. 数字化网络化制造

20世纪末,互联网技术诞生并不断演进,通过不断与制造业融合,推动制造业从数字化制造向数字化网络化制造转变。数字化网络化制造系统仍然是基于人、信息系统、物理系统三部分组成的 HCPS,但由于互联网技术的进步发展,HCPS1.0 中的信息系统从原来的独立信息系统逐渐过渡为基于互联网和云平台的信息系统,实现了 HCPS 的升级更新,但由于系统组成并未发生根本性变化,升级后的新型系统可被定义为 HCPS1.5。基于互联网和云平台的信息系统大大扩展了制造系统的连接范围,不仅实现了信息系统与物理系统的广泛连接,还将人员作为价值创造的关键群体连入其中,人已经延伸为由网络连接的共同进行价值创造的群体,涉及企业内部、供应链、销售服务链和客户,使制造业的产业模式从以产品为中心向以客户为中心转变,产业形态从生产型制造向生产服务型制造转变。

案例 1-1：
吉利集团
智能工厂

数字化网络化制造在数字化制造的基础上,解决了"连接"这个重大问题,用网络将人、流程、数据和事物连接起来,连通企业内部和企业间的"信息孤岛",进而实现各种社会资源的共享与集成。例如,吉利集团在装备、生产线、车间、工厂四个层级全面实现了数字化网络化,通过信息系统和物理系统深度融合,实现高精度工艺应用,推动工厂在轿车生产质量、效率、柔性和效益方面的提升。

3. 数字化网络化智能化制造

随着经济社会的快速发展,消费群体对制造业提出了更高的要求,原来相对粗放的生产方式难以满足市场对产品服务供给更加高质量、个性化、智能化的需求。从技术上讲,基于HCPS1.5的数字化网络化制造还难以克服制造业发展所面临的巨大瓶颈和困难。21世纪以来,互联网、云计算、大数据等新一代信息技术飞速发展并迅速普及应用,新一代人工智能的突破和应用,进一步提升了制造业数字化网络化智能化的水平,从根本上提高了工业知识产生和利用的效率,极大地减轻了人的体力和脑力劳动,创新的速度大大加快,应用的范围更加广泛,从而推动制造业发展步入新阶段,即数字化网络化智能化制造——新一代智能制造。相应地,与新一代人工智能技术融合的制造系统,相对于HICPS1.5发生了本质性变化,数字化网络化智能化制造的HCPS可定义为HICPS2.0。

HCPS2.0中最重要的变化发生在起主导作用的信息系统:信息系统增加了基于新一代人工智能技术的学习认知部分,不仅具有更加强大的感知、决策与控制的能力,更具有学习认知、产生知识的能力,即拥有真正意义上的"人工智能",原本人的感知、决策与控制能力被更多地转移给信息系统。信息系统中的"知识库"由人和信息系统自身的学习认知系统共同建立,它不仅包含人输入的各种知识,更重要的是包含信息系统自身学习得到的知识,尤其是那些人类难以精确描述与处理的知识,知识库可以在使用过程中通过不断学习而不断积累、完善、优化。

HCPS2.0不仅可使制造知识的产生、利用、传承和积累效率都发生革命性变化,而且可大大提高处理制造系统不确定性、复杂性问题的能力,极大改善制造系统的建模与决策效果,更好应对不断变化的客户需求和市场环境。例如,智能机床加工系统能在感知与机床、加工、工况、环境有关信息的基础上,通过学习认知建立整个加工系统的模型,并应用于决策与控制,实现加工过程的优质、高效和低耗运行。智能机床是新一代人工智能技术和先进制造技术融合的产物(图1-4),在传统数控机床基础上,进一步添加智能传感、智能分

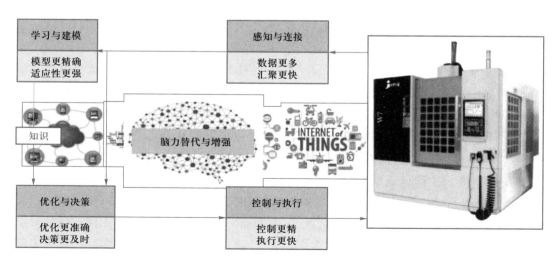

图1-4 智能机床

析、智能控制等系统,融合工业机理模型和数据模型,实现对加工过程和状态的自感知、加工参数的优化调整、加工误差的优化补偿、设备故障自诊断等功能,全面提高机床加工的效率、质量,降低成本。

案例1-2:
宝武集团
智能工厂

　　随着数字化网络化智能化制造快速发展,我国工业企业紧跟时代步伐,打造出一批先进的智能工厂。例如,中国最大、全球第三大钢铁制造企业中国宝武钢铁集团有限公司(简称宝武集团),其智能化发展以黑灯工厂、智能化生产管理与决策为特色。黑灯工厂是通过智能传感、工业互联网、工业人工智能等技术打造的;智能化生产管理与决策则是在信息化系统升级改造并实现全域网络互联互通的基础上实现的。

1.1.3　智能制造的大系统观

1. 智能生产

　　智能生产是制造智能产品的物化过程,即狭义的智能制造。智能工厂是智能生产的主要载体,是新一代信息技术与先进制造技术的交汇点。数字化、网络化、智能化技术深度融合,加速生产线、车间和工厂的智能化升级,推动智能工厂由“数字化工厂”向“数字化网络化工厂”转型,进而迈向“数字化网络化智能化工厂”,从根本上变革生产方式和产业资源组织方式,大幅提升制造业的效率、质量和竞争力。

　　(1)数字化工厂。20世纪50年代之后,随着数字控制、计算机、软件等信息技术向制造业渗透,加速技术的融合创新,推动传统工厂迈向数字化工厂。主要体现为三个方面:第一,大量数控机床等数字化制造装备进入传统工厂,替代了普通机床。原先普通机床完全依赖手工操作,制造效率和精度取决于操作工人的技能熟练度,而数控机床能够按照事先设定好的加工程序自动执行加工任务,大幅度提高了加工精度和效率。第二,随着物流输送系统、分布式控制系统和现场总线等技术的应用,单机数控向自动化制造单元、自动化生产线的发展,生产效率进一步提高。第三,产生了如物料需求计划(material requirement planning,MRP)、计算机辅助设计(computer aided design,CAD)等一系列工业软件,实现了计算机辅助进行绘图、采购、库存、生产、销售等信息的加工、管理和传递,极大地提升了信息处理和共享效率,推动生产和管理业务效率的优化。

　　(2)数字化网络化工厂。20世纪末,飞速发展的互联网技术持续向制造业全环节和全要素渗透,将人、数据和设备等生产要素连接起来,经企业内、企业间的协同共享和社会资源集成,重塑制造业价值链,推动数字化工厂向数字化网络化工厂演进。在企业内部,生产现场管控系统、车间级制造执行系统、企业级资源计划等系统通过工业网络集成,实现设计、计划、生产等多业务环节的数据共享与流程协同。产品设计信息能够与计划部门共享进行生产计划的制订,生产计划能够实时下发车间用于指导车间排产与调度。在企业外部,互联网将制造企业、供应链上下游企业、客户、产品等紧密连接在一起,共享需求、计划、生产、物流、服务等信息,进而推动不同企业、不同行业、不同地域的数字化工厂互联互通,组成一个能够感知客户需求、快速应对变化的大型制造系统,在更大范围内优化资源配置,提升效率。

（3）数字化网络化智能化工厂。进入 21 世纪以来，新一代人工智能、大数据、数字孪生等技术向制造企业持续渗透，为制造装备和信息系统赋予更强的分析决策和学习认知能力，工厂逐步迈向数字化网络化智能化。数字化网络化工厂虽然替代和延展了人类双手，但大量生产管理中的策划、分析、判断和决策仍依赖于人类有限的经验和知识，导致生产资源难以最优配置，动态事件和扰动难以实时响应等问题。以上问题的解决依赖智能化技术。基于数据模型和工业机制，大数据、人工智能等技术赋能制造系统，提升其感知、分析、决策和学习能力，使其能够预测生产计划、工艺过程、质量管理、设备运维等存在的问题，提前进行决策和优化，实现经验驱动的传统制造模式向数据驱动的先进制造模式转变。深度学习、知识图谱等技术将人类认知模型融入制造系统，加速人与机器的相互理解，形成人机协同的高效生产模式和人机相互促进的优化闭环，推动制造系统不断进化。

近年来，不同行业的制造企业均在加速推进智能化升级，走出了行业特色智能工厂建设路径。例如，世界先进的家电制造企业格力集团，始终把智能制造作为企业转型升级的主要抓手，建设了具有国际先进水平的数字化网络化制造示范工厂，实现了装备、生产线、车间、工厂、公司各个层面的数字化网络化转型升级：全面实现生产过程自动化和生产管理信息化；物流作业全部经由自动导向车（automated guided vehicle，AGV）完成；工厂实现可视化呈现，整个企业一体化运营。智能制造推动企业在空调生产的质量、效率、柔性和效益等各方面走在世界前列，成为全球最具竞争力的家电制造企业之一。

案例 1-3：
格力集团
智能工厂

2. 智能产品

产品（主要指装备类产品或"机器"）是制造的主要载体和价值创造的核心。产品创新是产业创新链的起点和价值链的源头，是制造业高质量发展的关键。新一代信息技术向工业领域不断渗透，加速产品创新优化与升级迭代，进而推动产品革命性变革，向数字化产品、网络化产品、智能化产品进化，带来产品功能、性能、价值的飞跃性提升。

（1）数字化产品。20 世纪中叶以后，集成电路、计算机、数字传感、数字通信和数字控制等信息技术与产品本体技术的融合，提升产品在信息感知、传输、处理和应用方面的能力，形成数字化产品，改善了产品功能和性能。具备感知、计算、控制等功能的部件融入传统产品的机械结构中，颠覆了传统产品从动力、传动到执行的开环结构，通过对执行结果的感知、分析、反馈，形成了动力、传动、执行和控制的闭环结构，改变了传动产品的结构形态。而软件系统的嵌入，极大地提升了信息感知，传输、计算和分析能力，确保产品能够直接接收数字化指令进而执行复杂的工作任务，在一定程度上解放了人类的双手以投入更多高价值创造的活动中，人类积累的知识也能够以软件的形式向产品中转移，加速了知识的传播和利用。

（2）网络化产品。20 世纪末期，随着互联网等网络技术的不断发展，产品在数字化基础上进一步融合联网功能，实现了与外部的信息交互，升级为网络化产品，产品功能进一步扩展，用户体验也极大改善。网络技术改变了传统产品的组成架构，形成基于云平台的新型架构。企业通过将部分计算、存储、分析等对实时性要求不高的功能部署到云端，基于云端与本地的协同，进一步提高产品功能和性能，并结合数字孪生技术对产品进行实时监测与运行优化。此外,网络化产品成为企业与客户实时交互的触点与数据入口,将在其整个生命周期内与制造商保持数据交换和远程联系;制造商可以对产品进行远程运维、持续性升级、定制功能优化等,不断改善优化产品功能,为客户持续提供新体验,延长产品的生命周期。

(3) 智能化产品。在数字化和网络化产品的基础上,进一步融合新一代人工智能技术,实现产品的自主感知、自主学习、自主优化决策和自主控制与执行,进而发展成为智能化产品,把人类从大量的体力劳动和脑力劳动中解放出来,从事更有意义的创造性工作。数字化、网络化产品只能根据具体的工作指令开展任务执行,如数控机床仍需要工人编制加工代码,汽车仍需要驾驶员控制油门、转向和制动等动作,而智能化产品利用人工智能技术融入更多有效知识且可持续更新,使得它能够理解抽象的目标任务,并进行自主规划和执行,如智能汽车的理想状态是不经人工干预即可到达指定目的地。智能化产品具备自感知和自优化能力,能够实时对外部状态进行感知,并基于嵌入的模型和知识对数据进行分析,实时优化自身工作状态,确保在工作过程中始终处于最佳工作状态,避免各类安全隐患。

数字化、网络化、智能化是通用化与普适性的产品创新技术路线,适用于各行各业、各种各类产品的全面变革。具体体现为:既可广泛应用于制造装备的全面优化创新,实现制造装备加工状态的自感知,加工参数的自优化,提高生产效率与质量,如各种金属和非金属加工设备,生产能源、动力、化工、药物等产品的装备等;也可全方位应用于其他用途装备的变革优化,不断提升产品功能和性能,进而带来更好的使用体验,如汽车、火车、飞机、轮船等交通运输设备,坦克、雷达、火炮等武器装备,工程、农业、建筑、医疗领域的专用设备等。

以光刻机为例,作为集成电路制造中最关键、最复杂和最昂贵的高端装备,精密工作台是光刻机核心关键装置,其精度要求几乎接近物理极限,常规机械制造工艺无法实现。要实现光刻机的高速、大行程、六自由度纳米级精度运动,除合理的运动结构与精密检测技术外,关键在于数字化、智能化控制,核心在于对引起误差的各种因素的补偿修正。补偿的内容包括台体质量与质心位置误差、六自由度运动耦合干扰误差、粗微动耦合干扰误差、电动机与驱动非线性误差、电路噪声与延时误差、测量干扰误差、环境与温度变化误差等。在数字化基础上,通过进一步引入基于大数据的新一代人工智能(AI2.0)技术,可使光刻机工作台的功能和性能进一步大大提高。

案例 1-4:
光刻机
工作台

3. 智能服务

(1) 数字化网络化智能化技术驱动的智能服务。服务是制造业产品全生命周期的重要组成部分,处于产品全生命周期下游。随着消费者对个性化体验的追求和企业对通过服务获得价值增值的关注等的日益加强,服务在产品全生命周期的作用愈发重要,制造业价值创造重心已逐步由产品本身向增值服务转移。数字化、网络化和智能化技术向服务各环节的渗透和融合,推动服务向智能化转变。

1) 精准市场销售服务。智能化市场销售服务,使得企业能够有效洞察客户需求,实现从“千人一面”向“千人千面”销售策略的变革,扩展和整合销售渠道,改善客户交互和购买体验等。企业依托电子商务实现交易线上化,扩展了销售渠道,进而实现单边市场向多边市场的转变,扩大了交易量。线上线下全渠道整合,线下强化客户体验与交互,线上实现精准推荐与交易撮合,形成"线上交易 + 线下体验"的全线销售模式。基于消费端和生产端的全面打通,企业提供产品定制服务,满足客户差异化需求,进而挖掘长尾市场,带来销量增长。进一步整合供需资源,推动供需双方围绕产品形成市场营销生态圈,企业与客户能够更好地协同与创造价值。

2) 智能化售后服务。售后服务是企业为保障产品正常工作提供的一系列服务。随着数字化网络化智能化技术的不断融入,售后服务的模式、内容和价值都产生了颠覆性变革,传统线下服务模式向线上服务模式转变,事后检查维修服务向事前预防优化服务转变,进而推动传统制造业逐步向服务型制造业转型。基于智能产品与产品互联网络,企业实时采集和监控产品运行和报警等状态,并基于故障诊断分析模型,对潜在故障进行远程分析与排除,实现产品远程运维服务。基于智能产品的数据采集与分析,智能化售后服务提升用户服务效率与质量,并为企业创造增值。开展产品回收与再制造服务,提高资源利用率,降低生产成本,实现经济效益增长。

3) 产品效能增值服务。在数字化网络化智能化技术的推动下,智能产品将变成服务的主要载体,满足客户使用需求的同时,通过增值服务为客户创造额外价值,为企业带来新利润增长。产品升级服务,通过在线对智能产品的信息系统进行软件功能升级的方式实现产品功能更新,提升产品效能,改善用户体验。依托智能产品的互联,企业打造智能产品生态系统,通过数据感知与建模分析,为客户提供面向场景的个性化、智能化服务,提升服务体验与质量。基于平台的系统运营增值服务,通过搭建平台连接供需双方,实现服务资源汇聚与交易撮合。

(2) 推动制造模式变革。数字化网络化智能化技术的深入应用,加速消费端和生产端的全面贯通,根据客户个性化需求开展研发、生产、销售和服务成为制造企业转型主要方向。智能服务正在带动生产模式、组织模式、产业模式的变革,制造业将实现从以产品为中心向以客户为中心的根本性转变,完成深刻的供给侧结构性改革,加速"双循环"的实现。

1) 以智能服务为核心的生产模式。消费端和生产端打通使得企业能够获得对差异化需求的精准洞察,为客户提供个性化定制产品服务,进而推动制造业生产模式由传统大批量制造模式向规模化定制模式转型。依托智能工厂,企业能够以大批量生产的低成本满足个性化产品的生产需求,保障了规模化定制生产模式的实现。

2) 以智能服务为核心的组织模式。数字化网络化智能化技术的应用使得企业能够突破传统组织边界,更为广泛和灵活地配置产业资源,加速人才、资本、信息和技术等要素的汇聚与协同,更加充分发挥不同主体的能力优势,构建优势互补、合作共赢的新型组织,深刻变革企业间竞争与合作关系,进而形成生产制造协同、创新设计协同以及制造服务协同三种典型协作模式。

3) 以智能服务为核心的产业模式。智能服务的实现,加速制造业价值创造环节由产品生产销售向提供服务转变,逐渐成为未来制造企业主要的利润收入,进而推动制造业由生产型制造向生产、服务型制造和服务型制造转变。制造业业务模式从"产品"向"产品 + 服务""产品即服务"甚至"整体解决方案"转变。

　　例如,报喜鸟集团创建的云翼智能制造架构体系,通过定制云平台、透明云工厂和数据云中心实现服装个性化定制。客户可在定制云平台系统中进行个性化自主设计并提供量体信息;下单后,系统会自动把订单传输到产品设计中心,智能计算机辅助设计系统根据体型数据及个性化选项,在 10 s 内自动生成独一无二的个性化样板,输出客户的尺码、规格号、排料图、生产工艺指导书以及订单物料清单(bill of materials,BOM)等标准化信息。通过客户端页面的 3D 模型,客户可以直接地观察到产品信息和试穿效果,感觉满意后完成下单。样板数据自动流转至数控裁床进行智能裁剪,裁片通过智能吊挂系统传输至相应的流水线及工序,通过近 400 道工序的生产,一件个性化定制的西服就诞生了。下单 7 天之后客户就能拿到自己定制的产品。

案例 1-5:
成衣个性
化定制

1.2　智能制造赋能技术

1.2.1　智能制造赋能技术体系

　　智能制造赋能技术体系本质是以信息技术部分替代人的能力,实现人通过对信息系统的操作来改造物理系统,即构成前文所述的 HCPS 系统。如图 1-5 所示,为了建立人、信息系统、物理系统之间的关系,核心是构建起制造业从数据感知、传输、计算、处理、分析到控制的优化闭环。各赋能技术对应数据的各环节,组合在一起形成数据优化闭环,进而使人的感知、分析决策、控制、学习认知等能力可以有效反馈至物理系统。

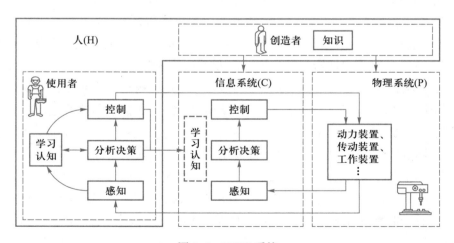

图 1-5　HCPS 系统

　　智能制造三个范式是以制造业升级变革的需求为牵引、智能制造赋能技术与制造本体技术深度融合为主线的演进历程。20 世纪中叶以后,制造业对自动化、信息化的需求与日俱增。以集成电路大规模制造为起点,至 20 世纪 80 年代间,计算机、软件、数字通信等数字化共性赋能技术取得了长足发展。数字化共性赋能技术与制造业的深度融合,驱动数字化制造范式的形成。

20 世纪 90 年代至今,以互联网商用为起点,人类经济社会进入互联网与移动互联网时代,在"互联网 + 制造"的大背景下,制造企业为了适应更为快速的市场变化和竞争形势,围绕内外全要素泛在实时连接、基于海量数据的业务深度优化和模式创新,提出了新的转型升级需求。云计算、大数据、新型网络等网络化共性赋能技术日趋成熟,有效支撑了制造业上述新需求的实现。网络化共性赋能技术与制造业的深度融合,驱动数字化网络化制造范式的形成。

自 2006 年始,新一代人工智能技术进入理论创新与验证时期,通过与先进制造技术的深度融合,使制造系统不仅具有了更加强大的感知、决策与控制能力,更具有了学习认知、产生知识的能力,将以真正意义上的"人工智能"重塑制造业的技术体系、生产模式和产业形态,引领和推动数字化网络化智能化制造。

总体来看,数字化、网络化、智能化技术具有逐层递进的关系,即后者以前者为基础,不断深化或扩充。其中,数字化技术贯穿于智能制造的全部发展阶段,是网络化和智能化技术的基础,重点实现了物理世界的数字化描述,以感知、传输、计算和控制全过程的数字化为核心特征。网络化技术在数字化基础上实现连接范围的极大拓展和信息的深度集成,以云计算、大数据、新型网络等技术的普及应用支撑了互联网、移动互联网时代的繁荣。数字化、网络化技术的发展为智能化技术提供了数字基础设施"底座"和量大质优的数据资源"要素",为实现智能化奠定了基础。智能化技术在数字化描述和万物互联的基础上,形成数据驱动的精准建模、自主学习和人机混合智能,以新一代人工智能技术为核心的智能技术重塑了创新范式和解决问题的边界。只有进化到智能化阶段,才能实质性地解决智能决策、自主迭代的问题,实现赋能技术对工业制造体系的根本性变革。

需要强调的是,数字化、网络化、智能化技术在三个范式中并非孤立排他的,只是每个范式对于赋能技术的需求侧重不同。在数字化制造阶段,数字化技术起着主导赋能作用。在数字化网络化制造阶段,数字化技术和网络化技术共同赋能,其中网络化技术起到主导赋能作用。在数字化网络化智能化制造阶段,数字化和网络化技术依然发挥着作用,但以新一代人工智能技术为核心的智能化技术起着主导赋能作用。新一代人工智能技术也推动了数字化和网络化技术的升级,孕育了智能传感、智能控制等智能化技术。

1.2.2 数字化赋能技术

1. 数字化技术体系概述

数字化技术体系是支撑数字化制造范式的相关共性赋能技术的集合。在数字化制造范式中,传统人为感知和简单测量得到的信息已无法满足制造现场监控需求,数字传感这一共性赋能技术被引入,使工业场景中的各类物理量得以被采集并转化为数字信号。如图 1-6 所示,当采集到人员、机器、物料、方法、环境等数字信号后,将这些分散在不同装置、系统的数据集中起来进行处理,需要引入数字通信技术,使数据能有效在传感器、控制系统间流动。当制造现场的数据实现了有效汇聚后,处理分析这些数据形成有价值的决策成为刚需。得益于计算机与软件技术,人们不再只是凭借手工记录、计算和经验判断,而是基于高效的计算机处理和软件分析发现制造现场的客观规律。最后,制造设备需要"读懂"人们的决策判断进而执行相关指令,数字控制技术成为了重要的共性赋能技术。

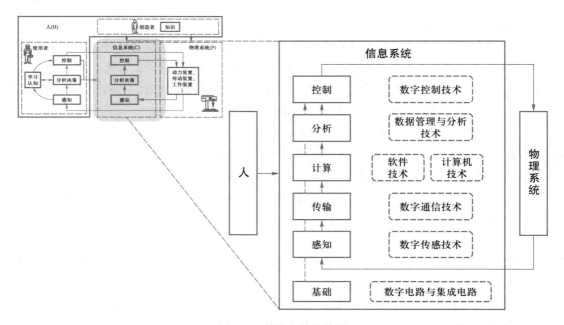

图 1-6　数字化技术体系

综上,数字化技术体系的引入,源于制造业对于企业内部重点业务、局部环节效率提升的需求,其支撑形成了一个完整的数据闭环,物理信息被数字传感技术采集,利用数字通信技术传输到计算机中进行处理,由数据管理与分析技术形成决策判断,再以软件的形式反馈至控制系统,经数字控制技术完成了对物理系统的操作。数字化技术体系带来了工业制造自动化程度、工作效率、质量与稳定性的显著提升,以及知识经验的有效复用与传承。

2. 数字化技术主要组成

根据前文所述的数字化技术体系可知,数字传感、数字通信、计算机、软件、数据管理与分析、数字控制等六类技术支撑了数据从感知到控制的闭环。数字电路与集成电路则是赋能技术体系的基础。

负责感知的数字传感技术是数字化技术体系中的"感觉器官",完成物理信息的采集和检测,并转化为可供信息系统处理的数字量。数字传感技术包括信号获取和信号处理两大类:前者形成了感知各类型物理量的敏感元件,实现对物理信息的准确表征描述;后者以信号转换、调理等方式,保证传感信号在传输和处理期间的真实性与准确性。

负责数据传输的数字通信技术是赋能技术体系中的"回路",以离散的数字信号作为载体来传递信息,既可以传输数字信号,也可以传输经过数字化处理的语音、图像等模拟信号。数字通信技术使工业现场中采集到的数据能稳定传输到信息系统,而信息系统的决策命令也能及时可靠下达给现场员工和设备。

负责计算的计算机技术与软件技术,为数字化技术体系提供了核心承载。二者的引入,取代了过去依靠人的记录和计算的模式,提供了对数字量进行存储、修改、计算等能力。由中央处理器、存储器、输入/输出设备等构成的计算机相当于人的躯体,包括操作系统、应用软件等在内的软件相当于人的思想,使原先完全依赖于人的工作能够部分被替代,为人与物理世界的交互提供了载体。

数据管理与分析技术相当于数字化技术体系中的"大脑",多数情况下承载在计算机与软件中,如数据库等是一类系统软件,统计分析等算法依靠软件作用在实际场景中。数据管理与分析技术使人们得以利用数据去认识、发现物理世界的规律,并在实际场景中进行分析决策,是人的分析决策能力在信息系统中的映射与实现。

负责控制执行的数字控制技术是数字化技术体系中的"运动器官",将信息系统的数字决策转化为执行命令,反馈至物理世界。在少人或无人直接参与的情况下,数字控制技术可通过控制器或控制装置让机器设备的受控物理量按照希望的目标或规律变化,以在信息系统中部分替代人的控制工作。

数字电路与集成电路技术为上述赋能技术提供物质基础。基于数字电路与集成电路技术制造的各类电子元器件、芯片等已广泛应用在工业、消费等各领域,小至系统级芯片(system on chip,SoC),大至工业装备、工控机,甚至一整套物联网(internet of things,IoT)系统,数字电路与集成电路技术都为其提供了支撑信息处理的物理实体,为赋能技术体系奠定了基石。

3. 数字化技术的赋能作用

数字化技术核心意义是基于数字量对物理世界进行了数字化描述,使得原本完全依赖于人的活动可以部分被计算机或信息系统完成,实现了制造系统的效率革命,感知控制的精度、数据管理的量级、计算的速度、通信的距离等都超出了人力与传统模拟量的极限。例如,从模拟电路到数字电路,计算速率从 10^3 次/秒提升到最快 10^{18} 次/秒;数字通信与模拟通信相比速率得到了百万倍的提升。数字化技术的发展以集成电路技术为底层支撑,由于集成电路性能遵循摩尔定律快速增长,其"指数级"发展红利外溢到感知、通信、分析、控制等各领域,带动数字化技术的全面提升。

数字技术的不断发展使数据成为了关键的资源和要素,奠定了后续网络化技术、智能化技术的基础。数字化技术驱动了数字产业的快速壮大,从 1987 年到 2000 年,美国信息通信产业增加值由 1 613 亿美元增长到 6 329 亿美元,占 GDP 比重增长了一倍,产生了以微软、英特尔等为代表的数字产业科技公司。数字化技术融入各行各业,加速了产业数字化的创新进程,制造、金融、能源、医疗、教育等各行业充分吸收数字化技术的发展红利,加速自身系统变革,并影响和改变着人们的生产生活方式,数字经济时代逐步到来。

现以数控机床加工场景为例说明数字化技术的组成及其赋能作用。加工设备上的传感器采集到刀具与工件的位置、压力数据以及设备自身运行的数据(数字传感技术),相关数据经人机交互界面反馈至操作人员。操作人员结合生产工艺的要求与经验,将加工中需要的运动轨迹、主轴速度等数据信息编制为软件代码(计算机与软件技术),输入数控系统自动完成加工(数字控制技术)。为了使加工进度与其他设备保持同一节拍,工件完成等信息经由工业总线传输至其他工位(数字通信技术),相关数据存储在企业数据库中作为生产资料用于质量管理与工艺优化(数据管理与分析技术)。

1.2.3 网络化赋能技术

1. 网络化技术体系概述

网络化技术体系是支撑数字化网络化制造范式的相关共性赋能技术的集合。网络化技术体系的引入源于制造业在互联网时代下的新需求:对企业内部的生产、管理等各环节进行全局打通与优化,关注企业外部的协同,以实现各类生产资源的配置优化,提供基于泛在连接的创新产品和服务模式。

以上需求使网络化技术体系相较于数字化技术体系呈现出以下主要变化:首先,数据传输环节引入互联网与新型网络技术,网络连接能力得到全面提升,实现了企业和企业间、跨行业间更广范围内的连接;其次,泛在连接产生海量的数据,大数据时代对于数据计算与分析能力提出了新的要求,云计算与边缘计算、大数据技术成为网络化赋能技术体系中的关键;再次,泛在连接带来了数据安全与互信的要求,网络与信息安全技术、区块链技术在此范式中的作用进一步突显。

网络化技术体系的引入最终带来了"互联网+制造"的新方式,实现了企业内部业务流程、外部同上下游企业和用户间的广泛互联、全面集成与深度优化,使制造业具有了全局的洞察与协同能力,并由此形成了新的产品和服务模式。

2. 网络化技术主要组成

如图 1-7 所示,与数字化技术体系(图 1-6)相比在数据传输环节,由数字通信技术进一步发展为互联网与新型网络技术。在航空发动机制造领域,企业为了提供产品预测性维护、能效优化等新服务,在采集制造现场数据的基础上,需要采集发动机实时运行数据。显然此前的数字通信技术既无法满足远程泛在连接,也满足不了数据实时传输的新需求,互联网与新型网络技术成为了新的共性赋能技术。互联网将传统局部的网络通信按照一定协议连接为单一、庞大的全球化网络,在这张大网下,各个系统可以用统一的"语言"进行交流,数据得以充分流动。新型网络技术从高速率、低时延、大连接、灵活配置资源等多角度提升了系统间的传输连接能力。互联网与新型网络技术保障了海量数据的接入与传输,万物之间不再是一个个信息孤岛,人们可以实时、准确获取全球的数据信息。

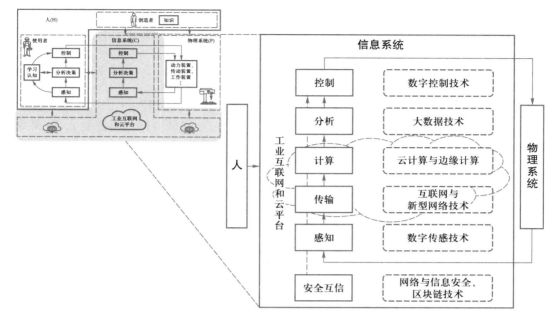

图 1-7 网络化技术体系

在计算环节,集中式计算向分布式计算演进。仍以航空发动机制造企业为例,其开发的新服务需要灵活配置给分散在全球各地的用户,企业也希望借助全球开发者的力量分析数据开展协同创新,而此前部署在企业内部服务器中孤立的计算机系统,既不具有灵活开放性,在处理大数据时经济性也不及公有云系统,不再是满足上述需求的最优方案。而云计算通过网络统一组织和调用计算资源,是一种高效配置算力资源、强化信息系统敏捷性与开放性的共性赋能技术。云计算平台作为汇聚了海量数据与行业知识的中枢,简化了互联网技术(internet technology,IT)系统的复杂性,极大提升了计算效率,为人们进行信息集成、数据分析、应用开发等提供了重要载体。边缘计算技术通过将算力与算法下沉至边缘终端,解决了云计算存在的延迟、稳定性等问题,逐步应用到了工业现场控制等时延敏感的场景。云计算与边缘计算技术共同构筑起信息系统中的计算"底座"。

在分析环节,大数据技术重塑了数据的管理与分析方法。仍以上述航空发动机制造企业为例,航空发动机每天运行产生的数据量可达太字节(TB)级,如何高效分析这些庞大的工业数据成为了新的需求。显然,传统的数据管理与分析方法在多元异构海量的大数据面前愈发束手无策,大数据采集、存储、管理、应用等技术应运而生,满足不同场景下的大数据处理需求,如批处理计算更适用于统计报表、业务清算等需要,处理长时间存储的海量数据的场景;流处理计算则更多应用在广告投放、股市分析、交通预警等低时延场景;对于工业大数据的处理,则要兼顾工业场景对于数据实时性、多类型、稳定性和关联性的要求。

由于网络化泛在连接改变了传统相对封闭保守的工业可信环境,互联网的安全威胁迅速渗透到被接入网络的各类设备与系统中,带来比数字化制造范式中更严峻的安全挑战,网络与信息安全技术成为网络化制造范式中关键的赋能技术,并得到快速发展,技术内涵与边界不断完善,为信息系统提供涵盖设备、工控、网络、平台、应用等全方位的安全保障。

网络化泛在连接使数据在企业间流转与利用,需要区块链技术解决由此带来的数据互信新问题。区块链技术以"去中心化"的多方记录方式,保证数据的多方验证、可溯源和难篡改,为信息系统构建信任体系与机制,实现数据的一致存储和真实可信,保障数据在充分流动中真正得以利用。

需要说明的是,网络化制造范式仍需数字传感和数字控制技术才能形成完整的数据闭环,数字通信技术形成的工业总线、工业以太网仍承担着工厂内数据通信的功能,因此并未完全颠覆数字化赋能技术体系。

3. 网络化技术的赋能作用

网络化技术在数字化技术基础上,全面拓展制造业生产方式的范围和深度。从泛在连接角度看,网络化技术不仅对数字化制造中相对孤立的信息系统进行了全面集成,而且连接了产品、服务、客户和生态合作伙伴,将改造、提升由企业内部拓展至全产业,实现了资源配置与组织方式质的变化;从优化深度角度看,网络化技术的进步使数据处理的方式发生重大变化,制造业获取、处理数据的能力大幅增强,信息系统步入大数据阶段,各类赋能技术在原有能力提升的基础上,具备了分布式、敏捷化的能力,并不断被简化以提升易用性与通用性。

网络化技术为制造业带来了全新的业态,将单点的信息孤岛和独立的信息系统连通为统一的整体,实现了以数据要素的充分流转带动物质资源的高效组织,以海量数据分析进行供需高效精准匹配和服务模式的快速创新。在网络化技术赋能下,互联网的创新成果与经济社会各领域深度融合,改变了资源组织和配置模式。用户可以更加快速、低成本地获取产品和服务。企业可以实时、精准地掌握用户需求,高效地协同配置制造资源,产品、服务和商业模式的创新不断提速。

1.2.4 智能化赋能技术

1. 智能化技术体系概述

智能化技术体系是支撑数字化网络化智能化制造范式的相关共性赋能技术的集合。在此范式中,新一代人工智能技术将进一步激发出前两个范式中积累的海量数据的价值,使制造业能够突破人类认识局限,具备自主优化创新的能力,这将为制造业的技术创新路径、生产模式、产业形态等带来全方位的升级变革。具体地,智能化技术体系中的大数据智能技术能够实现对此前积累的海量结构化数据自动建模与深度分析;跨媒体智能技术则加强了对多种媒体的海量非结构化数据的感知、学习和推理能力;群体智能技术弥补了只关注"个体智能"的不足,释放大规模个体智能的潜力;混合增强智能技术则通过人类智能和机器智能的优势互补,弥补单纯机器智能的不足。此外,新一代人工智能技术为其他环节的赋能技术带来了巨大的提升、变革,推动传统传感、控制等赋能技术实现智能化升级。

2. 智能化技术主要组成

如图 1-8 所示,以人工智能 2.0 为核心的智能化技术包括大数据智能、跨媒体智能、群体智能和混合增强智能等主要技术方向。

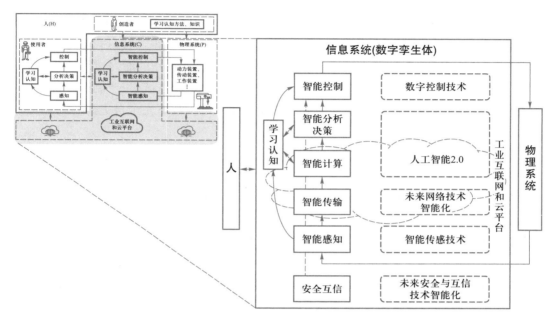

图 1-8　智能化技术体系

（1）大数据智能。该技术满足制造系统实现更精准高效的判别、分析或决策的需求。大数据智能是通过对海量的数据进行深入分析,以探究其中隐含的模式和规律的智能形式,从大数据中提取知识,进而得到智能化决策。大数据智能形成了以深度学习为核心主线的算法技术、以迁移学习和强化学习为代表的新型学习方式、以生成式对抗网络为代表的新型功能技术。

（2）跨媒体智能。该技术满足制造系统全面感知和表征外部世界,并进行综合分析判断的需求。跨媒体智能是通过视听感知、机器学习和语言计算等理论和方法,构建出实体世界的统一语义表达,通过跨媒体分析和推理把数据转换为智能,从而成为各类信息系统实现智能化的使能器。其主要技术包括计算机视觉、语音识别、增强现实/虚拟现实（augmented reality/virtual reality, AR/VR）以及知识图谱等。

（3）群体智能。该技术满足制造系统对大规模个体进行协同智能分析的需求。群体智能感知是利用物联网、移动互联网、移动设备和群体智能等技术实现的一种新型获取数据信息的方式,是在基于移动互联网的组织结构和大量用户群体的驱动下,以每个用户的移动设备为感知单元实现对感知任务的分发和数据的收集。

(4) 混合增强智能。该技术满足制造系统理解并适应真实世界环境、完成复杂时空关联任务的需求。混合增强智能是指将人的作用或人的认知模型引入人工智能系统,在智能系统的运行过程中,能通过人主动的介入,调整相应参数,或者直接具备像人脑一样的认知计算和推理能力,形成更强的智能形态。

此外,新一代人工智能技术也将带动其他赋能技术的融合创新。传感与人工智能技术融合形成的智能传感技术,能对周边环境进行更详细的监控和数据收集,并针对各类融合后的数据进行预处理和分析,进一步提升感知能力。6G 等新一代通信技术融合人工智能,能基于网络本身大量的终端、业务、用户、网络运维等数据进行自我学习与优化,提高网络规划、建设、维护等方面效率,增强智能组网与灵活运作的能力,降低网络建设成本。传统控制与人工智能结合形成智能控制技术,使机器人系统、生产制造设备系统、交通控制系统等能够适应复杂多变的环境,在无人干预的情况下完全自主驱动机器与系统实现预定目标。

3. 智能化技术的赋能作用

智能化技术在网络化技术基础上,对制造业的生产方式带来了三方面意义:首先,强化了制造系统的建模分析能力,解决许多无法解决的、未知的、隐藏的问题;其次,使制造系统具备了认知与学习能力,由原本的"授之以鱼"转变成"授之以渔",实现了信息系统与物理系统的自主创新;再次,强化了制造系统的人机交互协作能力,驱动人、信息系统和物理系统之间实现最优的智能匹配,使人类智慧的潜能得以极大释放。

智能化技术在网络化技术基础上,推动经济社会业态产生了深刻变革,其与各行各业融合催生了一大批产业新环节、新主体、新模式。制造业作为智能化技术赋能的主战场,未来人工智能对制造业的增值作用将是巨大的,甚至超过为其他所有行业带来的增值作用。对我国来说,我国是全世界唯一拥有联合国产业分类中全部工业门类的国家,工业企业数量近 400 万,具有极大的需求和极丰富的场景优势,新一代人工智能将引领和带动我国经济社会的长远发展。以汽车为例,智能汽车的快速发展远远超出了人们的预想。汽车正经历燃油汽车→电动汽车(数字化)→网联汽车(网络化)的发展历程,并朝着无人驾驶汽车(智能化)的方向前进。随着新一代人工智能技术的深入应用,未来汽车将会进入无人驾驶时代,将成为一个智能移动终端,成为使人们工作和生活得更加美好的移动空间。

案例 1-6:
汽车智能
化发展

1.3 赋能技术与工业融合发展脉络

制造系统是工业生产的载体,是赋能技术与工业融合的主战场,具体来说是赋能技术应用于制造系统各个层次,使制造系统各层次能力优化提升,最终变革制造系统体系的过程。

1.3.1 赋能技术与工业融合发展总体视角

经典的制造系统可描述为五层次的金字塔结构,如图 1-9 所示,从下至上分别是现

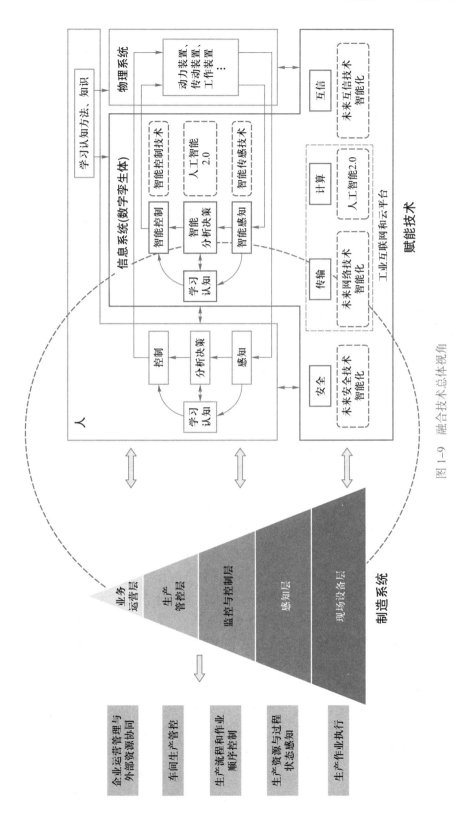

图 1-9 融合技术总体视角

场设备层、感知层、监控与控制层、生产管控层、业务运营层。各层次分别发挥不同作用，上下层次间相互协同联动，共同完成复杂的制造生产任务。

现场设备层是指生产现场按照一定工艺流程和作业程序开展实际生产制造作业的加工设备或者装置，代表在物理空间中执行的真实生产活动，是生产管控的具体对象。

感知层对实际加工作业，生产流程，人、机、料等生产要素状态进行全面状态感知和监视，掌握生产状态，并基于此开展生产管控。

监控与控制层基于对生产现场的全面感知监视，对生产流程、作业顺序、物料配送等过程进行调度与控制，确保按规定完成生产作业过程。

生产管控层一般用于对车间层面的生产活动进行管控，保障车间正常的生产运营与产品按时交付。生产活动主要包括如车间排程派工、生产调度与监控、质量管控和设备管理等一系列业务活动。

业务运营层一般用于对整个企业或者工厂层面的生产计划和经营业务进行管理，包括如生产计划、采购物流、研发管理、营销销售等企业内部业务活动。也包括企业与产业链、供应链上下游企业、生态伙伴、终端客户等外部资源开展跨企业的业务协同，如产品研发协同、生产制造协同、运维服务协同等。

随着数字化、网络化和智能化范式演进，在智能制造发展的不同阶段，制造系统对赋能技术的应用需求以及赋能技术自身的不断发展，推动赋能技术与工业融合逐步由优化提升走向颠覆性变革。

在数字化制造阶段，数字化技术起着主导赋能作用。数字化技术实现了感知、通信、决策、控制全流程闭环的数字化，这使原先完全依赖于人的感知、分析、决策和控制的活动能够部分由计算机或信息系统完成，使得人们能够利用数字化技术辅助状态感知、生产监控、车间管控以及企业运营，无论是感知控制的精度、运营管理的效率还是业务协同的范围都大大超过了传统方式。这推动了数字化技术向制造系统各层次的融合，通过功能叠加的方式对制造系统进行全面赋能：在感知层，采用数字传感技术代替人类感官，提升对生产全过程和全要素的感知能力，进而为生产管理提供可靠的数据支持；在监控与控制层，通过数字控制代替人工自动控制现场设备开展作业，大幅提高生产效率，降低劳动强度，确保产品质量；在生产管控和业务运营层，应用计算机技术与软件技术代替人工进行信息管理、业务协同，大幅提高管理效率和质量。

在数字化网络化制造阶段，数字化技术和网络化技术共同发挥赋能作用。在数字化技术基础上，网络化技术通过实现万物互联，将一个个独立的数字化系统连接到一起，并进一步将连接拓展至人和物，使信息数据以前所未有的方式在不同企业、不同系统之间充分流动，各类要素资源能够通过网络化的方式进行高效组织，深刻改变了制造企业内外部业务协同、资源组织和配置模式，进一步推动制造系统发生体系变革：在感知层，现场各类传感器能够基于统一的数据接口接入，进一步扩大数据采集和集成范围；在监控与控制层，数字控制在网络技术的赋能下，实现更大范围、更高效率的控制，进一步推动分布式控制向集中式控制的转变；在生产管控和业务运营层，由于工业互联网平台的出现,彻底颠覆了数字化制造阶段的车间–企业系统架构,工业网络实现企业内外部业务集成与数据打通,通过工业互联网平台实现数据汇聚、分析和建模优化,通过各类工业 APP 支撑车间、企业级业务应用;基于工业互联网平台打通产业链、供应链上下游企业,将企业资源配置能力全面提升,推动协同研发、协同生产、协同服务等跨企业协同业务的实现,进而带来服务模式与商业模式的创新变革。

在数字化网络化智能化制造阶段,数字化、网络化、智能化技术三者共同发挥赋能作用。在新一代人工智能技术的战略性突破和快速转化为现实生产力的驱动下,新一代人工智能技术表现出了强大的技术渗透和赋能作用,加速与数字传感、数字控制、工业互联网络等融合创新,推动制造系统的智能化水平全面提升,逐步迈向智能制造系统,并彻底改变科技创新方式与产业发展模式,重塑经济与社会形态,进一步解放人类生产力,引领真正意义上的第四次工业革命:在感知层,具备一定数据分析和决策能力的智能传感进一步提升感知精度和响应效率;在监控与控制层,数字控制向智能控制演进,能够处理更为复杂工况和过程的控制要求,大幅度提高控制精度,适应更为柔性和敏捷的生产要求;在生产管控和业务运营层,基于人工智能的"数据科学 + 知识工程",加速业务知识和工业机理的显性化,并深度融入各类业务应用,实现数据驱动的生产过程和业务运营的深度优化。例如,西门子在德国工业 4.0 标杆工厂的基础上,于 2011 年在成都建立西门子工业自动化产品生产及研发基地,利用德国标杆工厂的基础和经验,实现了从工厂设计、产品设计到制造过程的数字化全过程。西门子成都数字化工厂的最终目标是"机器控制机器的生产",也就是端到端的数字化,这也是未来智能制造工厂所要达到的目标。

案例 1–7:
西门子成
都数字化
工厂

1.3.2 数字化赋能技术与工业融合发展

1. 数字化制造融合技术

如图 1–10 所示,数字化技术与工业融合主要体现在三个方面。首先,在感知与执行层,数字传感技术的应用产生了如压力传感器、温度传感器、液位传感器等工业传感系统,实现了对生产要素和过程的采集和感知;其次,在监控和控制层,数字通信和数字控制技术的融合产生了各类控制系统,以及实现控制系统和现场设备互联互通的现场总线和工业以太网,成为实现自动化生产线和工厂的关键支撑;软件技术与生产管理和业务管理层融合,产生了如等生产管理和等业务管理的一系列工业软件,实现计算机辅助生产制造和业务信息的分析、处理和管理,全面提高了业务效率。

(1)感知与执行层。传统制造系统中大量依靠人类感知掌握物料、设备、工艺、环境等生产要素的状态,进而支撑生产决策。然而由于人类感知和信息传递在时间和空间层面的局限性,导致大量信息丢失或滞后,影响了及时和精准的生产决策。在此背景下,基于数字传感技术开发面向工业现场各类生产要素、生产过程中的各种物理量采集的工业传感器便应运而生,典型工业传感器包括温度、力、液位、振动、光和位移传感器等,能够实时采集工业现场的各类温度、压力、流量、速度等物理量,并转化为数字信号,传输至控

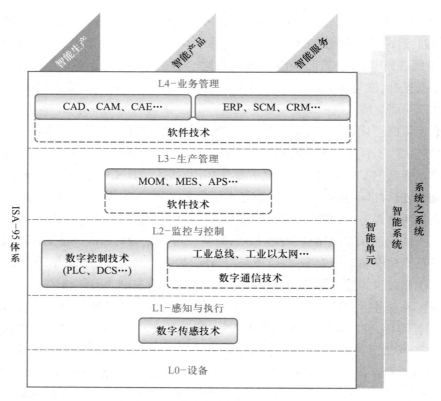

图 1-10　数字化制造融合技术体系

制系统中支撑数据分析、闭环控制和生产决策。数字传感技术已广泛应用在工业领域，如设备运行监测、加工参数采集、产品质量检测、物料状态监控、人员安全监控、能耗数据采集等众多场景，替代了人为对物理世界的感知方式，在感知精度、感知范围等方面均获得了质的提升。传感器检测和转化后的数字信号也成为支撑智能制造系统运行的核心数据来源。

（2）监控与控制层。在传统人-物理系统中，生产设备的操作和控制均由人工完成，大量程序性和重复性的作业操作极为消耗人力，且受限于人类的体力，传统制造系统瓶颈明显，难以满足大规模生产对产能的需求。数字控制技术的引入，产生了诸如计算机数字控制系统、可编程逻辑控制器（programmable logic controller，PLC）、分散控制系统（distributed control system，DCS）、先进过程控制（advanced process control，APC）等一系列控制系统，能够基于设定的控制程序，控制机床、装置等生产设备自动完成一系列复杂的生产作业过程，是实现生产自动化的基础。广泛应用于数控机床、工业机器人、自动化生产线、物流系统、检测系统等控制中，极大地解放了人力，提升了生产效率。随着数字通信技术的应用，满足工业现场通信需求的工业总线和工业以太网也随之产生，打通了底层设备、感知层与执行层、监控与控制层的信息通道，进而推动控制系统从单机控制逐渐走向多机、多工序协同控制，为自动化生产线和自动化工厂建设提供了技术支撑。

（3）生产管理层。传统制造系统中生产计划、排产调度、资源管理、库房管理、质量管理等管理活动产生的大量信息均由人工进行收集、加工、分析和管理，进而支撑生产管理和决策，消耗大量人力资源，管理效率也较为低下，阻碍了生产效率的提升。在软件技术的融合下，产生了一系列满足工业需求的工业软件产品，如制造执行系统（manufacturing execution system，MES）、制造运营管理（manufacturing operation management，MOM）、高级计划与排程（advanced planning and scheduling，APS）等软件系统，能够利用计算机系统对生产管理中各类信息进行处理、加工、分析和管理，进而推动生产管理信息化的实现。在车间计划排程、作业任务派发、生产过程管控、设备资源管理、仓储物流管理、质量检测管理、能耗排放管理、物料管理等场景得到了全面应用，能够极大地降低人工管理各类复杂制造和生产信息的难度，全面提升信息共享和利用效率，进而推动生产效率的提升。

（4）业务管理层。与生产管理层类似，企业生产与采购计划、供应商资源、研发设计过程、客户关系管理、人力与财务管理等过程中也需要采用计算机代替人工进行相关业务数据的分析、处理、应用和管理，解放人力，提高效率。面向产品研发和工艺规划业务，产生了如计算机辅助设计、计算机辅助工程（computer aided engineering，CAE）、计算机辅助制造（computer aided manufacturing，CAM）等工具软件，应用于产品结构设计绘图、结构强度仿真分析、数控加工程序的编制等，代替传统的手工作图、计算分析和加工代码编制，提高设计效率和质量。也产生了如企业资源计划（enterprise resource planning，ERP）、供应链管理（supply chain management，SCM）、客户关系管理（customer relationship management，CRM）等管理软件，应用于企业经营管理、计划管控、供应商管理、客户管理、人力资源管理等，能够高效管控计划、订单、库房、供应商和客户等信息，提高企业业务管理的水平。

2. 数字化制造融合技术发展脉络

20 世纪 50 年代以来，计算机、数字控制等信息化技术与制造业的融合应用极大推动了制造业数字化发展进程。1958 年，第一台加工中心诞生于美国，该数控加工中心是在卧式镗铣床上增加了自动换刀装置，由此实现一次装夹工件后就能完成多道工序的加工，包括了铣削、钻削、镗削、铰削和加工螺纹等。1964 年，美国通用汽车公司和 IBM 公司成功研制了 DAC-I 系统，将 CAD 技术应用于汽车前玻璃线性设计，第一次将 CAD 技术用于具体的生产对象上。同年，IBM 公司开发了物料需求计划（MRP）系统，用于制造业企业的生产计划和物料管理。1966 年，美国计算机科学公司（CSC）参与了美国国家航空航天局的 FEA 计划，形成了第一套真正意义上投入到工程实践中的通用有限元软件。1969 年，美国数字设备公司（DEC）研制出第一台可编程逻辑控制器（PLC），成功应用在美国通用汽车自动装配线，并很快地扩展到食品、饮料、冶金、造纸等行业。

进入 20 世纪 70 年代，半导体技术的进步为制造业自动化、数字化提供了支持。1975 年美国霍尼韦尔（Honeywell）公司发明第一套分散控制系统（DCS）TDC-2000，成功应用于石油和化工行业。1982 年，达索（Dassault）公司推出了 CATIA 软件，该软件成为首个基于三维实体建模的 CAD 软件,被广泛应用于航空航天和汽车工业,CAD 迅速商业化。1983 年,奥利佛怀特(Oliver Wight)公司使 MRP 系统更进一步,开发了 MRP Ⅱ,不仅包括物料需求计划,还纳入了人力、机械、财力等其他要素。1990 年 11 月,美国先进制造研究中心(Advanced Manufacturing Research,AMR)提出了制造执行系统(MES)概念,使生产制造活动更加协调、高效和优化。 20 世纪 90 年代初期,美国盖特纳(Gartner)公司率先提出 ERP 概念,将此前 MRP Ⅱ 延伸到客户管理、供应链管理、财务管理、人力资源管理等业务系统。1992 年,思爱普(SAP)公司推出 SAP R/3 系统,该系统包含了众多 ERP 概念中的模块,如财务、人力资源、生产计划等,成为商务企业计算领域的重大突破。

1.3.3　网络化赋能技术与工业融合发展

1. 数字化网络化制造融合技术

网络化技术与工业融合主要体现在三个方面,如图 1–11 所示。首先,在数字化制造融合技术体系(图 1–10)中原本处于监控与控制层的现场总线和工业以太网,在互联网与新型网络技术融合下,产生了工业互联网网络,实现了企业纵向业务打通和横向产业链、供应链集成;其次,原本处于生产管理和业务管理层的工业软件,在云计算与边缘

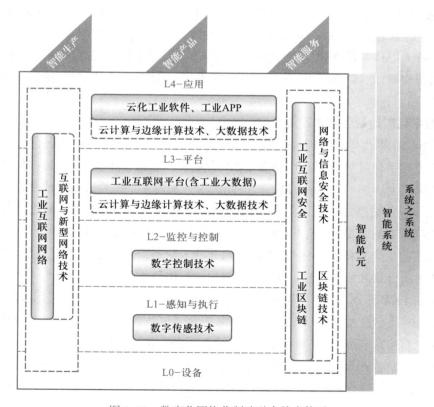

图 1–11　数字化网络化制造融合技术体系

技术、大数据技术融合下,解构了传统工业软件技术架构,形成了以数据为核心的工业互联网平台,实现了海量工业设备与系统数据的集成、分析和优化,驱动应用和服务的开放创新;再次,由于更大范围的网络互联互通,信息保密和数据安全问题成为需要关注的重点,网络信息安全和区块链等安全技术融入工业领域,形成工业互联网安全和工业区块链技术,为现场工控安全、企业生产和业务信息安全提供可靠保障。

（1）工业互联网网络。在数字化制造阶段,生产现场设备与感知、控制系统全面依靠现场总线、工业以太网等进行互联互通。单点设备和局部制造单元之间的互联互通,难以解决复杂制造系统跨工序、跨车间的数据协同与生产协同,导致了大量信息孤岛出现,企业生产效率和业务协同效率提升受到了明显制约。随着产品和生产系统的复杂化,产业链、供应链愈发复杂,企业间生产活动协同也越发频繁,但企业间由于缺乏网络互联,造成了信息共享困难与业务协同低效等问题,阻碍了企业、产业甚至整个制造系统的效率提升。工业无源光网络（passive optical network,PON）、时间敏感网络（time sensitive networking,TSN）、软件定义网络（software defined network,SDN）等工业互联网网络的出现,从高速率、低时延、大连接、灵活配置资源等多角度提升了系统间的传输连接能力,进而将之前彼此独立的数字化系统连接互通,实现了更广范围内的连接和海量数据的集成,推动数据和信息在企业间、企业与用户间、用户与产品间的充分流动,进而带动其他要素资源更为高效的配置,加速产品、服务和商业的创新。在工业互联网网络赋能下,产生了如网络协同制造、云制造、共享制造、众包众创、平台经济、大规模定制、用户直连制造、远程运维等新模式、新业态,推动传统制造业生产组织方式、资源配置方式和商业模式产生了巨大变革。

（2）平台层。在数字化制造阶段,企业生产和业务管理应用软件基本为各自独立的应用系统,各有各的业务逻辑、数据模型和数据存储空间,数据无法在系统间传递和共享,形成了一个个的信息孤岛,阻碍了数据跨业务和跨系统流通和共享,难以有效形成大量数据资源的积累,无法为大数据、人工智能等技术应用提供大量数据支撑;系统间信息孤岛也阻碍了跨业务间的协同,阻碍了协同工作和管理效率的提升,系统瓶颈严重。在此背景下,以云计算和边缘计算为基础,构建具备数据存储、集成、建模、分析、管理等功能于一体的工业互联网平台,实现基于统一平台的业务数据、知识的不断汇聚、积累与模型化,进而支撑基于数据的企业业务智能化优化。工业互联网平台在不断应用探索中,也逐步形成平台化设计、智能化制造、网络化协同、个性化定制和服务化衍生等新型应用模式,产生如创成式设计、基于平台的协同设计、智能排程调度、工艺过程调优、智能仓储调度、预测性维护、供应链智能协同优化等应用场景,极大加速数据资源的汇聚,数据资产的形成以及数据价值的释放,推动企业数字化、智能化转型升级,已经成为企业数字化转型重要载体。

（3）应用层。传统工业软件由于存在标准化、产品化等快速推广的商业需要,导致其产品形态、系统架构、业务逻辑和应用功能等均向通用化方向发展。然而,制造业由于行业覆盖广泛,应用场景碎片化以及需求多样化的特点,使得标准化工业软件难以完全满足特定应用场景或者个性化需求;工业软件需要投入大量资源进行基础设施建设、软件实施部署和长期的运维保障,大量人力和财力的投入广大中小企业无法承受,进而阻碍了制造业整体转型升级的步伐。随着工业互联网平台的诞生以及微服务等技术的融合,IT 系统正在解构、重组,MES、ERP、SCM、CRM 等系统正在解构为各种微服务组件,封装在工业互联网平台中,进而支撑面向多场景、多需求的工业 APP(application)开发。面向特定应用场景,融合工业机制与行业知识的工业 APP 不断涌现,从计划管理、财务管理、订单管理、库存管理等一般场景,到智能排程、工艺优化、能耗优化、设备监控、远程运维、安全管理等高价值场景均实现了覆盖。工业 APP 重构了整个工业知识积累、显性化和复用的新体系和新模式,解决了传统工业软件部署、实施成本高,碎片化场景适配难的问题,通过更低成本的云化 APP 加速制造业智能化转型。

(4) 工业互联网安全与区块链。随着新一代信息通信技术与工业制造的加速融合,网络与信息安全变为了一个重要的问题。传统工业处于相对封闭的环境之下,随着不断向数字化、网络化、智能化演进,越来越多的生产设备、控制系统连入网络,打破了传统工业相对封闭的环境,信息安全威胁迅速渗透延伸至生产现场。生产设备大量联网,加大了安全隐患,攻击可由物理世界直达现实世界,功能安全与信息安全交织融合,导致系统运行中断、生产线停摆、工厂停工,甚至可能引发人身安全等级联效应。网络信息安全和区块链等安全技术融入工业领域,形成工业互联网安全和工业区块链技术,为现场工控安全,企业生产和业务信息安全提供可靠保障,在工业网络边界安全防护、工业主机安全防护、工业安全监测与态势感知、数据共享等场景得到广泛应用,加速工业企业内部的生产流程管理、设备安全互联,助推工业企业间的产业链协同,提升工业互联网的适用性、安全性及智能性等。

2. 数字化网络化制造融合技术发展脉络

20 世纪下半叶,数字通信技术逐渐成熟,在工业控制系统的基础上发展形成了工业网络。1984 年,美国英特尔公司提出一种计算机分布式控制系统——位总线(BITBUS),形成了现场总线的最初概念。随后,现场总线技术在不同行业兴起,以全数字化、双向串行、多点连接通信技术实现了工业现场执行器、传感器以及变送器等多设备互联。90 年代末,随着工业控制应用和管理应用对承载需求的进一步提高,具有更高传输效率、更大带宽、更好兼容性的工业以太网逐步兴起,开始从工业现场测量控制网络发展向生产管理延伸。1996 年,由费舍尔－罗斯蒙特、罗克韦尔软件、美国奥普图(Opto 22)等公司成立的工作组发布了基于过程控制的对象链接与嵌入(OLE for process control,OPC)数据访问(OPC data access)规范,OPC 逐步变成一种被普遍接受的标准,能够在制造和过程工业中的不同厂家的自动化系统之间交换数据。

进入新世纪,工业无线引入工业应用场景,对工业有线网络形成有效补充。2006 年,亚马逊公司利用虚拟化技术开创了基础设施即服务(infrastructure as a service,IaaS)的商业模式,由此开启了云计算时代,为工业互联网奠定了基础。2007 年,欧特克(Autodesk)推出了 Fusion 360 软件,这是首个基于云计算的 CAD/CAM 软件,开启了 CAD 技术向云端的转变。2013 年,美国通用电气公司推出工业互联网平台 Predix,该平台成为全球第一个专为收集与分析工业数据而开发设计的云解决方案。时间敏感网络(TSN)、软件定义网络(SDN)等技术是近年来备受关注的网络技术,它们为实现高效、灵活的工业网络通信提供了新的解决方案。2019 年,5G 技术商用化,为生产现场提供了更快速、更稳定的网络支持,大大提升了协同互联的能力。

1.3.4 智能化赋能技术与工业融合发展

1. 数字化网络化智能化制造融合技术

如图 1-12 所示,新一代人工智能技术具备强大的技术渗透能力,全面融入制造系统,在五个方面起到了赋能变革作用:新一代人工智能技术融入感知与执行层,推动数字传感升级为智能传感,具有一定的数据分析、处理和决策能力,实现更高精度的数据采集与实时数据分析;融入监控与控制层,推动数字控制向智能控制升级,可以解决更多复杂场景下的控制问题,提高控制效率和控制水平;融合工业互联网平台,带来了各类基于数据模型和工业机理的工业智能应用,实现了对业务的深度优化;与工业互联网网络的软硬件系统融合,利用网络丰富的数据和算力资源,实现网络功能强化,提升用户服务体验;融入安全互信技术,强化风险感知、识别与应急响应能力,成为防护新型攻击形式的可行技术方向。

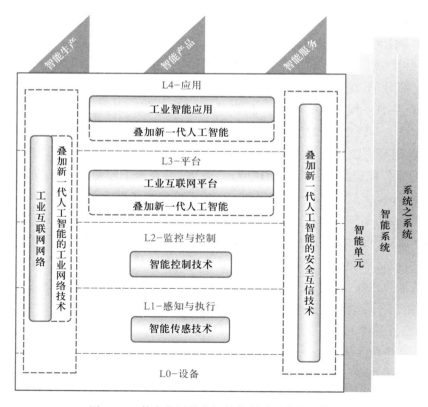

图 1-12　数字化网络化智能化制造融合技术体系

　　(1) 感知与执行层。随着设备智能化水平提升,要求传感器准确度高、可靠性高、稳定性好,而且具备一定的数据处理能力,并能够自检、自校、自补偿,将传统传感器检测信息的功能与微处理器等智能电子设备的信息处理功能有机地融合一起,并嵌入算法模型,形成智能传感器,如智能检测传感器、智能流量传感器、智能位置传感器、智能压力传感器、智能加速度传感器等。与数字传感器相比,智能传感器可以通过智能电子设备进行信号的分析、处理与决策,从而实现对信息的自动采集、自动处理和分析。近年来,智能传感器已经广泛应用在工农业生产和人们的日常生活等各个领域中,如具有视觉、触觉、听觉等感知功能的智能机器人,自动驾驶的图像、激光等传感器,可穿戴设备,健康监测设备,智能家居等。智能传感器的应用,将进一步提升信息空间对物理空间的实时感知和精确描述能力,进而推动信息系统更好地进行分析、决策,优化物理世界。

　　(2) 监控与控制层。传统的控制方式是建立在确定的模型基础上的,当模型未知或知之甚少时,模型的结构和参数在很大的范围内变动,比如工业过程的病态结构问题、某些干扰的无法预测,致使无法建立其模型。传统的控制方式对线性问题有较成熟的理论,而对高度非线性的控制对象虽然有一些非线性方法可以利用,但不尽如人意。新一代人工智能与数字控制的融合,产生了智能控制器,使得控制系统具有足够的人的控制策略、被控对象以及环境的有关知识,并巧妙地运用这些知识,实现智能控制,可以解决更多复杂场景下的控制问题,提高控制效率和控制水平。智能控制系统被应用于无人驾驶、高端机床、工业机器人、智慧物流、智慧农机等高端装备上,增强了相关装备面对复杂任务和工况的作业能力,成为了智能产品的关键核心部分。

　　(3) 平台及应用层。在数字化、网络化制造阶段,虽然各类自动化装备和基于网络的协同替代了部分脑力分析、决策等工作,但制造活动的复杂性以及大量工作机制的不清晰,导致传统信息系统难以完全代替人类,大量分析、决策和优化仍需要借助人类智力。但随着制造系统不确定性和复杂性的不断增加,人类智力对制造资源配置和优化能力的瓶颈已显现,阻碍了制造系统生产力进一步释放。近年来,人工智能技术与工业融合,产生了各类工业智能应用,贯穿于设计、生产、管理、服务等工业领域各环节,通过数据驱动、自主学习等全新范式解决机制复杂的、以前不可解的各类工业问题,变革制造业决策范式,极大突破人类能力边界。工业智能在多种工业场景实现了突破性应用,如基于人工智能的创成式设计、缺陷质量检测、工业流程优化、复杂供应链优化、用户需求预测、生产调度优化、设备预测性维护等。应用数据 + 模型深度优化制造业高价值场景,提高制造系统的智能化水平,使得从原始工业数据到最终智慧决策的过程中,制造系统可以完成越来越多的工作,进而使更多人类脑力投入创造性工作中。

　　(4) 叠加新一代人工智能的安全互信技术。传统的、单一的网络安全技术难以抵御网络攻击。网络攻击者利用人工智能技术不断提升传统网络的攻击能力,并由此产生更难以检测识别的恶意代码,诸如防火墙、病毒查杀、入侵检测等传统网络安全防护手段在应对由人工智能引入的新型网络攻击已经有所乏力。人工智能技术的自学习能力强,在特征发现及自动分析方面具有优异性能,成为防护新型攻击的可行技术方向。在计算机病毒与恶意代码识别、计算机网络风险识别与防控、身份鉴别、安全态势感知与监控等场景得到应用,弥补传统静态网络防御手段的不足,提高网络防御的动态化和智能化水平。

(5)叠加新一代人工智能的工业网络技术。随着人工智能个人用户市场的饱和,新型智能服务和行业应用对网络服务从时延到可靠性、带宽及连通性等各方面均提出了更为严苛的个性化需求;网络系统规模和复杂度的与日俱增,传统依赖工单流转与人工操作的运营运维模式难以固化与推广,运维成本过高,效率有待提升。将新一代人工智能技术与通信网络的硬件、软件、系统等进行深度融合,利用网络丰富的数据和算力资源,可以实现网络的性能提升、效率提高、成本降低,提升用户服务体验。人工智能与网络的融合尚处于起步阶段,在网络故障诊断与预测、网络性能调优、网络资源调度优化等场景进行了局部探索。融合人工智能的工业网络,可根据网络承载、网络流量、用户行为和其他参数来不断优化网络配置,进行实时主动式的网络自我校正和优化,从而驱动网络的智能化转型。

2. 数字化网络化智能化制造融合技术发展脉络

1965 年,美国斯坦福大学开发了世界上最早的专家系统 DENDRAL,该专家系统能根据化合物的分子式和质谱数据推断化合物的分子结构。随后,专家系统等早期人工智能技术开始在工业领域应用,美国数字设备公司(DEC)在 1978 年开发了一个用于计算机配置的专家系统,能够根据内置的专家知识和规则,为客户自动推荐符合要求的计算机。1980 年,美国卡内基梅隆大学举行了第一届机器学习国际研讨会,标志着机器学习研究在世界范围内兴起,机器学习系统已初步具备解决缺陷图像识别、工业指标预测等简单问题的能力。2005 年,梅特勒 – 托利多(Metter Toledo)公司推出了世界上首台人机界面良好的视觉检测机,此后工人在生产线上操作视觉检测设备就像操作计算机一样简单。2006 年,杰弗里·欣顿(Geoffrey Hinton)教授提出了深度学习算法,使神经网络技术路径备受瞩目。2012 年,谷歌公司率先发布了首款基于知识图谱的搜索引擎产品,标志着知识图谱技术走向落地应用。随后,深度学习、知识图谱等复杂人工智能技术逐步在工业领域落地应用与创新演进。2019 年,瑞士阿西布朗勃法瑞(ABB)公司推出了"3D 视觉 + 深度学习"的智能物流解决方案,使机器人完成码垛、拆垛、入库、上架、存储、拣选等多个作业。2022 年 11 月,OpenAI 公司发布 ChatGPT,全球掀起大模型技术的产业应用探索热潮,西门子、阿西布朗勃法瑞等企业在 2023 年已经开始尝试基于 ChatGPT,根据自然语言输入自动生成控制代码。大模型技术创新和演进不断呈现新的突破,与制造业深度融合的速度正在加快,全球工业已进入通用智能化探索的新时代。

思 考 题

1-1 我国为什么要坚定不移推进智能制造?

1-2 智能制造主要包括哪些方面?

1-3 智能制造的三类范式主要特征是什么？

1-4 分别概括数字化、网络化技术的赋能作用。

1-5 智能化技术包括哪些方面？作用主要体现在哪些方面？

1-6 简述智能制造赋能技术的相互关系。

1-7 在数字化网络化智能化制造阶段，赋能技术如何与制造系统融合？

1-8 简述网络化技术与制造系统融合的表现。

1-9 新一代人工智能技术如何通过赋能来变革制造系统？

1-10 未来智能制造赋能技术主要有哪些发展方向？给出你的理由。

第 2 章

计算机及其软件技术

2.1 概　　述

计算机是支撑智能制造数字化、网络化、智能化的核心设备。随着信息技术的快速发展,制造业的生产方式开始转变,在计算机及其软件技术的帮助下,数控设备能够代替人工提高生产效率,更加智能地完成复杂的生产,供应链能够更加紧密地协同在一起,不断优化生产过程。制造业正在向着更加高效、更加绿色的方向前进。

计算机系统以集成电路为基础核心硬件,将各集成电路和其他部件互连构成计算机的硬件基础,通过执行各类软件程序,实现各种系统功能。从 1946 年世界第一台计算机ENIAC 诞生起,计算机及其软件技术长期处于快速发展与变革之中,已形成一门复杂的学科,而今计算机产品已深植于社会之中,成为了社会生活不可或缺的工具。

计算机已广泛应用于工业制造领域。在产品研发中,计算机用于辅助设计。在产品生产中,计算机用于操控机床、机器人等设备。在工厂运营中,计算机被用于资源规划、生产线排程等工作。本章将对计算机及其软件技术进行介绍,梳理数字电路与集成电路、软件和计算机系统的原理、关键技术、发展历程与趋势,并讲解计算机技术在工业中的主要应用。

2.2 数字电路与集成电路

2.2.1 定义与技术原理

数字电路(digital circuit)与集成电路(integrated circuit, IC)是计算机系统的核心硬件。通过对信息的数字化表示,数字电路具备了代替人类处理复杂信息的能力。但早期电路体积庞大、成本高,难以在工业领域实现规模应用。随着电路不断向微小型化发展,形成的集成电路具有功耗低、性能强、体积小、成本低等优势,逐步成为工业领域各种计算机系统的基础核心硬件,广泛应用于制造装备、仪器仪表、工业控制器等工业设备,是信息化赋能工业的基石。

　　数字电路是指用数字信号完成算术运算和逻辑运算的电路,通过控制代表"1"或"0"的电平变化实现运算过程。数字电路具有稳定性好、可靠性高的特点,便于高度集成化,是现代集成电路发展的基础。集成电路是在一小块半导体晶圆上将晶体管、电阻、电容和电感等元件相互连接到一起的小型化、低功耗的电路结构。用管壳封装好的集成电路又称芯片。数字电路的集成电路一般采用场效应管(field effect transistor,FET),可通过控制电压改变晶体管输出结果,以此来模拟简单的运算逻辑。多个FET组合形成的复杂集成电路就能实现复杂的运算和逻辑功能。

　　集成电路技术被广泛应用之前,计算机需要由导线连接独立的、体积较大的电路元件而构成,体积大、成本高、功耗高。通过集成电路技术构造的芯片,在体积上比同样功能的分立式电路小得多,在用料成本上具有极大优势。集成电路可使多达数十亿枚晶体管等元件集成于面积仅为几平方厘米的芯片上,紧密的元件排列也降低了电信号传输的能耗,提高了计算机的性能。例如,世界第一台计算机ENIAC仅由18 000个电子管组成,但占地面积达170 m^2,耗电量达150 kW,而华为公司麒麟9000芯片具有超过153亿个晶体管,面积仅约为100 mm^2,功耗小于10 W,集成电路模式使得电路在体积与功耗上取得了极大进步。

　　一方面,集成电路自身作为一种工业品,已成为了汽车、消费电子、电气设备等产业的核心元器件之一。另一方面,集成电路作为计算机系统的核心器件,也已经在制造业中无处不在,产品设计研发过程中需要使用的个人计算机、服务器,产品生产过程中需要使用的工控机、机器人、数控机床,信息通信过程中需要使用的手机、基站、交换机,集成电路已被应用于工业产品从研发、生产到销售的全生命周期中。

2.2.2　数字电路与集成电路关键技术

　　集成电路的生产过程主要包含设计、制造和封装三个阶段,如图2-1所示。设计阶段通过数字电路逻辑设计和物理设计形成各电路器件在半导体晶圆上的分布和连接的电路图,制造阶段根据电路图在晶圆上通过光刻、刻蚀、掺杂等工序构造电路,封装阶段将刻有多个电路的整个晶圆进行切割后获得电路晶粒,将一小块或几小块晶粒贴装在管壳内,将晶粒的触点与引脚键合在一起,封装形成便于使用的芯片。

1. 集成电路设计技术

　　集成电路设计是集成电路研发生产的第一步,主要根据计算机系统整体需求设计各类芯片产品的电路图,并将电路图交付给后续的制造步骤进行集成电路生产。随着集成电路技术的发展,制造难度增加,试错成本上升,设计阶段变得愈发重要,

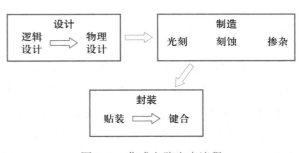

图2-1　集成电路生产流程

缜密的电路设计和有效的仿真测试已成为芯片产品能够具有符合预期功能的前提。随着设计难度的不断提高,设计过程逐渐分成了逻辑设计和物理设计两个步骤。

(1) 逻辑设计。在逻辑设计阶段,工程师们需要将功能需求抽象为数学逻辑,确定电路的时序、输入和输出,构建较为复杂的逻辑电路图。逻辑设计的最初阶段是寄存器级设计与仿真,工程师使用硬件描述语言,通过编程定义各部分器件的输入、输出逻辑和各器件之间的连接关系来描述电路逻辑,如图 2-2 所示。在完成代码编写后,可使用电子设计自动化(electronics design automation,EDA)软件对代码进行功能验证,确保编写的逻辑满足需求。验证通过后,需要在 EDA 软件辅助下将代码转化为不同逻辑门相连的电路形式,即门级网表。然后,带入芯片制造商提供的门电路器件参数(延迟、负载等),对逻辑门电路进行仿真,确认带入延时等条件后电路逻辑功能是否仍能准确执行。

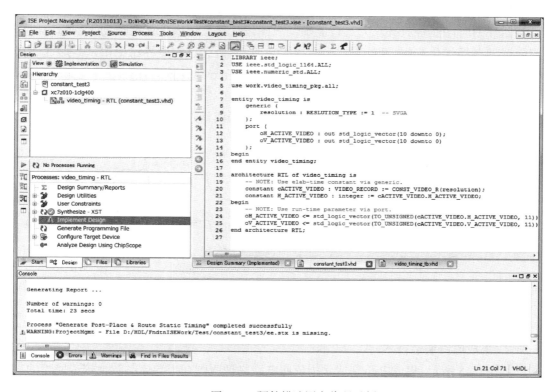

图 2-2 硬件描述语言代码示例

(2) 物理设计。在对逻辑门电路的仿真通过后,设计流程进入物理设计阶段。在这一阶段,EDA 软件将根据芯片制造厂商提供的器件工艺信息将逻辑门电路自动转换为实际的物理版图,将各个逻辑门替换为器件结构图,将逻辑门之间的连线替换为导线图,如图 2-3 所示。由于电信号在不同长度的导线中传输时延不同,当逻辑电路转换为实际物理版图后,各器件之间的时序通常不能对齐,所以版图的布局也是影响芯片是否能够达到预期功能的关键因素。

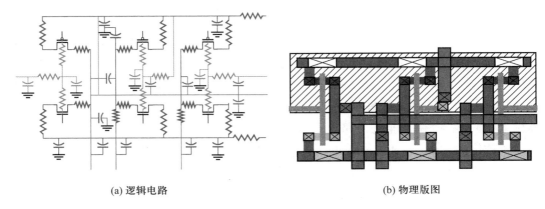

(a) 逻辑电路　　　　　　　　　　　　　　(b) 物理版图

图 2-3　逻辑电路与物理版图示例

　　在物理版图布局阶段需要对电路进行第三次仿真,如图 2-4 所示,验证在实际版图下各器件的时序能否对齐。人工智能辅助版图设计是使用人工智能辅助工程师完成物理版图的布局优化工作,设计方式尚在探索阶段,但概念已在业界讨论中基本形成。在数十亿个晶体管规模的集成电路设计中,器件位置和导线的变化往往牵一发而动全身,在 EDA 软件基于门级网表生成物理版图时,使用人工智能算法自动优化布局,这一布局虽然可能仍存在问题,但工程师在此基础上进行布局调整则更为容易。

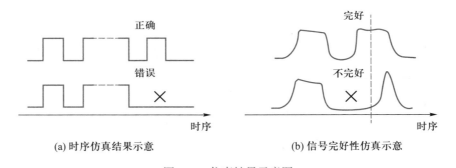

(a) 时序仿真结果示意　　　　　　　　　　(b) 信号完好性仿真示意

图 2-4　仿真结果示意图

2. 集成电路制造技术

如图 2-5 所示,集成电路制造是指依照电路物理版图在半导体晶圆上构造完整的集

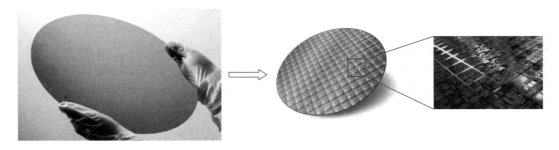

图 2-5　集成电路制造

成电路的过程。该过程一般需将版图制成光罩,而后将光罩上的电路图形信息刻蚀至晶圆上,将虚拟的电路设计版图转化为实质的集成电路。制造阶段获得的是芯片裸片,脆弱的电路结构暴露在外,需要再经过封装后才形成可长期使用的芯片产品。集成电路制造主要包括光刻、刻蚀、掺杂等多个步骤,根据晶体管结构的不同,通常在实际制造过程中需要多次重复以上步骤才能完成晶体管的制造。

（1）光刻。如图 2-6、图 2-7 所示,集成电路的主流制造过程是先在晶圆上沉积氧化层,涂上光敏的光刻胶,烘干提高光刻胶的附着性,而后根据电路物理版图构造掩模板,在光刻过程中使用光源照射掩模板,透镜系统将光线折射到光刻胶层上,曝光在光线下的部分光刻胶将改变性质,在显影液中被溶解掉,清除后将留下与掩模板上结构一致但尺寸缩小数倍的图案。

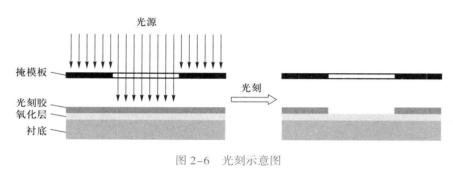

图 2-6　光刻示意图

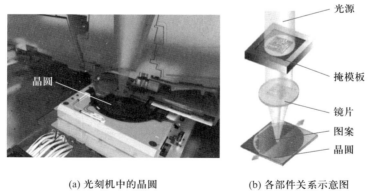

(a) 光刻机中的晶圆　　　　(b) 各部件关系示意图

图 2-7　光刻中各部件关系

（2）刻蚀。刻蚀过程是在光刻的基础上对氧化层进行腐蚀,构造出凹槽。在光刻胶被溶解掉的部分,硅晶圆被暴露出来,使用化学物质对这部分硅晶圆进行溶解,在硅晶圆上形成坑道,如图 2-8 所示。

（3）掺杂。在获得暴露在外的晶圆图案后,在真空系统中用加速的要掺杂离子的离子光束照射晶圆,对暴露出的晶圆部分注入杂质离子,改变其导电性,用于构造晶体管器件,如图 2-9 所示。

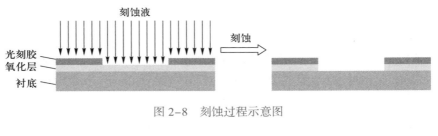

图 2-8　刻蚀过程示意图

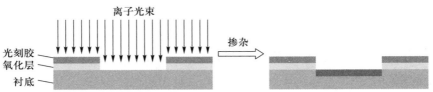

图 2-9　掺杂过程示意图

  晶体管结构非常复杂,每个晶体管的构造都需要大量重复光刻、刻蚀、掺杂以及沉积(在基底上镀一层材质)过程。如图 2-10 所示,展示了一种简化版的鳍式场效应晶体管(fin field-effect transistor FinFET)结构制造流程,各步骤均制造出对应的器件。在制造完成后,在绝缘层上打孔,用电镀方法填充铜作为晶体管的接口,再用铜线对晶体管进行连接,最终将形成芯片。

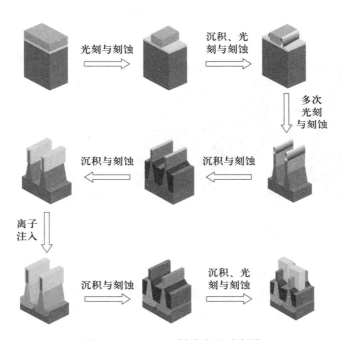

图 2-10　FinFET 制造流程示意图

3. 集成电路封装技术

  集成电路封装是半导体设备制造过程中的最后一个环节。经过制造步骤后,刻有多

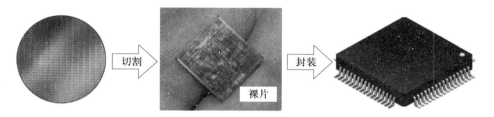

图 2-11 被封装保护的裸片

个电路的晶圆会依照电路设计被切割成独立的芯片裸片(图 2-11),在封装环节中芯片裸片会被置于一个保护壳内,芯片管壳采用塑料、金属、陶瓷、玻璃等材料,通过特定的工艺将集成电路裸片包装起来,在后续使用中通过封装引脚与外部电路板相连,如图 2-12 所示。封装可以防止集成电路受到物理损坏或化学腐蚀,使得集成电路在各种环境和条件下都能稳定可靠地工作。在流程上,封装过程主要包括贴装和键合等步骤。

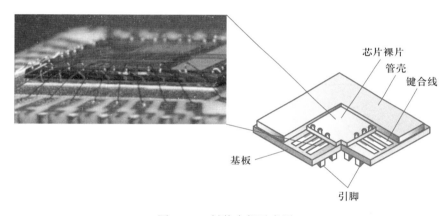

图 2-12 封装内部示意图

(1) 贴装。在集成电路制造过程中,封装厂商获得的是刻有多个集成电路的晶圆,需要将晶圆切割成一个个芯片裸片,即晶粒(die),每个晶粒包含一个独立的集成电路,而后将芯片裸片装入管壳内,焊接引线。贴装步骤就是将芯片裸片固定在管壳基板上的过程,需要将芯片裸片对齐粘贴在对应位置上,根据使用的黏合剂的不同可分为共晶粘贴法、焊接粘贴法、导电胶粘贴法、玻璃胶粘贴法等。

(2) 键合。在完成贴装后,裸片已经固定在管壳基板上,键合步骤则是通过金属键合线焊接晶粒接口与管壳上导线接口的过程,完成焊接后需要将带有裸片的基板胶封入管壳内,形成可长期使用的芯片。如图 2-13 所示,展示了贴装在基板上,由键合线与引脚相连

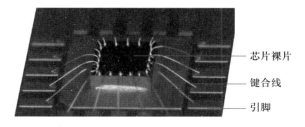

图 2-13 由键合线与基板相连的芯片裸片

的晶粒,中心位置的深色方块是芯片裸片,细线是键合线,细长方形就是基板上的引脚。

　　封装不仅能起到保护电路的作用,先进的封装技术还能提升系统的集成度。例如,三维封装技术可以提高芯片的空间利用率,形成的单体三维集成电路(monolithic 3D IC)可将晶体管在三维空间中进行排列,不同单元之间进行相互三维连接,是解决集成电路空间利用率的"终极"方案。如图 2-14 所示,图中展示了一种集成电路三维封装的示意结构,集成电路的封装顺序从下往上,将封装基板贴装键合到球形触点上,而后在基板上构造凸点,用于隔绝基板和中介层并作为触点使两者连接,中介层中刻有导线用于实现晶粒之间或晶粒与基板之间的互连,在基板上贴装和键合中介层后,再在中介层上构造凸点,并进一步贴装晶粒,完成封装。

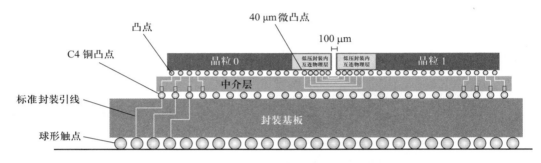

图 2-14　集成电路三维封装的示意结构

　　三维封装技术可以将内存、CPU 晶粒等堆叠在一起,对整个系统进行整体封装,实现系统的芯片化高度集成。如图 2-15 所示,右侧是三维封装集成电路的横截面图,上方是DRAM 晶粒和中介层,中间是 CPU 晶粒和另一个中介层,这几部分被堆叠在最下方的基板上一同封装在管壳内。

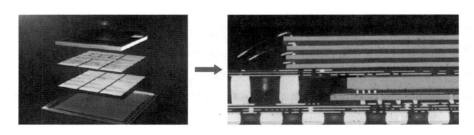

图 2-15　多个晶粒三维堆叠封装在一起

2.2.3　数字电路与集成电路技术发展趋势

　　集成电路技术自 20 世纪 40 年代诞生至今,始终处于快速发展状态,现在的集成电路规模已远远超出它诞生时人们的想象,极大推动了社会信息化发展。

　　在 20 世纪 40 年代后期至 50 年代,集成电路的概念逐渐成型。1947 年诞生了全球第一支晶体管,解决了电子真空管体积大、能耗高、寿命短的问题,为集成电路的发展奠定基础;1958年,杰克·基尔比(Jack Kilby)将多个晶体管与导线组合到一颗锗晶圆上,正式宣告集成电路的诞生,这项成果也使其在2000年获得诺贝尔物理学奖;1959年,半导体平面工艺诞生并在此基础上衍生出了可大规模制造的硅基集成电路结构;紧接着,在平面工艺基础上,世界第一个硅基商用集成电路诞生了,自此集成电路概念已初步形成,硅也借此逐步成为应用最广泛的半导体材料。

20世纪60年代早期,设计、制造、封装等概念在这一时期出现,沿用至今的集成电路基本形态逐渐定型,诞生了早期的小规模集成电路(集成10~100个元件)。互补金属氧化物半导体(complementary metal oxide semiconductor, CMOS)元件于1963年被设计提出,至今仍被广泛用于集成电路;1965年,在陶瓷扁平封装概念基础上,双列单插封装技术(dual in-line package, DIP)被应用于集成电路,在使用中将脆弱的精密电路结构包裹于保护壳内,极大提高了集成电路的实用性,为集成电路的广泛应用奠定了基础;1966年,首款面向集成电路的计算机辅助设计软件诞生了,极大降低了集成电路设计流程的复杂度,促进了集成电路产业的发展。自此,将晶体管等器件,按照设计的电路互连,"集成"在半导体晶圆上,封装在一个外壳内,这一集成电路的生产流程已基本形成,并指导着之后数十年间集成电路的制造。

在20世纪70年代至90年代早期,集成电路进入稳定的快速发展时期,20多年间集成电路包含的元件数量快速从中规模级(几百个)发展为巨大规模级(上亿个),集成电路应用技术获得极大发展,为信息系统的小型化奠定了基础。大量至今仍广泛应用的集成电路器件在这一时期诞生,包括动态随机存取存储器(dynamic random access memory, DRAM)、中央处理器(central processing unit, CPU)、微控制器(microcontroller unit, MCU)、现场可编程门阵列(field programmable gate array, FPGA)以及固态硬盘(solid state disk, SSD)。在1970年,随着集成电路技术的进步,DRAM的每比特(bit)存储价格降至1美分,首次与磁存储设备达到同一水平。到1994年,世界上首款1 GB容量的动态随机存取存储器诞生了,该芯片包含上亿个晶体管,在宣告巨大规模集成电路时代来临的同时也极大推动了集成电路存储器的普及,使存储芯片开始逐步取代磁芯存储器成为计算机内存的主流设备。

从20世纪90年代末期至今,随着电路集成度的提高,集成电路技术发展多次面临瓶颈,但随着技术突破,这些问题被一一化解,晶体管规模逐步达到了上百亿,并仍在持续上涨。芯片上器件的密度不断提高,传统铝互连线的寄生电阻问题变得愈发严重,铜互连工艺的应用缓解了这一问题,是集成电路制程工艺突破220 nm的关键;随着器件体积的减小,氧化物层厚度的降低引发了严重的载流子隧穿问题,使集成电路制程工艺面临45 nm瓶颈,而HKMG(high-K metal gate, 高K金属栅)工艺解决了这一问题;传统晶体管结构随晶体管密度增高,漏电流变大,阻碍了晶体管体积的进一步缩小,而图2-16a所示的鳍式场效应晶体管(FinFET)结构的出现使集成电路制程工艺突破至22 nm。由于量子效应等因素的影响,在工艺演进至3 nm和2 nm节点时,FinFET结构已接近应用极限,产生漏电控制问题,如图2-16b所示的GAA(全环绕栅极)晶体管结构能够有效降低漏电流,已成为满足新工艺需求的技术方案。此外,三维封装等新技术有望进一步提高芯片集成度,也期待未来新的技术能将集成电路技术提高至新的高度。

1965 年,戈登·摩尔(Gordon Moore)作出预测,集成电路上单位面积内所集成的晶体管数目每 18 个月翻一番,这就是大名鼎鼎的摩

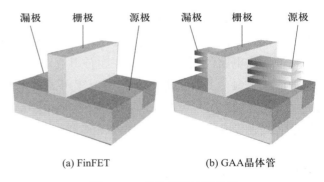

(a) FinFET   (b) GAA晶体管

图 2-16 晶体管结构示意图

尔定律。随着半导体制造工艺的不断进步,晶体管的特征尺寸已经到达纳米量级,继续按比例缩小即将面临相当严重的量子效应,导致晶体管开关失效,在此种情况下,摩尔定律的脚步不得不放缓,有多种路线被人们寄予厚望。

(1)深化摩尔定律。深化摩尔定律即 "More Moore",指在器件结构、沟道材料、连接导线、高介质金属栅、架构系统、制造工艺等方面进行创新研发,增加单位面积内集成的晶体管数目。整体来看,制约摩尔定律不断深化的因素主要有物理因素和功耗因素。物理因素方面,当晶体管的尺寸进入 10 nm 以下时,传统的物理定律不再能够准确地描述电子的运动状态,需要结合量子力学等微观物理定律来解释,晶体管的性能也将随着量子效应的出现而急剧下降。功耗因素方面,随着技术节点的不断推进,器件的工作频率以 20% 的幅度进行提升,器件的功耗也随之大幅度增加,当功率密度提升至一定程度后,将导致散热等一系列问题的出现,维持 40 W/cm 左右的功率密度成为普遍采用的方法,随之而来的则是工作频率的稳定,导致器件的尺寸没有继续缩小的动力,当半导体工艺进入 14 nm 后,其工作频率甚至有所下降。

(2)拓展摩尔定律。拓展摩尔定律即 "More than Moore",侧重于功能的多样化,更多地靠电路设计以及系统优化来提升芯片性能。在数模混合电路中,数字电路模块会希望使用先进制程以实现更好的集成度以及更高的性能,然而,对于射频、模拟以及混合信号模块则面临串扰问题,先进制程下的集成度改进并非立竿见影。在拓展摩尔定律路线中,按照电路对工艺的需求进行分别设计再进行集成已成为进一步优化系统的性能和成本的主流方式。另一种拓展摩尔定律的方式是靠封装技术来实现集成。模拟、数字等不同模块可以用封装技术集成在同一封装中,而模块间的通信则使用高速接口。例如,TSV(through silicon via)技术把多块芯片用三维堆叠的形式放在一起,然后在不同的芯片间打通孔并制作铜连线,使得芯片间可以经由这些连线实现通信。

(3)超越摩尔定律。超越摩尔定律,即 Beyond CMOS 路线,使用 CMOS 以外的新器件提升集成电路性能,主要思路是发明制造一种或几种 "新型的开关" 来处理信息,以此来继续 CMOS 未能完成的工作。这类理想的器件需要具有高功能密度、更高的性能提升、更低的能耗、可接受的制造成本、足够稳定以及适合大规模制造等的特性。Ⅲ-Ⅴ族化合物半导体晶体管、隧穿晶体管、纳米机械开关、单电子晶体管、自旋晶体管、石墨烯晶体

管、碳纳米管等新型晶体管形式是潜在技术方案,但均停留在实验室阶段,距离实现产业化仍存在不小的距离。

2.2.4 数字电路与集成电路技术在工业中的应用

与普通商用集成电路不同,工业集成电路的工作环境更为严苛,长期处于高温或低温、高湿、强盐、强电磁辐射的恶劣环境中,其可靠性、稳定性、服役寿命等指标均超过普通商用集成电路。智能制造中涉及的集成电路种类繁多,可将其分为面向工业应用的通用集成电路和工业定制的专用集成电路(application specific integrated circuit, ASIC)两大类。面向工业应用的通用集成电路包括微控制器(MCU)、数字信号处理器(digital signal processor, DSP)、中央处理器(CPU)、图形处理单元(GPU)、集成电路存储器等,这些集成电路提供通用的计算、存储、控制等功能,但在性能上需要满足工业级需求;工业专用集成电路包括半定制的现场可编程门阵列(FPGA)、微机电系统(micro electro mechanical system, MEMS)传感器以及其他网络定制集成电路等,这些集成电路主要用于满足工业用户的特定需求。

1. 微控制器(MCU)

MCU 又称单片机,是将内存、计数器、USB、A/D 转换器等周边电路与低性能的 CPU 整合在单一芯片上,形成的芯片级计算机,用于不同应用场景下的组合控制,是智能控制的核心。

MCU 的历史可追溯到首款微处理器 4004。英特尔公司之后推出了 MCS–51 架构,采用该架构的 8 位 MCU 8051 可满足当时一般工业控制和智能化仪器、仪表等的需要。英特尔公司采用开放授权政策,基于 8051 的 MCU 一时间成为市场主流。随着集成电路技术的发展和工业应用对 MCU 性能需求的提高,MCU 架构逐渐增多,运算能力也不断增强,MCU 已能够支持 16 位、32 位乃至 64 位的运算。智能制造、物联网等领域发展迅速,对 MCU 的性能需求不断增加,32 位的高性能 MCU 已成为市场主流。

MCU 应用于如下典型场景。

(1)电机控制。如图 2–17 所示,可编程逻辑控制器(PLC)是由 MCU 与其他外围电路组成的一种专用的工业控制计算机,与电动机相连,可根据工程师编写的逻辑输出指令来控制电动机,充当了机械臂、机床等工厂自动化设备的大脑。

(2)变频器。MCU 也被用作变频器的主控,接收控制面板、连接线等输入的控制信息,对指令进行分析处理,发出相应的输出信号,根据电动机的实际需要控制电源电压。MCU 还负责接收传感器反馈的电流监测信号,监测运行情况,及时发出停止工作的指令,保障设备安全。

(3)逆变器。与在变频器中起到的作用类似,MCU 也作为控制电源被集成于

图 2–17 PLC 示例

逆变器中,在逆变器将直流电转变成交流电的过程中控制电压。

2. 中央处理器(CPU)

CPU 是计算机的运算核心和控制核心,其功能主要是解释计算机指令以及处理计算机软件中的数据,通过执行由指令指定的基本算术、逻辑、控制和输入/输出(I/O)操作来执行计算机程序的指令。相比 MCU,CPU 并未集成内存、计数器、周边接口等功能,但具有更强的数据处理能力和执行能力,用于要求更高的计算任务。随着制造业向数字化、网络化、智能化方向演进,对算力的要求逐渐提高,CPU 发挥了越来越重要的作用。

CPU 的历史同样可追溯到 4004 微处理器。英特尔公司生产的微处理器 i8086 和数字协处理器 i8087 可使用相互兼容的指令集,该指令集称为 x86 指令集。英特尔公司随后推出了 8088 芯片,并用于 IBM 公司个人计算机中。随着集成电路技术的发展,CPU 的性能越来越强,不仅被用于个人计算机,还被用于服务器、边缘计算平台等设备,在智能制造中被用于处理较高算力需求的计算任务。

CPU 应用于如下典型场景。

(1)生产线数据分析。工业服务器是面向制造业需求打造的服务器产品,具有更高的稳定性和可靠性,CPU 就是工业服务器的核心计算单元。如图 2-18 所示,工业服务器部署在工厂内,与工业机器人以及遍布厂内的传感器建立连接,采集生产线运行数据,分析运行情况,监测设备状态,及时发现问题。

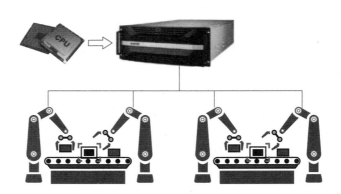

图 2-18　CPU 在生产线数据分析中的应用示例

案例 2-1:
飞腾 CPU+
5G 应用
案例

(2)控制厂区网络。5G 等网络的管理功能已经实现虚拟化,核心网功能以在服务器上部署的软件形式存在。如图 2-19 所示,在工业园区或企业厂区内,可以部署服务器机群,作为园区或厂区专网的控制中心,控制园区或厂区内的通信设备建立链路并实现信息的传输,

图 2-19　CPU 在园区或厂区网络中的应用示例

服务于各机械、传感器、计算机的相互通信。

3. 数字信号处理器（DSP）

DSP是一种为快速处理常用数字信号而设计的集成电路。DSP内部采用程序和数据分开的哈佛结构，具有专门的硬件乘法器，可以快速实现包括滤波、傅里叶变换、谱分析等在内的各种数字信号处理算法。在DSP诞生之前，数字信号处理任务主要由MCU等通用处理器完成，处理速度较慢，无法满足大信息量的高速实时处理需求。

世界上第一颗DSP是美商安迈（AMI）公司发布的S2811，但并不包含现代DSP都有的硬件乘法器。德州仪器（Texas Instruments）公司随后推出TMS32010，该器件采用微米工艺NMOS技术制作，虽功耗和尺寸稍大，但在语言合成和编码译码方面的运算速度却比微处理器快了几十倍，得到了广泛应用。随着集成电路技术的进步，采用CMOS工艺的DSP诞生，系统集成度逐渐提高，将DSP芯核及外围元件综合集成在单一芯片上，提高了易用性，运算速度得到巨大提高，应用领域从语音处理、图像处理等逐步扩大到通信、计算机、机械控制领域。

DSP应用于如下典型场景。

（1）运动控制。在机器人的控制系统中，DSP用于对传感器反馈的信息进行快速实时计算，对信号进行数字滤波、变换、卷积等操作，使得机器人系统可以快速分析位置与姿态，继而支撑控制决策指令的生成，提高控制系统的准确性与实时性。

（2）图像处理。如图2-20所示，DSP还能用于对摄像头视频信号进行处理，对图像信号进行傅里叶变换、数字滤波、编码译码等操作，相比通用处理器，DSP处理这些任务的速度更快，能够大大提高视频信号处理的实时性。

（3）音频处理。与在图像处理中的应用类似，DSP也常用于音频处理，对麦克风接收到的音频信号进行快速处理，辅助机器人控制系统进行控制决策。

4. 图形处理单元（GPU）

GPU起初是专用于计算机图形处理运算的集成电路，但由于其具备较强的并行处理能力，

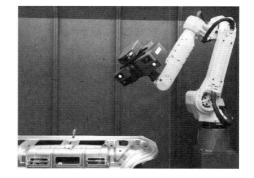

图2-20 带有摄像头的机械臂

适用于人工智能训练和推理任务，因此在人工智能和高性能计算领域作为加速器得到了广泛应用。

在GPU诞生前，图形运算任务都由CPU来完成。CPU更适用于通用计算，对图形的处理效率较低。1991年，S3 Graphics公司推出的"S3 86C911"图形加速卡，开启了二维图形硬件加速时代，它能进行字符、基本二维图元和矩形的绘制。1994年，籽亿（ZiiLABS）公司推出了第一颗用于个人计算机的三维图形加速芯片Glint300SX，但这一时期的图形加速芯片并不支持统一的标准。1999年，英伟达（NVIDIA）公司发布了图形加速芯片GeForce256，并将之命名为GPU。GeForce256兼容DirectX和OpenGL等标准化编程接口，

实现了大量使用。2005 年,冶天(ATI)公司在与微软公司合作的游戏主机 XBOX 360 上采用的 Xenos,是第一代统一渲染架构的 GPU,使得 GPU 的利用率更高。2006 年,英伟达公司发布的 G80 是第一款采用统一渲染架构的桌面 GPU。与 G80 一同发布的 CUDA(compute unified device architecture)架构,使得 GPU 能够用于并行计算。2011 年,英伟达公司发布的 TESLA GPU 计算卡凭借架构上的优势,成功在通用计算及超级计算机领域获得大量应用。

GPU 应用于如下典型场景。

(1)高性能计算加速。GPU 凭借强大的并行计算能力,常用于进行高性能计算任务的加速,在工业产品研发设计的工程仿真环节获得了大量应用,例如加速结构力学、流体力学、电磁、热力等仿真任务。

(2)人工智能应用。GPU 强大的并行计算能力同样被广泛用于人工智能。在数据中心内,大算力的 GPU 加速卡被用于人工智能模型的训练,满足工厂智能化运维、基于图像的质检识别等应用需求。

(3)图形渲染。GPU 作为图形处理单元,在工业产品的设计与展示中也有大量应用。如图 2-21 所示,GPU 用于产品的三维图形渲染以及生产线、产品的数字孪生。

案例 2-2:
摩尔线程
GPU 在计
算机作图
中的应用

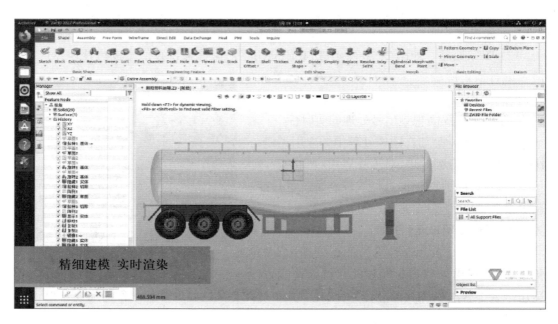

图 2-21　GPU 在厂区网络中的应用示例

5. 现场可编程门阵列(FPGA)

FPGA 是一种半定制集成电路,是可编程的逻辑列阵,通过对可编程输入、输出单元和可配置逻辑块进行重新编程,改变 FPGA 内的电路,使 FPGA 可根据需求实现不同功能。由于 FPGA 具有可重复编程的特点,工业用户可以根据自身需求对 FPGA 进行重构,无需随需求变动而频繁更换,搭载 FPGA 的机器人、机械臂等装备也可以在后续维护过程中进行程序升级,以降低所需投资,节省成本。

可编程逻辑电路的概念可追溯至20世纪70年代。现场可编程逻辑阵列(filed programmable logic array,FPLA)采用熔丝技术,只能被写入一次。赛灵思公司发明了FPGA,设计了包括可编程逻辑块、连线和I/O单元的可编程逻辑电路基本结构,并沿用至今。静态随机存取存储器(static random access memory,SRAM)的出现使FPGA可以应用CMOS工艺,基于SRAM的FPGA逐渐成为该类产品的主流。进入21世纪,FPGA已成为数字系统中的重要组件,被广泛应用于各行各业。厂商开始将处理器、存储器等功能模块集成到FPGA内,使FPGA成为一个可编程的片上系统。

FPGA应用于如下典型场景。

(1) 通信数据处理。FPGA凭借其逻辑可定制的特性,常用于对网络、接口等通信数据进行快速处理。工程师可将自定义的数据帧格式的编码、译码过程在FPGA中实现,从而使通信更能满足自身工厂的需求。相比通用集成电路,FPGA的硬件可编程特性使其可以更快速地完成处理任务。

(2) 运动控制。在运动控制领域,FPGA也常与DSP组合使用或直接替代DSP。相比DSP,FPGA凭借硬件可编程特性,能够运行定制化的算法,进一步提高运动控制的效率和精度。

6. 微机电系统(MEMS)

MEMS是指尺寸为几毫米甚至更小的高集成度的机电系统(微机电系统),其内部结构一般在微米甚至纳米量级,是一个独立的智能系统,具有微型化、智能化、多功能、高集成度和适于大批量生产的特点,常被用于构造小型化的传感器、探头、阀门、天线等。

查尔斯·史密斯(Charles Smith)发现了硅和锗的压阻效应,在此基础上,诞生了世界上首款压阻式压力传感器。哈维·C.内桑森(Harvey C.Nathanson)发明了基于平面微电机的谐振栅极晶体管,被认为是世界上第一个MEMS器件。压阻式加速度计、电容式压力传感器、一次性血压传感器、微型旋转式静电驱动电机、梳状驱动陀螺仪、光栅光调制器、微型加速度计等大量MEMS器件结构被相继设计出,这些MEMS器件实现了不同功能,为MEMS器件的蓬勃发展奠定了基础。博世公司发明的深度反应离子刻蚀工艺(deep reactive ion etching,DRIE),能够加工得到大深宽比结构,成为了MEMS的主流工艺。进入21世纪,随着汽车、航空航天、生物医药、化工机械、消费电子等行业的高速发展,MEMS传感器得到广泛应用,温度、湿度、气流、压力、磁力、惯性等多种MEMS传感器为工业系统运行监控和机械自动化控制提供了重要保障。

MEMS应用于如下典型场景。

(1) 微传感器。MEMS微传感器是MEMS技术应用最为广泛的领域之一,通过不同材料在不同温度、压力、湿度、角速度等外部因素下其电特性表现出的差异实现对外部因素的测量。MEMS微传感器具有体积小、精度高的特点,在工业领域常用作陀螺仪、压力传感器、温度传感器等。

(2) 微执行器。除了用于构造传感器之外,MEMS还用于构造小型的驱动设备,例如摄像头内调节光圈的微型电机、印刷设备上的喷头、设备间无线通信器件中集成射频的开关等。MEMS 微执行器凭借其小型化的特点,常用于在小空间内执行精密操作。

2.3　计算机技术的发展

2.3.1　定义与技术原理

　　计算机是一种能按照事先存储的程序,自动、高速地进行大量数值计算和各种信息处理的现代化智能电子装置。计算机技术指计算机领域中所运用的技术方法和技术手段,覆盖硬件技术、软件技术及应用技术,具体包括计算机运算和控制技术、存储技术、输入输出技术等。计算机技术具有明显的综合特性,它与电子工程、应用物理、机械工程、现代通信技术和数学等紧密结合,发展迅猛。

　　计算机系统由硬件和软件两大部分组成,其系统架构如图 2-22 所示。硬件是计算机赖以工作的设备实体,相当于人的躯体,是完成计算过程的实体,包括中央处理器、存储器、输入/输出设备等。中央处理器是对信息进行高速运算、处理的主要部件,其处理速度可达每秒几亿次;存储器用于存储程序、数据和文件;输入输出设备是人、机间的信息转换器。软件是计算机系统中的程序与文档,相当于人的思想和灵魂,依照其完成的功能,可分为操作系统、数据库等系统软件、应用开发工具等支撑软件以及上层应用软件。

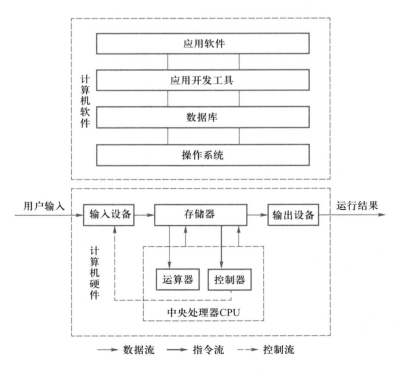

图 2-22　计算机系统架构

计算机技术是推进各学科技术进步的重要支撑力量。过去,人们主要通过实验和理论两种途径进行科学技术研究,庞大的计算任务依靠手工完成,消耗大量人力、物力。计算机技术的出现,使科研工作加速变革,计算机通过与实验观测仪器连接,可对实验数据进行现场记录、整理、加工、分析和绘制图表,显著地提高实验工作的质量和效率;计算机辅助设计已成为工程设计优质化、自动化的重要手段,设计人员将草图变为工作图的繁重工作可以交给计算机完成;利用计算机可以进行图形的编辑、放大、缩小、平移和旋转等图形数据的加工工作。

在智能制造领域,基于计算机技术发展而来的计算机检测技术、计算机控制技术有着广泛的应用。计算机检测技术主要是利用计算机采集、分析处理、存储机械设备的运行状态数据,完成对设备的在线监控和诊断。计算机控制技术主要是利用计算机作为控制器对机械设备的运行过程和运行状态进行自动控制,最主要的应用是工控机。工作人员可以在工控机中编辑和设定机械设备运行时间、顺序,控制机器设备自主进行多工序自动化加工作业,为工厂大规模作业提供可能,使工业生产更加高效、智能。

2.3.2 计算机技术发展趋势

1. 计算机技术发展概述

从第一台电子计算机的发明,到超级计算机的广泛应用,在计算机问世至今几十年的时间里,其性能突飞猛进,功能日益增强,体积和功耗逐步降低,应用范围也不断渗透到社会各个领域。一般根据构成计算机的电子器件的不同将计算机的发展分为四个阶段。

第一代计算机(1946—1957 年)采用真空电子管作为主要的电子器件,标志性产品是 ENIAC 计算机,如图 2-23 所示。其体积庞大、耗电量高、内存容量小、价格昂贵、维修复杂,运算速度慢,仅为 10^3 次/秒,应用局限于科学计算和军事领域。我国于 1958 年成功研发出第一台电子管 103 型计算机,应用在核工业、航天、航空、铁路等领域。第一代计算机的出现和广泛应用把人类从繁重的脑力劳动中解放出来,提高了各应用领域信息收集、处理和传播的速度与准确性,直接加快了人类向信息化社会迈进的步伐,是科学技术发展史上的里程碑。

第二代计算机(1958—1964 年)采用晶体管作为主要的电子器件,标志性产品是美国 IBM 公司研制的第一台全部使用晶体管的 RCA501 型计算机,如图 2-24 所示。与第一代计算机相比,晶体管计算机体积小、功能强、可靠性高、成本低,运算速度加快,可达到 10^5 次/秒。我国于 1964 年成功研制出第一台全晶体管 441-B 型计算机。晶体管计算机的出现,使计算机的应用领域从科学计算扩展到了数据处理和事务处理等领域,计算机影响力逐步扩大。

第三代计算机(1965—1970 年)采用中、小规模集成电路制作核心器件,并使用半导体存储器。标志性产品是 IBM 360 系列计算机。相比于第二代计算机,其体积更小、可靠性更高、寿命更长,运算速度可达到 10^6 次/秒,开始广泛应用于各个领域。我国于 1971

图 2-23   电子管计算机

图 2-24   晶体管计算机

年成功研制出第一台小规模集成电路 111 型通用计算机。第三代计算机的出现奠定了数据库技术、个人计算机、因特网发展的基础。

案例 2-3:
浪潮
服务器

第四代计算机(1971 年至今)开始全面采用大规模集成电路和超大规模集成电路,以面向个人使用的个人计算机和面向大规模计算的服务器、超级计算机为主,如图 2-25 所示。个人计算机方面,典型代表是第一台全面使用大规模集成电路作为逻辑元件和存储器的美国 ILLIAC-Ⅳ 计算机,英特尔、苹果、微软等公司也陆续推出个人计算产品。国内个人计算机、服务器等产品不断推陈出新,市场占有率稳步提升,例如中国浪潮集团有限公司发布的多款自研服务器,为智慧城市、智能语言处理等各类场景提供强大的算力支撑。

超级计算机方面,典型代表是美国克雷公司推出的运算速度达每秒 2.5 亿次的超级计算机。我国研制的全部采用国产处理器构建的"神威·太湖之光"超级计算机在 2016 年性能测试中峰值性能可以达到 12.5 亿次/秒,指标位居全球第一。

(a) 中/小规模集成电路计算机   (b) 大规模集成电路计算机

图 2-25   计算机

全球算力需求爆发式增长,计算机技术变革创新是解决算力发展瓶颈的重要手段。以巨型化、泛终端、智能化为特征的计算时代正加速到来,世界主要国家正在抢先布局,力图抢占新一轮发展优势。

（1）巨型化。巨型计算机是指高速运算、大存储容量和强功能的计算机，即超级计算机，其运算能力一般在每秒百亿次以上，内存容量在数百兆字节以上。超级计算机主要用于尖端科学技术的研究开发，其发展集中体现了计算机技术的发展水平，推动了计算机系统结构、硬件和软件的理论和技术、计算数学以及计算机应用等多个科学分支的发展。在工业领域，超级计算机可以应用于搭建工业数字化平台，完成大型工业建模仿真设计，提高工业制造水平。

（2）泛终端化。计算机泛终端是指计算机终端系统覆盖到其他终端产品中。全球排名前三的操作系统有 iOS、Mac 跨平台操作系统，Android 移动操作系统，Windows 桌面操作系统。我国操作系统不断崛起，最具代表性的是鸿蒙生态系统。鸿蒙系统的定位完全不同于 Android 系统，它不仅是一个手机或某一设备的单一系统，而是一个可将所有设备串联在一起的通用性系统，具有典型的泛终端特性。在工业领域，计算机泛终端化发展将应用在工业生产各个环节，对工业生产全流程数据进行实时记录和分析，提高生产精度，优化控制。

（3）智能化。智能化就是要求计算机能模拟人的感觉和思维能力，也是第五代计算机要实现的目标。英国著名科学家图灵（Alan Mathison Turing）对智能计算机的定义是具备类似的"人类的逻辑运算"能力，能通过图灵测试的机器。智能化最具代表性的领域是人工智能系统。人工智能系统是研究、开发用于模拟、延伸和扩展人的智能的理论、方法、技术及应用系统的一门新的科学技术，已经在医疗、制药等领域开展应用。在工业领域，智能化计算机可以用于模拟工业生产全流程，以降低生产成本，提高产品质量和生产效率。

2. 新概念计算机

未来的计算机将是微电子技术、光学技术、超导技术和电子仿生技术相互结合的产物。以全新计算机架构设计的量子计算机、光子计算机等新概念计算机将充分满足智能制造领域高算力需求。

量子计算机是一种基于量子力学原理完成计算任务的计算机。它以量子态为记忆单元和信息储存形式，以基于量子叠加的量子并行性为计算基础，其特点为运行速度较快、处置信息能力较强、应用范围较广等。量子计算处理器包括超导、离子阱、硅基半导体和光量子等多种技术路线，目前仍处于并行发展和开放竞争状态，尚未出现技术路线融合收敛趋势。近年来，量子计算科研创新活跃，"悬铃木""九章""祖冲之"等原理样机和实验平台在量子计算优越性实验验证中不断取得突破性成果；量子计算云平台、软件开源社区、企业联盟组织和竞赛培训推广等应用产业兴起；量子计算领域正在形成集科研攻关、工程研发、应用探索和产业生态构建为一体的全方位发展格局。

案例 2-4：
图灵量子
计算机

光子计算机是一种由光信号进行数字运算、逻辑操作、信息存储和处理的新型计算机。光的并行、高速特性，天然地决定了光子计算机的并行处理能力很强，具有超高运算速度。光子计算机利用激光传送信号，以光互连代替导线互连，以光硬件代替电子硬件，以光运算代替电运算，实现数据运算、传输和存储。光子计算机包括光模拟信号计算机、全光数字信号计算机、光智能计算机三类。光模拟信号计算机直接利用光学图像的二维性,结构简单,并行快速计算,且信息容量大,广泛用于卫星图片处理和模式识别等。全光数字信号计算机采用电子计算机的结构,但用光学逻辑元件(光控制器、光存储器和光运算器等)取代电子逻辑元件,用光子互连代替导线互连。光智能计算机以并行处理(光学神经网络)为基础,是基于人工智能的最新技术。现阶段,光子计算机中的光学器件体积一般比较大,要将光路缩小比较困难,要集成到芯片级别更加困难。因此,光学器件的微型化、集成化是未来光子计算机突破的重点。

2.3.3　计算机技术在工业中的应用 ·· ▫

案例 2-5:
研祥工业
控制
计算机

　　工业是计算机技术重点应用领域。在工业发展过程中,以手动操控机器生产为代表的传统工业生产制造已无法满足现代工业生产规模化、精细化、高效化的发展需求。以工业控制计算机为代表的计算机技术通过以程序编码的方式输入生产制造设备,实现对工业生产设备的自动操控,进行相关产品的生产过程,为工厂大规模自动生产提供可能,从单台设备逐步扩展到车间多台设备,以及整个生产线的流程化统一生产管理,极大地提升企业生产效率,降低生产成本,使工业生产步入新时代。

　　工业控制计算机,简称工控机,是一种采用总线结构,对生产过程及机电设备、工艺装备进行检测与控制的工具总称。工控机使用环境一般较为恶劣,因此对整机的易维护性、散热、防尘、产品周期,甚至尺寸方面都有着严格的要求。工控机具有重要的计算机属性和特征,已在机械制造、汽车焊装生产线物流分拣作业等领域广泛使用。

　　在机械制造方面,数控机床中采用嵌入式工控机实现机械加工中需要的计算能力和控制能力。工控机从工艺数据库读取加工参数对加工系统进行初始化,参数设定后,工控机根据加工参数向数控系统传送操作指令,数控系统完成机械加工的同时,各类监测模块实时采集加工过程数据和信息反馈至工控机,工控机通过分析作出判断并对加工设备进行实时调整,同时在人机交互界面以可视化方式显示加工信息以供操作人员参考。在炼钢厂生产方面,转炉炼钢自动化控制系统使用工控机完成对转炉本体、散装料、烟气净化和汽化冷却的控制。工控机配置设备包括多台主机、主站。主机是工控机系统的核心组成部分,包括 CPU、通信模块等部分,具有数据处理和通信等功能。主站由人机界面进行全程生产监控,对上料和进料进行实时数据采集,对突发情况发出报警信号。在转炉炼钢生产的过程中,称重传感器对石灰、合金、矿物等固体物料进行检测采集数据,将数据输入工控机中,通过 CPU 模块计算各类固体物料的加入量,从而进行综合性的生产管理。

　　在汽车焊装生产线方面,汽车焊装生产线由于自动化程度较高,需要完成固定的焊接工作,要求焊装生产线具有安全、可靠、平稳及运行速度可调等功能,适合使用工控机控制系统完成焊装过程控制。在焊枪自动控制过程中,工控机输出信号控制焊枪加压,并输出信号启动焊接控制器,由焊接控制器和焊接变压器按焊接规范控制焊枪的焊接电流和时间分配。当焊接过程完成后,焊接控制器输出完成信号,将信号输入到工控机,由工控机控制焊枪卸压,并将焊枪移至新的焊点位置,进行新的焊接循环过程。

在物流分拣作业方面,工控机通过丰富的网口、通用型输入输出的接口,实现与分拣线设备连接。工控机通过局域网连接监控摄像头,USB 接口连接工业相机识别快递条码和包裹体积,串口连接光源控制器、扫描枪、称重器、红外传感器、运动控制器等设备,完成货物分拣过程的控制和作业数据采集,工控机中的软件计算货物分拣位置,最后通过万向传输带将快递分拣到指定位置。工控机在物流分拣作业中的应用有效提高了分拣效率和准确率,实现物流工厂信息智能化管理。

2.4 软 件 技 术

2.4.1 定义与技术原理

软件技术是为系统提供程序和相关文档支持的技术,通过与硬件相互协同实现其功能,软件的有序指令可以改变硬件的状态,实现用户的需要。所有在计算机中执行的程序都属于软件的范畴,如可执行文件、脚本语言等。软件存储在存储器中,无法被实际接触到,可以碰触到的都只是存储软件的介质(光盘或存储器等)。

如图 2-26 所示,除在计算机上运行的程序外,与程序相关的说明文档和数据也是软件的一部分。程序是按照事先设计的功能和性能要求执行的指令序列,程序设计人员使用程序设计语言编写源代码,源代码经过编译后转变为计算机可执行的程序。数据是程序能正常操纵的信息,是程序加工的材料和结果。说明文档是与程序开发维护和使用有关的各种图文资料,用于解释软件的工作原理、使用方法、技术特点等。

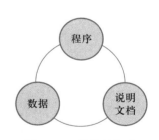

图 2-26 软件的组成

软件技术是数字技术的重要基础和核心支撑,广泛分布在控制器、通信系统、传感装置之中,为智能化工厂提供感知和分析能力。软件承载着设计、制造和运维阶段的产品全生命周期数据,可根据数据对制造运行规律建模,从而优化制造过程。工业软件作为工业机械装备中的"软装备",已成为企业的研发利器和机器与产品的大脑,软件能力正在成为企业的核心竞争力之一。

软件技术作为新一轮科技革命和产业革命的标志,德国的"工业 4.0"和美国的"工业互联网"均将软件技术作为发展重点。软件技术不仅引领信息技术产业的变革,在制造业中的重要性也在不断提高。

2.4.2 软件关键技术

如图 2-27 所示,软件需要用来管理资源,协调软、硬件的运行,按功能可分成三大类:系统软件、支撑软件和应用软件。系统软件通过与硬件的交互对其他软件的运行提供底层服务支持,主要包括操作系统、解释器等。支撑软件是支持其他软件的编制和维护的软件,主要包括软件开发环境与软件工具。应用软件是使用各种程序设计语言编制的应用程序的集合,工业软件是典型的应用软件。

1. 系统软件

如图 2-28 所示,系统软件主要负责管理、调度和控制硬件及软件资源,应用软件和支撑软件都要通过系统软件发挥作用。从资源管理的角度看,系统软件主要对处理器、存储器、设备、文件进行管理。设备管理属于用户交互层,完成用户的输入、输出操作。用户通过设备管理层输入的指令到达处理机管理层,对事件进行响应,协调软硬件与用户间的交互;处理机管理层通过文件管理层调度信息;文件管理层将所有数据进行存储;存储器管理层负责处理器内部的数据管理,指令经文件管理、存储器管理两层后回到处理机管理层;最后再由设备管理层输出。

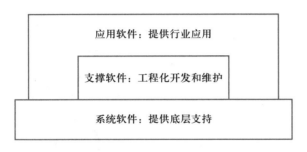

图 2-27　软件技术体系架构

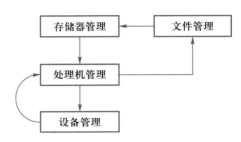

图 2-28　系统软件技术体系架构

(1) 处理机管理。用户在使用系统的过程中往往会同时使用多个程序。例如,一边使用 Word 编辑文档,一边用媒体播放器来听歌,从系统的角度来看,这些程序是同时运行的。处理机管理是对中央处理器(CPU)执行“时间”的管理,即如何将 CPU 资源分配给所有程序任务。为了提高 CPU 的利用率,当多个程序同时运行时,可将一个程序分为多个处理模块(进程),通过进程管理,协调多个程序间的 CPU 分配调度、冲突处理及资源回收等关系。

(2) 存储器管理。存储器管理是对存储“空间”的管理,任何程序和数据都必须占有一定的存储空间。只有被装入内存的程序才会竞争中央处理器资源。存储器管理主要指对内存储器的管理,可帮助协调多个程序同时运行,有效利用内存空间,保证了中央处理器的使用效率。存储器管理的主要任务包括内存分配和回收、内存保护、地址映射和内存扩充等。

(3) 设备管理。设备管理是对硬件设备的管理,负责管理除中央处理器和内存储器以外的硬件资源,其中最重要的是对输入/输出设备(简称 I/O 设备)的分配、启动、完成和回收。输入/输出设备包括鼠标、键盘、显示器、打印机、硬盘、USB 设备等。设备管理的基本任务是完成用户提出的输入、输出请求,提高输入、输出速度,改善输入/输出设备的利用率,管理功能包括缓冲区管理、设备分配、设备处理、虚拟设备以及实现设备独立性等。

（4）文件管理。文件管理是系统软件对软件资源的管理。软件资源包括各种系统程序、应用程序、用户程序，也就包含大量的文档资料。文件管理包括对文件存储空间的管理、目录管理以及文件的读写管理等，可有效支持文件的存储、检索和修改等操作，解决文件的共享、保密和保护问题，为用户提供方便的用户界面，使用户实现按名存取。

2. 支撑软件

支撑软件为应用软件提供设计、开发、测试、评估、运行检测等辅助功能，分为软件工具和软件开发环境两种。软件工具只提供某些功能；软件开发环境是一系列软件工具的集成，为软件的开发、维护及管理提供统一的支持。

（1）软件工具。软件工具为整个软件开发过程提供支撑，包括项目管理、软件分析、软件设计、程序创建、软件测试等过程（表2-1）。

表 2-1　工具软件类型

工具类别	举例
项目管理工具	项目规划编辑器、用户需求跟踪器、软件版本管理器
软件分析工具	数据字典管理器、分析建模编辑器
软件设计工具	用户界面设计器、软件结构设计器、代码框架生成器
程序创建工具	程序编辑器、程序编译器、程序解释器、程序分析器
软件测试工具	测试数据生成器、源程序调试器

软件工具的范围非常广泛，如在需求分析阶段，有自动的项目规划制作程序；在设计阶段，有设计语言处理程序、框图生成程序及模拟程序等；在测试阶段，有测试驱动程序和分析程序等。以软件工具执行的程序可以更容易地通过定制来满足不同应用的需求，但一种软件工具仅支持单一过程，软件工具间联系不紧密，切换时需要人为操作，对大型软件开发和维护的支持能力有限，无法支持统一的软件开发和维护过程。

（2）软件开发环境。软件开发环境是一系列软件工具的集合，这些工具按照一定的开发方法组织起来。与软件工具相比，软件开发环境可支持软件的设计、开发、测试等各个阶段，大大提高了开发速度和软件生产率，从而提高了软件质量。

软件开发环境的主要组成部分是软件工具，此外还包括人机交互界面和环境数据库。人机交互界面是软件开发环境与用户之间的一个统一的交互式对话系统，环境数据库用于存储与开发有关的信息，如源代码、测试数据和各种文档资料等。开发人员向人机交互界面输入开发指令，根据指令调用相关软件工具，软件工具间的联系通过存储在信息库中的共享数据得以实现。

集成开发环境是软件开发环境的一种，现代集成开发环境大多可以自动检测代码中的错误，自带代码编辑器、分析器和代码转换器等多种工具，支持多种编程语言，方便程序员高效地编译、运行和部署各类应用。

3. 应用软件

应用软件是为解决实际问题而应用于特定领域的专用软件。从应用的领域来看，应用软件涵盖金融、工业、医疗、教育等多个领域。从交互方式上来看,应用软件包括用户可直接使用的办公软件和用户感觉不到其存在的嵌入式软件。从功能上来看,应用软件可以直接完成终端用户的工作,主要包括文字处理软件,图形、图像处理软件,媒体播放软件,通信软件等。

(1) 文字处理软件。文字处理软件一般用于文字的格式化和排版,现有的中文文字处理软件主要有微软公司的 Word、金山公司的 WPS 和开源的 Open Office 等。早期的文字处理工作主要由硬件来完成,包括文字输入设备,如读卡机、磁带机、键盘等,也包括文字输出设备,如打卡机、打印机。现代的文字处理软件是成套的软件系统,利用这类工具可在计算机上完成文稿的创建、修改、印发工作。在互联网时代,所有的文字处理软件都能方便地储存、查找文字和图像,以及方便地将所编辑成果传送到世界任何有互联网的角落。

(2) 图形、图像处理软件。图形、图像处理软件是用于处理图像信息的各种应用软件的总称,被广泛应用于平面设计、影视后期制作等领域。流行的图像处理软件有 Adobe Photoshop 系列,以及国内的图像处理软件美图秀秀等。早期图像处理软件主要用于对数码照片进行修复或后期处理,伴随技术发展,图形、图像处理软件的应用范围逐渐拓宽,如用于机械行业的绘图软件、用于建筑行业的三维图形处理软件等。

(3) 通信软件。通信软件用于系统的远程访问以及在不同计算机或用户之间以文本、音频、视频等格式交换文件和消息,主要形式包括电子邮件、语音通信、视频通信等。即时通信软件已成为人们日常生活中必不可少的一部分,典型的代表有微信、QQ、Facebook、Skype 等。

2.4.3　软件技术发展趋势

软件技术的发展受到应用和硬件的推动与制约。20 世纪 40 年代末,随着存储程序式电子计算机的出现,现代意义上的软件才真正出现,软件技术的发展也极大推动了应用和硬件的发展。软件技术发展历程大致可分为三个不同时期。

20 世纪 50 年代到 60 年代,软件技术概念逐步成型,开始用于科学与工程计算。1956 年在约翰·巴克斯(John Backus)领导下为 IBM 机器研制出第一个实用高级语言 Fortran 及其翻译程序。此后,相继又有多种高级语言问世,从而使设计和编制程序的功效大为提高。这个时期计算机软件的巨大成就之一,就是在当时的水平上成功地解决了两个问题:一方面从 Fortran 及 Algol60 开始设计出了具有高级数据结构和控制结构的高级程序语言;另一方面又发明了将高级语言程序翻译成机器语言程序的自动转换技术,即编译技术。软件规模与复杂性得到迅速提升,软件功能也得到了极大的扩展。

20 世纪 70 年代初到 80 年代,软件的可靠性受到广泛关注,软件技术逐步成熟。当程序复杂性增加到一定程度以后,软件研制周期难以控制,正确性难以保证,可靠性问题相当突出,人们随即提出用结构化程序设计和软件工程方法来克服这一系列问题。从 Pascal 到 Ada 这一系列的结构化语言的出现使编程语言具有了较为清晰的控制结构,与原来常见的高级程序语言相比有一定的改进。20世纪80年代初,Smalltalk语言的设计者开始提出"面向对象"概念,将数据及其相关操作一起进行信息封装,在对象数据的外围好像构筑了一堵"围墙",外部只能通过"围墙"的"窗口"观察和操作围墙内的数据,这就保证了在复杂的环境条件下对象数据操作的安全性和一致性,可实现对象类代码的可重用性和可扩充性,大大节省了软件系统开发和维护的费用。

20世纪90年代至今,软件技术进入工程化发展阶段。由于软件本身的特殊性和多样性,在大规模软件开发时,人们几乎总是面临新问题和新挑战,软件技术开始按照工程化的原理和方法来实施。一些大规模软件系统的源代码已达上亿行,需要上千名技术人员花费数年时间来开发。随着软件规模越来越大,复杂性越来越高,软件开发者为了加速产品反馈及创新、提高软件的可靠性,推动了开源软件的发展。开源将软件的源代码公开并置于人们可以访问的地方,允许任何人在不支付版权费的情况下复制和传播源代码。越来越多的公司将自己的软件产品开源以建立自己的产品生态,这促进了与开源软件相关的其他产品的销售。软件的工程化发展阶段尚未结束,计算机科学与软件技术正朝着社会信息化和软件产业化的方向发展,以人工智能、大数据等为代表的新一代信息技术在软件产业的许多领域中表现出强大的生命力。

随着软件规模和复杂性的提高,软件架构也在不断演化,软件的生产方式、部署方式和应用模式都发生了根本性变革,云计算、大数据、人工智能、物联网、区块链等技术与软件进一步融合发展,软件技术朝着敏捷化、开源化方向演进。

(1) 敏捷化。敏捷化指软件可以通过创造变化和响应变化在不确定性强的环境中取得良好的解决方案。软件开发面临更复杂的环境和更加灵活多变的需求,开发效率和维护成本已成为最重要的指标,开发者倾向于利用敏捷化的方式来进行软件开发。敏捷化强调程序员团队与业务专家之间的紧密协作、面对面沟通以及程序员团队自身的组织形式、工作方式、知识结构、适应能力等,也更注重软件开发过程中人的作用。如敏捷开发模式强调客户在每个阶段的参与,开发人员可以及时获得反馈,增加了开发流程的延展性和灵活性,缩短了开发周期,可实现快速迭代更新。随着软件技术进一步敏捷化发展,软件的开发方式、交付模式也将持续优化。敏捷化可帮助缩短工业软件开发周期并提供高质量持续交付,推动工业软件做大做强。

(2) 开源化。开源是指免费提供可用于修改和重新分发的源代码。开源化推动了软件开放兼容,在操作系统、编译工具链、数据库等各个方面已经成为主流,也是云计算、大数据、人工智能等新一代信息技术领域技术创新和扩散的主导方式。开源化通过公开透明的方式降低边际成本,更易于参与者获取项目现有信息及发展轨迹,以及充分调动个人主观能动性,通过开源社区协作机制进行思想碰撞,激发技术创新,引领新一代通用技术发展。如在云计算领域,全球已有超过80%的私有云采用开源工具搭建。

2.4.4　软件技术在工业中的应用

软件广泛应用于工业生产的各个环节,伴随着产品从研发到生产,再到销售及售后服务的全生命周期。工业软件可将物理世界的科学规律与企业的业务流程进行数字化描述,以专业化软件工具的方式解决产品研发设计、生产现场管理等现实问题。工业软件覆盖范围广,产品种类多,主要分为研发设计、生产管控和经营管理三大类。

1. 研发设计类工业软件

研发设计类工业软件主要用于提升企业在产品设计与研发工作领域的能力和效率,包括计算机辅助设计(CAD)软件、计算机辅助制造(CAM)软件、计算机辅助工程(CAE)软件。

(1)计算机辅助设计(CAD)软件。指利用计算机的计算功能和图形处理能力,辅助进行产品或工程设计与分析的软件。CAD软件的核心功能是数字化设计,帮助人们进行图形处理、方案优化与信息交互。

(2)计算机辅助制造(CAM)软件。指利用计算机辅助进行生产设备管理控制和操作的软件。CAM软件的核心功能是将利用CAD软件设计好的方案转化为驱动数控机床自动化加工的计算机数控代码。

(3)计算机辅助工程(CAE)软件。指利用计算机辅助求解分析复杂工程,对产品性能进行分析、预测与优化的软件。CAE软件的核心功能是以建模仿真取代物理实验的方式,验证设计出来的产品是否达到规定的要求。

20世纪60年代是研发设计工业软件的萌芽期。1964年,美国通用汽车公司和IBM公司成功研制了将CAD软件应用于汽车前玻璃线性设计的DAC-I系统。这是CAD软件第一次用于具体对象上的系统,在那之后CAD软件得到了迅猛的发展。1966年,美国计算机科学公司(CSC)参与了美国国家航空航天局的FEA计划,使CAE技术脱离学术研究,形成了第一套真正意义上投入工程实践的通用有限元软件。20世纪70年代后,伴随小型计算机费用下降,美国工业界开始广泛使用研发设计类工业软件。

研发设计类工业软件应用典型场景如下。

例如,在手机壳注塑模具设计中的应用。首先,利用CAD软件完成三维结构设计,形成模型图(图2-29)。然后利用CAE软件进行工艺分析,如模拟分析填充、冷却、翘曲

图2-29　利用CAD软件设计模型图

变形等过程,保证注塑模具的设计能达到所需要求,对设计方案进行进一步的验证与优化。例如,利用 CAE 软件可以模拟分析出浇注口的数量和最佳位置,通过熔痕判断,得到最优的设计方案,进而提高成形产品的质量,如图 2-30 所示。最后,针对经过优化的设计方案和模型图,利用 CAM 软件校核注塑机参数和加工工艺(图 2-31)。手机壳注塑模具设计全过程如图 2-32 所示。

我国研发设计类软件在不断成长发展,涌现出一批先进的工业软件产品。例如华天 CAD 软件是世界先进的国产自主机械设计 CAD 软件系统,提供灵活易用的功能,支持用户设计数字样机。华天 CAD 软件为产品样机的概念设计、造型设计、工程设计、工程分析、加工仿真、性能仿真等各个环节及产品系统集成,从详细设计、结构查看到加工工艺提供了强大而有效的设计与创新支持,在机械行业得到了广泛应用,大幅提升设计效率和质量。

案例 2-6:
华天 CAD
支撑数字
样机开发

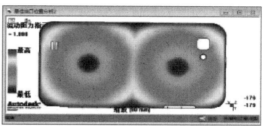
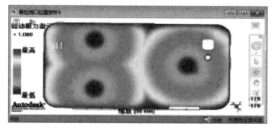
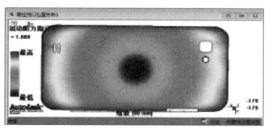

图 2-30 利用 CAE 软件进行浇注口数量和位置仿真

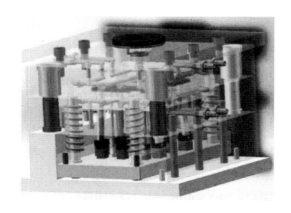

图 2-31 利用 CAM 软件校核注塑机参数和加工工艺

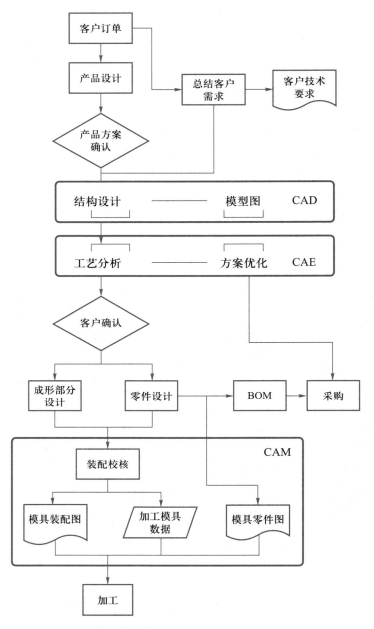

图 2-32　手机壳注塑模具设计全过程

2. 生产管控类工业软件

生产管控类工业软件用于提高制造过程的管控水平、改善生产设备的效率和利用率,其中制造执行系统(MES)、制造运营管理(MOM)系统和高级计划与排程(APS)系统是其最具代表性的产品。

(1) 制造执行系统(MES)。MES 是位于上层的计划管理系统与底层工业控制之间的面向车间层的管理信息系统,主要包括工序调度、资源分配和状态管理、生产单元分配、文档管理、产品跟踪和产品清单管理、性能分析、劳动力资源管理、维护管理、过程管理、质量管理、数据采集等功能模块。

（2）制造运营管理（MOM）系统。MOM 系统的主要功能是通过协调管理企业的人员、设备、物料、能源等资源，把原材料或零件转化为产品，包含了生产、质量、维护和库存的运行管理。MOM 系统覆盖了企业制造运行范围内的全部活动，而 MES 则是为了解决制造、运营管理中的某一类问题而设计开发出来的软件。

（3）高级计划与排程（APS）系统。APS 系统是比 MES 中的工序调度模块功能更高级的生产计划与排程系统，可实现灵活高效的智能排产。在离散行业，APS 系统解决多工序、多资源的优化调度问题；而在流程行业，APS 系统则解决顺序优化问题。它通过优化流程和离散的混合模型的顺序和调度，实现项目管理与项目制造成本、时间的最小化。

早期的生产管控类工业软件主要是设备状态监控、质量管理、生产进度跟踪等一些解决特定问题的管理系统。20 世纪 80 年代中期开始，生产现场各单一功能的系统开始整合，逐步发展为生产现场管理系统和车间级控制系统，成为 MES 的前身。1990 年，美国先进制造技术研究中心（AMR）率先提出 MES 概念，国际自动化学会（ISA）于 1993 年提出 MES 集成模型，制造企业解决方案协会（MESA）于 1997 年进一步提出 MES 功能组件和集成模型，MES 的 11 个功能模块逐步被构建起来。APS 系统在 90 年代逐步被商用推广。

生产管控类工业软件应用典型场景如下。

（1）计划调度管理。针对车间线上和线下出现的异常情况进行记录和调整，确保实际生产状态和系统的高度一致。

（2）工艺管理。通过 MES 按工位查看工艺路线、工艺指示，建立作业指导书，方便生产线工人实时查看。

（3）线边零件管理。用于物料的备料和线边分拣，当线边库存零件数量低于安全库存值时就将零件需求信息发给仓库。

（4）现场作业管理。通过与设备联网，对生产过程实时监控和生产状态数据实时采集，实时更新生产状态和生产进度记录。

（5）实时采集生产信息。实时采集包含订单号、产品型号、物料描述、计划开工/完工时间、实际开工/完工时间、作业人员等在内的生产信息，并管理计划的执行进度和完成情况。

（6）质量管理。记录缺陷信息，建立质量分析报表，实现质量追溯。

（7）看板管理。在线边、总控屏上实时显示生产进度，发出产品质量、设备故障报警信号等。

3. 经营管理类工业软件

经营管理类工业软件主要是用来对采购、生产、库存、销售、财务、人力等业务资源进行规划优化，提高工业企业的生产管理水平，主要有企业资源计划（ERP）系统、供应链管理（SCM）系统、客户关系管理（CRM）系统和企业资产管理（enterprise asset management，

EAM)系统等。

(1) 企业资源计划(ERP)系统。ERP 系统是一个将物流、财流、信息流集成化管理的应用系统,包含采购、销售、库存、客户、财务等模块,用来进行企业资源优化,使管理效益最大化。ERP 系统是一个高度集成的系统,将分散在人力、财务、采购等不同部门的数据集中起来,提升企业整体层面的管理效率和决策水平。

(2) 供应链管理(SCM)系统。SCM 系统是对从原料采购到产品交付至最终目的地的整个过程中,与产品或服务有关的商品、数据和资金的流动进行管理的系统。其目标是对采购业务与上下游系统进行融合,涵盖供应商全生命周期管理及采购业务全流程管理,实现全公司范围内采购业务及供应商信息共享,全面提升企业采购及供应方管理水平。

(3) 客户关系管理(CRM)系统。CRM 系统以客户为中心,将企业内部的市场、销售、财务、生产、售后等各个部门联系起来,以协同的方式进行部门的客户管理和服务支持,帮助企业有效地获取和管理客户,为客户提供最好的支持服务,提升客户价值。

案例 2-7:
宜科电子
EAM设备
综合管理
系统

(4) 企业资产管理(EAM)系统。EAM 系统包括各种管理工具和技术,涵盖了从资产采购、使用和维护到报废处理的全过程,主要有设备维护维修、固定资产管理、设备绩效、资产报废和处置、设备维修工单、资产设备运维管理等功能,可帮助企业有效地管理其资产,并最大化资产价值。

早期企业经营管理类工业软件主要为物料需求计划(MRP)系统,后逐步发展为物料需求计划与产能分析整合为一体的信息系统——制造资源计划(MRP Ⅱ)系统,亦即 ERP 等软件的前身。

经营管理类工业软件应用典型场景如下。

通过部署 ERP 系统,使各工厂的生产需求与供应能力进行统一的考虑调配。例如,利用 ERP 系统,进行销售预测和订单管理、安全库存设定与存货规划、生产订单和原料采购订单分析等,计算分析出整个企业未来一段时间需要生产、调拨或采购的料品品种、数量、时间等相关信息,指导统一管控和协同生产。

2.5　数据管理与分析技术

2.5.1　定义与技术原理

数据库是按照数据结构来组织、存储和管理数据的存储库,具有较小冗余度、较高数据独立性和易扩展性。其存储的数据可为各种用户共享,一般以数字形式存储在计算机系统中。数据库由于综合成本低、处理能力高,扮演各类信息系统的核心角色。

数据库技术包括数据结构、数据库管理系统、数据库设计和数据处理等方面的技术要素。这些技术使得数据库具有高度的数据结构化、数据独立性、数据共享性和由数据库管理系统统一管理和控制的特点。数据库有效地满足了多用户、多应用联机实时处理和分析数据的需求,为尽可能多的用户提供了数据服务。

随着应用范围不断拓展,数据库在工业领域的应用不断拓宽,使得工业领域能够更加高效地管理和利用数据。其中图数据库、时序数据库(time series data base)和实时数据库等数据库的普及应用,支撑了电力管理系统、零部件管理系统、供应链管理系统、数据采集与监控系统等工业系统的高效运行。伴随人工智能和大数据技术的不断发展,数据库技术也在不断地创新和升级,在工业领域的应用也将会进一步深化,为企业带来更加智能化、高效化的工业数据管理解决方案。

2.5.2 数据库关键技术

数据库按照底层处理的数据模型,可以分为关系型数据库和非关系型数据库两大类。其中,非关系型数据库又可以细分为文档数据库、时序数据库和图数据库等。

1. 关系型数据库

关系型数据库是指采用了关系模型来组织数据的数据库。其以行和列的形式存储数据,直观、易于用户理解。关系型数据库是应用最广泛的数据库之一,代表产品有Oracle、DB2、PostgreSQL、MySQL 等。在行业应用方面,关系型数据库广泛应用于金融和电信行业。

关系模型可以简单理解为二维表格模型,而一个关系型数据库就是由二维表及其之间的关系组成的一个数据组织。关系型数据库包含一系列的行和列被称为表,一组表就组成了一个数据库。用户通过查询来检索数据库中的数据。关系型数据库广泛适用于处理数据量不是特别大、处理需求相对较复杂、对安全性要求高以及格式单一的数据。例如,ERP 系统将企业的财务系统和运营系统连接到一个中央数据库,帮助公司成功运营业务;CRM 系统帮助梳理客户与企业的管理与连接方式。企业内部构建的 ERP、CRM 等业务流程的自动化系统大多使用关系型数据库作为数据管理与分析的核心支撑。但传统关系型数据库面对工业中的海量实时数据时,其吞吐量低、存储成本大、维护成本高以及查询性能差的缺点使得其难以胜任工业海量数据管理场景。

2. 非关系型数据库

非关系型数据库泛指 NoSQL。随着互联网的兴起,传统关系型数据库在处理社会网络服务(SNS)类型的 Web2.0 纯动态网站显得力不从心。非关系型数据库具备易扩展、大数据量下的高性能读写等特点,能够有效应对大规模数据集合、多种数据种类带来的挑战。

(1)文档数据库。文档数据库用于储存、检索和管理文档类型的数据,是非关系型数据库的一个主要类别。文档数据库的最大优点是所有内容都在一个数据库当中,而不是信息分散在多个链接数据库中。大型电子商务平台、博客网站、内容管理系统等均广泛使用了文档数据库。文档数据库的关键核心概念即文档,它是文档数据库中最小的单位,主要特征是支持无固定格式文档的存取和处理。通常文档数据库将数据作为类 JSON 文档进行存储和查询,如果用户需要,完全可以将不同格式的文档存储在一个数据集合中。

(2) 时序数据库。时序数据库全称为时间序列数据库,是一种用于保存海量时间序列数据的数据库。时间序列数据主要由电力、化工、气象等行业实时监测、检查与分析设备所采集、产生的数据。这类数据的典型特点是:产生频率快(每一个监测点一秒内可产生多条数据)、严重依赖于采集时间(每一条数据均要求对应唯一的时间)、测点多信息量大[常规的实时监测系统均有成千上万的监测点,监测点每秒都产生数据,每天产生几十吉字节(GB)以上的数据量]。

案例 2-8:
时序数据
库特点

基于时间序列数据的特点,传统的关系型数据库无法满足对时间序列数据的有效存储与处理,迫切需要一种专门针对时间序列数据优化的数据库系统,时间序列数据库应运而生。时序数据库一般具有数据高速写入能力、高压缩率、高效时间窗口查询能力、高效聚合能力、批量删除能力等特点。

在制造业、IT 运维、交通物流等行业都有大量适合时序数据库的应用场景。在制造业领域,在轻量化的生产管理云平台上,运用物联网和大数据技术,采集、分析生产过程产生的各类时序数据,实时呈现生产现场的生产进度、目标达成状况以及人、机、料的利用状况,让生产现场完全透明,提高生产效率。

利用工业互联网平台,建立逻辑一体的时序数据库,不仅能够统一存储和管理海量的时序数据,而且能够简化时序数据的分析和计算过程,具有高处理能力、高可靠性、高度可扩展性和强大的计算脚本,可同时监测大量在线设备产生的海量秒级数据。

(3) 图数据库。图数据库是以图论为理论基础,使用图模型,将关联数据的实体作为顶点(vertex)、关系作为边(edge)存储的数据管理系统。图数据库应用广泛,例如基于图数据库的物流监控、供应链监控、工厂内部物流实时监控分析等。 图数据库中的"图"指的是一组由顶点和边构成的对象的集合。顶点表示实体或实例,如人、账号、组织、业务等,类似关系型数据库里的记录(record)或行(row)。边代表实体之间的关系,例如人物相识、账号有关联、组织有业务往来等,类似关系型数据库里的字段(field)或列(column)。由于实际生活中人们往往非常关注实体之间的关系,因此图这种数据结构有着广泛的用途。图是基于事物关联关系的模型表达,通过将实体与关系点变化的方式将知识结构化地保存,具有天然的可解释性,备受学术界和工业界的推崇。在计算机科学中,图是最灵活的数据结构之一,很多问题都可以使用图模型进行建模求解。例如,生态环境中不同物种的相互竞争、人与人之间的社交与关系网络、化学上用图区分结构不同但分子式相同的同分异构体、分析计算机网络的拓扑结构确定两台计算机是否可以通信、找到两个城市之间的最短路径等。

案例 2-9:
图数据库
应用

图数据库基于图模型,对图数据进行存储、操作和访问,与关系型数据库中的联机事务处理(online transactional processing,OLTP)数据库是类似的,具有支持事务处理、可持久化等特性。作为一种新兴数据库,图数据库的应用场景多样并日益丰富,广泛应用于智能物联网、设备管理、供应链管理等典型场景,与关系型数据库相比,查询性能显著提升。

在社会生活中,能源是工作、生活的保障。当电力集团需要进行设备检修更换时,可能会影响到人们日常生产、生活中的电力使用。图数据平台通过管理数亿设备节点,可以精准计算任意单个或多个节点,关停对整体供电情况的影响,找出设备调整的最优解,最大限度保持稳定持续的电力输出,减少设备维修对社会带来的影响。

(4)实时/历史数据库。在工业上,实时数据库(real time database)与历史数据库(historical database)得到广泛应用。它们既可以是基于关系型数据库的产品,也可以是基于非关系型数据库的产品。数据库技术结合实时处理技术产生的实时数据库可直接实时采集、获取企业运行过程中的各种数据,并将其转化为对各类业务有效的公共信息,是开发实时控制系统、数据采集与监视控制系统(supervisory control and data acquisition,SCADA)、计 算 机/现 代 集 成 制 造 系 统(computer/contemporary integrated manufacturing systems,CIMS)系统等的支撑软件。而历史数据库则是用来收集和储存带有时间序列的历史数据,用于数据可视化、生成预测性警报以及追踪市场波动状况等。

在工业领域,80%以上的监测数据都是实时数据,且都是带有时间戳的、按顺序产生的数据,这些来源于传感器或监控系统的数据需要被实时地采集并反映系统或作业的状态。实时数据库不只是一个数据库,更是一个带有工厂模型可以与工控软件相结合的系统。具有协议兼容性好,部署简单,易上手,解决方案成熟等特点。在工业实际应用中,实时数据库成为石化、电力、装备制造等工业企业进行数据采集、实时数据存储的第一选择。

2.5.3 数据库技术发展趋势

数据管理技术的发展,与计算机硬件(主要是外部存储器)、系统软件及计算机应用的范围有着密切的联系。数据管理技术的发展经历了人工管理阶段、文件系统阶段、数据库阶段等三个阶段。

(1)人工管理阶段。人工管理数据具有数据无法保存、需由应用程序管理、无法共享和缺乏独立性等缺点。

(2)文件系统阶段。在这一阶段硬件方面已有磁盘、磁鼓等直接存取存储设备;软件方面,操作系统中有专门的数据管理软件,一般称之为文件系统。这一阶段的数据管理虽然可以长期保存数据,但仍具有数据共享性差、冗余度大、数据独立性差等缺点。

(3)数据库阶段。随着计算机管理的数据规模越来越大、应用范围越来越广,对多种应用、多种语言同时相互覆盖的共享数据集合的需要越来越强烈。为了解决多用户、多应用共享数据的需求,使数据为尽可能多的应用服务,数据库便应运而生。这一阶段的数据管理具有数据结构化、数据共享性高、数据独立性高以及数据由数据库管理系统统一管理和控制的特点。

数据库技术发展至今,共经历了前关系型阶段、关系型阶段以及后关系型阶段等三个阶段。数据库发展历程重要节点如图2-33所示。

① 前关系型阶段。层次模型采用树形结构来表示各类实体以及实体间的联系,具有

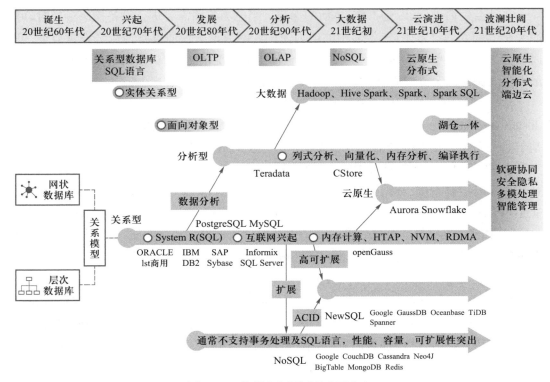

图 2-33　数据库发展历程重要节点

数据结构比较简单清晰、数据库的查询效率相对较高等优点,如图 2-34a 所示。然而,现实世界中很多联系是非层次性的,而层次数据库系统只能处理一对多的实体联系;此外,由于层次数据模型查询子节点必须通过双亲节点,这也限制了查询效率的提高。

　　网状数据库基于网状数据模型(图 2-34b)。第一个网状数据库管理系统(database management system,DBMS)——集成数据存储(integrated data store,IDS)是美国通用电气公司的查尔斯·威廉·巴克曼(Charles William Bachman)等人开发的。网状数据库的诞生对当时的信息系统产生了广泛而深远的影响,解决了层次数据模型无法对复杂的数据关系建模问题。

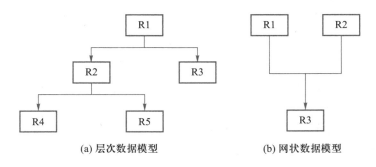

图 2-34　层次数据模型与网状数据模型示意图

这一阶段的数据库管理系统缺少被广泛接受的理论基础,也不方便使用,即便是对记录进行简单访问,依然需要编写复杂程序,所以数据库仍需完善理论从而规模化应用落地。

② 关系型阶段。1970 年 IBM 公司的埃德加·弗兰克·科德(Edgar Frank Codd)发表了一篇题为《大型共享数据库数据的关系模型》的论文,提出基于集合论和谓词逻辑的关系模型,为关系型数据库技术奠定了理论基础。这篇论文弥补了之前方法的不足,促使 IBM 公司启动了验证关系型数据库管理系统的原型项目 System R,数据库发展正式进入第二阶段,关系型数据库被大规模应用。关系数据模型如图 2-35 所示。进入 20 世纪80 年代,一些数据库公司的成立和大量关系型数据库产品的正式发布,标志着关系型数据库进入商业化时代。20 世纪 90 年代,Access、PostgreSQL 和 MySQL 相继发布。至此,关系型数据库理论得到了充分的完善、扩展和应用。在后关系型阶段,关系型数据库仍在发展演进,从未中止。

图 2-35 关系数据模型示意图

③ 后关系型阶段。进入 21 世纪,随着信息技术及互联网不断进步,数据量呈现爆发式增长,各行业领域对数据库技术提出了更多需求,数据模型不断丰富、技术架构逐渐解耦,一部分数据库向分布式、多模处理、存算分离、湖仓一体的方向演进。谷歌公司在2003 至 2006 年先后发表了关于 GFS、MapReduce 和 BigTable 三篇技术论文,介绍了谷歌公司如何对大规模数据进行存储和分析,为分布式数据库的演进和应用奠定基础,标志大数据技术的序幕正式拉开,数据库发展进入后关系型阶段,模型拓展与架构解耦并存。

在大数据时代,数据结构越来越灵活多样,如结构化的表格数据、半结构化的用户画像数据以及非结构化的图片和视频数据等。在数据分析过程中,面对这些多种结构的数据,应用程序对不同数据提出了不同存储要求,数据的多样性成为数据库平台面临的一大挑战。未来,数据库技术将向着通过多模数据库实现一库多用、充分利用新型硬件以及与 AI 技术深度融合三个方向发展。

(1)通过多模数据库实现一库多用。多模数据库支持灵活的数据存储类型,将各种类型的数据进行集中存储、查询和处理,可以同时满足应用程序对于结构化、半结构化和非结构化数据的统一管理需求。行业以 Azure CosmosDB、ArangoDB、SequoiaDB 和Lindorm 等多模数据库为典型代表。未来在云化架构下,多类型数据管理是一种新趋势,也是简化运维、节省开发成本的一个新选择。

（2）充分利用新型硬件。新型硬件在经历学术研究、工程化和产品化阶段发展后，为数据库系统设计提供了广阔思路。最主要的硬件技术进步表现为多处理器（symmetrical multi-processing，SMP）、多核（multicore）、大内存（big memory）和固态硬盘（solid state disk，SSD）。多处理器和多核为并行处理提供可能，固态硬盘大幅提升了数据库系统的数据读写速度，降低延迟，大内存促进了内存数据库引擎的发展。非易失性内存（non-volatile memory，NVM）具有容量大、低延迟、字节寻址、持久化等特性，能够应用于传统数据库存储引擎各个部分，如索引、事务并发控制、日志、垃圾回收等方面；图形处理单元（GPU）适用于特定数据库操作加速，如扫描、谓词过滤、大量数据排序、大表关联、聚集等操作。互联网公司在现场可编程门阵列（FPGA）加速方面进行了很多探索，例如微软公司利用 FPGA 加速网卡来提升性能，百度公司用 FPGA 提高查询速度等。随着新型硬件成本逐渐降低，充分利用新型硬件资源提升数据库性能、降低成本，是未来数据库发展的重要方向之一。

（3）数据库与人工智能深度融合。数据库与人工智能的技术融合可以体现在两个方面：一方面可以通过人工智能实现数据库的自优化、自监控、自调优、自诊断；另一方面可以实现库内人工智能训练，降低人工智能使用门槛。从赋能对象来看，人工智能与数据库的结合既可以体现在数据库系统自身的智能化，包括但不限于数据分布技术智能化、库内人工智能训练和推理操作、数据库自动诊断、容量预判等；也可以体现在数据库周边工具的智能化，能够在提升管理效率、降低错误引入率、减少安全隐患的同时大大降低了运营成本。学术界和工业界共识的研究重点是将机器学习与数据管理在功能上融合统一，来实现更高的查询和存储效率，自动处理各种任务，例如自动管理计算与存储资源、自动防范恶意访问与攻击、自动实现数据库智能调优。机器学习算法可以分析大量数据记录，标记异常值和异常模式，帮助企业提高安全性，防范入侵者破坏，还可以在系统运行时自动、连续、无人工干预地执行修补、调优、备份和升级操作。

2.5.4　数据库技术在工业中的应用

不同数据库在工业领域适用于不同类型的应用系统，工业领域数据库与应用系统映射关系如图 2-36 所示。

工业行业，相对于其他行业有着更为复杂的环境，对于软件系统有着额外的高要求，特别是系统的实时性、稳定性和安全性。多年来，工业系统一直都较为封闭，使得工业软件形成了一套较为独立且成熟的体系。在工业场景中，80%以上的监测数据都是实时数据，且都是带有时间戳并按顺序产生的数据，这些来源于传感器或监控系统的数

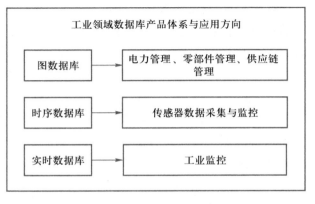

图 2-36　工业领域数据库与应用系统映射关系

据被实时地采集并反映系统或作业的状态。在工业领域,通常会使用实时/历史数据库作为核心枢纽,对这些数据进行采集、存储以及查询分析。

1. 图数据库在制造业的应用

相较于关系型模型,图模型对于关联复杂且变化快速的事务有着更强的表达能力。图数据库也被用于存储并处理工业场景中能源管理、零部件管理、供应链关系管理等数据。

在零部件管理场景,机械设备通常都由大量的零部件组成,这些机械设备均采用模块化的设计方式,其零部件的组织方式包含大量不同层级的模块。这种模块化的组装方式可以由一个复杂的有向无环图来表示,每个零部件节点上包含供应商、预期寿命、平均故障时间、成本、库存等信息。基于图数据库的零部件管理系统能有效地表达零部件间的关联方式,并能通过图算法对设备各模块的依赖关系、成本、预期寿命等进行快速统计。

2. 时序数据库在工业监控的应用

工业企业为了监测设备、生产线以及整个系统的运行状态,在各个关键点都配有监控传感器,用来采集各种数据。随着以智能制造、工业物联网等技术为代表的工业 4.0 快速发展,工业企业的信息化程度迅速提高,工业监控的应用也越发普及。工业时序数据常常被长期保存下来,用以做离线或在线数据分析,为分析安全隐患、定位故障、降低成本、提升产量、节能减排提供参考依据。时序数据库因其在存储、处理海量的工业时序数据时的性能特点,如能够支撑高并发、高吞吐的写入、交互式的聚合查询和海量数据存储等,在工业监控方面有着无可替代的应用价值。

3. 实时数据库在工业控制的应用

在工业场景下中,实时数据库系统常被用来进行系统的监控、控制和优化,并为企业的生产管理调度、数据分析、决策支持及远程在线浏览提供实时数据服务和多种数据管理功能。实时数据库已经成为企业信息化的基础数据平台,可直接实时采集企业运行过程中的各种数据,并将其转化为对各类业务有效的公共信息,从而满足企业生产管理、过程监控、经营管理对实时信息完整性、一致性、安全共享的需求,为企业自动化系统与管理信息系统间建立起信息沟通的桥梁。例如,在风电行业,远程集控平台采用实时数据库建立了区域风电远程集控中心,实现了多风场的集中监测、远程控制和管理,减少了运维成本,提高生产效益,为各电站运维逐步向无人或少人值班的运行提供了支持。

思 考 题

2-1　什么是数字电路?什么是集成电路?在计算机系统里的作用各是什么?

2-2　集成电路制造主要需要哪几个工序?

2-3　集成电路在工业领域的应用主要有哪些?

2-4   计算机技术在工业应用中有什么作用?

2-5   工控机主要由哪几部分组成?

2-6   什么是软件? 软件主要由几部分组成?

2-7   什么是集成开发环境? 集成开发环境有哪些优势?

2-8   应用软件分类方式主要有哪几种?

2-9   工业软件主要包含哪些类别? 各有何作用?

2-10   什么是数据库技术? 能解决什么样的问题?

2-11   数据库技术发展至今,共经历了哪几个阶段? 每个阶段的技术特点是什么。

2-12   未来数据库在工业方面还可能有哪些应用?

数字传感与控制技术

3.1 概　述

数字信号以其抗干扰能力强,便于储存、处理和交换等优势成为了信息传输的主要载体之一,计算机、软件技术的突飞猛进也推动传统意义上的传感器与控制器向着数字化方向发展。数字传感是信息世界感知物理世界的源头,通过采集各类物理信号并将其转换为机器可以读懂的数字信号,以便各类信息系统处理分析。数字控制是信息世界反馈物理世界的终端,通过接收各类信息系统的指令,实现要求的机械动作,指挥物理设备完成各类加工任务。

数字传感与控制技术已经大量应用在工业领域中,如温度、压力、流量等类型的传感器扩展了人们对物理世界的感知方式,数控机床等机器替代了大量重复的人工劳动,不但降低了生产成本和风险,在加工精度、质量、速度上也都有着巨大进步。随着智能制造的不断发展,其对工业生产过程的感知、控制、优化、调度、管理和决策有了更高的要求,推动数字传感与控制技术向着集成化、智能化、开放化等方向发展。

本章将系统介绍数字传感与控制技术,阐述数字传感技术与数字控制技术的原理、关键技术,梳理技术发展脉络和趋势,并讲解数字传感与控制技术在工业中的应用。

3.2　数字传感技术

3.2.1　定义与技术原理

传感器是一种能感受被测量,并能把外界被测量按照一定的规律转换成可用输出信号的器件或装置。它能够探测、感受外界的信号、物理条件(如光、热、湿度)或化学成分(如烟雾),将感受到的信息按一定规律变换为电信号或其他所需形式的信息并传递输出。传感器通过敏感元件的物理效应将物理信号转换为电信号,进而通过传感系统进行信号的处理,使感知到的信号能有效传输并被后续测量、控制等系统所使用。

数字传感器的组成如图 3-1 所示。传感器的信号获取环节是感受被测信号(如力、温度、化学组成等)并按照一定规律转换成电信号,其基本功能是信号的检出和转换,一般由敏感元件和转换元件构成。传感器输出信号则可以是电信号,或者进一步描述转化成的幅值、频率、相位、数字编码等;传感器信号处理环节把来自传感的信号进行加工,如信号放大、滤波、A/D 转换等,以便相关信号能有效传输至其他信息系统,减少噪声等带来的影响。

图 3-1 数字传感器组成

数字传感技术通常是各种信息的源头,小到智能手机、电子血压计,大到飞机、轨道交通,均应用了大量传感器,深刻改变了人们的生活。数字传感技术也是智能制造数据闭环的起点,是 HCPS 中替代人类感觉功能的技术。有了传感器,对人体有害的化学物质信号、人类无法感知到的电磁场等信号、人类难以精确感知到的噪声等信号,均实现了有效的感知测量,极大拓宽了人们对于物理世界的信息获取范围。工业现场的各类温度、压力、流量、速度等物理量需要被传感器感知并转化为数字信号,才能在信息系统中加以利用。从设备安全运行监测、工控系统控制,到工业产品视觉检测、智能产品数据采集等众多环节,数字传感技术已被广泛应用,替代了传统的物理世界的感知方式,在感知精度、感知范围等方面均获得了质的提升。传感器检测和转化后的数字信号成为智能制造系统中最主要的数据来源。

以汽车行业为例,早期的汽车对于发动机故障、油箱剩余量等都无法及时检测到,当传感器被广泛应用后,汽车运行相关的各类数据才能被有效实时采集到。现代汽车中传感器超过 100 种,涉及水温、气温、爆震、空气流量、轮速、氧气、轮轴位置等多种物理量的感知,进而为实现现代汽车的各类电子功能奠定了基础。

3.2.2 数字传感关键技术

从传感器的定义可以看出,成功地接收某种"激励"是传感器"能不能"用的首要条件。激励是指被感知并转换成电信号的某种量、性质或状态,也就是对外界的能量的感知。而顺利完成的电信号的处理与传输则决定着传感器"好不好"用,信号获取技术与信号处理技术成为传感的两大关键技术。

1. 传感器信号获取技术

从传感器的组成可以看出,敏感元件是传感器获取"激励"的核心器件,即获取各类信号的输入,如力、流量、温度、湿度、位移等信号。敏感元件准确的感知功能、快速的响应和恢复功能、良好的加工性能,都是传感器获取有效信号的关键。

不同类型的信号有着不同的获取技术要求和原理。

（1）力信号的获取。力信号包括张力、拉力、压力、重量、扭矩、内应力和应变等力学量。常见力信号获取技术有五类：一是被测力使弹性体（如弹簧、梁、波纹管、膜片等）产生相应的位移，通过位移的测量获得力信号；二是弹性构件和应变片共同构成传感器，应变片牢固粘贴在构件表面上，弹性构件受力时产生形变，使应变片电阻值变化，通过电阻测量获得力信号；三是利用压电效应测力，即通过压电晶体把力直接转换为置于晶体两面电极上的电位差；四是力引起机械谐振系统固有频率变化，通过频率测量获取力的相关信息；五是通过电磁力与待测力的平衡，由平衡时相关电磁参数获得力信号。

工业实际场景中存在多种类型的力信号，如材料加工过程中的成形作用力、焊接力、切削力、材料应力等，这些力对加工成形过程产生重要作用，同时也会给零部件及产品质量、设备运行带来影响，需要用力传感器加以检测，并进行有效控制。在切削加工过程中，刀具产生的切削力作用于工件上，力传感器测量后反馈给控制器，以此可以监测、控制和优化切削过程，如图3-2所示。

如图3-3所示是力传感器在机器人磨削加工中应用的典型案例。之前此类磨削加工由技工凭借技艺和经验手工完成，需要严格控制零部件的磨削深度，劳动强度高，工作环境差，加工精度和质量主要依赖于工人作业的熟练程度。把力传感器安装在工业机器人执行器末端和磨削工具之间，通过解析传感器应变片信号，实现对作用力和力矩的感知，并随着施加到传感器的作用负载在加工过程中的变化，为操作员实时反馈控制系统的相关信息。操作员通过传感器的信号能够精准获取磨削力的大小，通过力控制实现对磨削过程中磨削深度的控制，进而满足零部件加工精度的要求。

图3-2 机床切削加工中的力传感器　　　图3-3 机器人磨削中力传感器的应用

（2）流量信号的获取。将液体、气体等介质的流量参数转换为相关信号的技术非常多，常用的方法有以下几种。

利用伯努利方程由流体不同点的压力来获取流体速度的方式，优点是可利用标准的压力传感器进行测量，结构简单，缺点是相关感知元件会限流，带来一定误差。

以流体中热耗散率获取流量信号，这种方式的传感器更为灵敏，可以用来测量微弱流动，但局限也很明显，需要测量点间具有足够长的距离。

通过超声波检测由流体引起的频移或相移进行测量,如逆流超声波和顺流超声波间速度相差值为两倍的流体速度,以此获得流量信号,这种方式的传感器最大优势在于可不与流体直接接触而进行测量。

在工业实际场景中,当原料、半成品、成品是以流体状态出现时,则流体的流量就成了决定产品成分和质量的关键,并且是生产成本核算的重要依据,需要应用流量传感器进行测量。如在陶瓷生产过程中,烧结气体的流量、陶瓷浆体的流速等都会对最终产品的质量产生影响,需要用流量传感器进行测量,以便严格控制。此外,在安全生产等场景中,流量传感器也用于检测液体或气体的流入和流出量是否一致,以达到检测泄漏的目的。

图 3-4 所示为电磁式流量传感器和超声式流量传感器。

(3) 温度信号的获取。人们对于温度信号的测量历史最为悠久,早期利用热胀冷缩原理研制了温度计。随着传感技术的发展,温度信号的获取技术分为接触式和非接触式两大类。接触式温度传感器(图 3-5)通过敏感元件与物体发生热耦合时,利用其自身温度发生变化而产生的电信号进行测量。敏感

(a)电磁式流量传感器　　　　(b) 超声式流量传感器

图 3-4　流量传感器

元件自然而然成为推动温度信号获取范围不断扩大、精准度与灵敏度不断提升的核心要素,金属电阻、陶瓷热敏电阻、锗和硅热敏电阻、PN 结等均可作为温敏材料。非接触式温度传感器(图 3-6)主要通过光学、声波等方式进行间接测量,如超高精度温度信号就常用回音壁模式(whispering gallery mode,WGM)谐振器进行非接触式测量。

在工业实际场景中,特别是流程型制造行业,温度测量的准确性对产品质量有很大的影响。如在钢铁冶炼过程中,准确地控制冶炼温度可以明显提高产品质量、节能降耗;在石油炼化过程中,准确地控制裂解温度才能得到相应产品。工业对于长时间连续测温、传感器防腐蚀防爆、非接触测温等需求,较之消费领域的要求也更为严苛。

图 3-5　接触式温度传感器　　　　图 3-6　非接触式温度传感器

（4）位移信号的获取。位移传感器是使用广泛的传感器,它也常常作为复杂传感器的一部分发挥作用。小位移常用应变式、电感式、差动变压器式、涡流式等形式的传感器以及霍尔传感器来检测;大的位移常用感应同步器、光栅、容栅、磁栅等类型的传感器来测量。在位移测量的基础上,进而发展出对速度、加速度、振动等信号的感知测量。可以说,位移测量是各类机械量检测的基础。

在工业实际应用中,直线位移传感器可用于零部件的尺寸、表面形貌以及精密运动的位移测量等多种场景,角度位移传感器可用于钻井倾斜精确控制、设备倾斜补偿等场景。如图 3-7a 所示,位移传感器通过检测材料加工中的弯曲量变化,实现对关键尺寸的检查。位移传感器还可测量轮胎、活塞、轴承、齿轮等表面的粗糙度,如图 3-7b 所示。

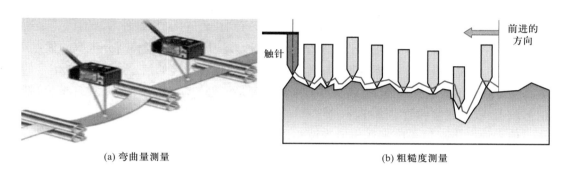

(a) 弯曲量测量   (b) 粗糙度测量

图 3-7　位移传感器应用

（5）湿度信号的获取。湿度是表明环境中含水量的一个指标,湿度传感器是将湿度转换为电信号的一类装置。其核心原理是当环境湿度变化时,湿敏材料的电阻值或电容量发生变化,实现将湿度变化转换为电信号变化进行测量。

在工业实际应用中,如在纺织行业,湿度传感器会安装在各种干燥工艺设备中,在湿法纺丝后测量产品湿度并反馈至控制系统,进而自动调节烘干功率,保证产品湿度符合标准且不浪费资源。在烟草行业,烟丝在制作初期需要发酵,在此过程中必须把握好湿度,才能够有效防止原料发霉、发潮,湿度传感器常与除湿机搭配使用,自动测量并调节环境湿度。

2. 传感器信号处理技术

传感器获取的信号中常常夹杂着噪声及各种干扰信号,在信号传递过程中,为了准确地获取被检测对象特征的定量信息,必须对传感器检测到的信号进行转换、调理和误差估计等处理。

（1）信号转换技术。在传感器实际应用中,有时需要将信号从一种类型转换为另一种类型,以便使传感信号在产生、传输和处理期间保持真实性,这种技术就是信号转换技术。常见的信号转换包括调制解调、A/D 转换等。

调制就是将需要调制的信号改变载波的一个或多个特征(如幅值或频率),使其与通信设施兼容的过程。信号调制的目的是减少信号在传输过程中受线路、容阻元件、外界环境等条件干扰,相当于交通运输过程中,货车运送路线从普通公路转换成高速公路,减少行人、交通信号灯等因素干扰,提高运输效率。信号解调是调制的反过程,即通过具体的方法从已调信号的参量变化中恢复原始的数据信号。信号调制技术有很多种,以常用的振幅调制(amplitude modulation,AM)为例,其典型应用包括:① 利用交流信号调理硬件和传输的优点,对直流、瞬态等通用信号进行调理和传输;② 使低频信号免受低频噪声的干扰;③ 在噪声环境下传输低电平信号;④ 通过相同的介质同时传输几个信号。通过调制解调技术,传感信号得到了更好的传输性和抗干扰度。

实际感知到的物理量通常是在时间上连续的模拟信号,但后续的计算机、微控制器等信息系统一般对数字信号进行处理,需要利用 A/D 转换技术进行信号转换。实现 A/D 转换主要有两种方式:一是逐次逼近型 A/D 转换,对内部数字模拟转换,从最高有效位进行输入并变化,将输出信号与模拟信号进行比较,直到找到匹配值,这种方法的优点是速度快;二是将模拟值用计数值按比例进行表示,这种方法具有低带宽和高分辨率的优点。

(2) 信号调理技术。在传感器实际应用中,既需要保证适当的信号水平(如电信号的值),也要保证不失真、消除干扰和噪声。信号调理是信号传输、处理中的重要环节,包括信号放大、模拟滤波和数字滤波。

信号放大指对信号电平作出适当调整,以达到特定要求。在实际中,大多数敏感元件的输出信号都非常弱,如电压、电流型传感器信号量级多为微伏(μV)、皮安(pA)。标准的数据处理器,如 A/D 转换器、数据记录仪等,输入信号的数量级是伏(V),需要借助放大器来提高传感信号的幅值,并具有阻抗匹配、信噪比增强等功能。

滤波是只允许通过信号的理想分量,拒绝信号中不需要分量的一种方法。在实际中,外部干扰、激励中的误差分量、系统内部产生的噪声等,都是相对于真实传感信号的假信号,需要用滤波器进行滤除。滤波器可分为低通、高通、带通和带阻四种类型,低通滤波器允许所有低于特定频率的信号分量通过,并阻断高于该频率的所有信号分量。高通滤波器与低通相反,只允许高于特定频率的信号分量通过。带通滤波器则是指定一个频率范围,在此范围内的信号分量被允许通过。带阻滤波器通常用于滤除信号中的窄带噪声分量,即不允许特定频率的噪声信号通过。实际测量得到的感知信号往往带有较多噪声,难以直接获取到想要的信号,需要经过滤波方式对信号进行调理后,才能得到期望的信号,如图 3-8 所示。

模拟滤波器指信号通过模拟电路进行滤波,利用电容、电阻、单片 IC 芯片等实现。数字滤波器则通过数字运

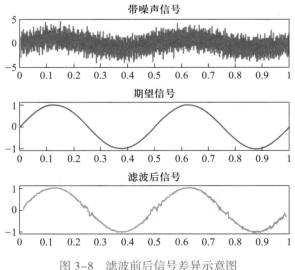

图 3-8 滤波前后信号差异示意图

算处理以达到改变信号频谱的目的,由于其可用计算机软件实现,并由大规模集成数字硬件组成,相较模拟滤波器,具有更好的灵活性与经济性。此外,数字滤波器没有模拟滤波器中电压漂移、噪声等问题,往往具有更高的稳定度和精度。

(3) 误差和估计处理技术。传感与检测技术自诞生起就伴随着误差分析,因为在现实条件下,绝对的真实值几乎不可能被获得。误差即仪器读数与真实值的差值,取决于传感器精度、测量方法等因素。需要说明的是,这里的真实值是在非常高的准确度下产生的标准参量,一般由国家标准机构负责制定。误差分析的本质是从已知的一组读数中"估计"真实的测量值。这种"估计"的方法有很多种,其中一些方法是同时使用全部测量数据来估计感知信号,是一种"非递归"方法。另一种是使用已生成的测量数据,逐步完善每个步骤的估计结果,即为"递归"方法。对于感知信号随时间而变化的情况,必须用递归方法进行结果估计。

3.2.3 数字传感技术发展趋势

世界上第一个力学传感器——空盒气压表诞生于 1843 年,用以测量大气压。1876年,德国西门子公司制造出第一支铂电阻温度计,精密的铂电阻温度计是当时最精确的温度计,也常被认为是温度传感器的开端。1883 年,第一台恒温器面世,现代意义上的传感器具备了基本雏形。

现代意义上的传感器技术集中出现在 20 世纪的中期,它利用结构参量变化来感受和转化信号,包括电阻、电容、电感等电参量,被称为第一代结构型传感器。

从 20 世纪 70 年代开始,固体传感器发展起来,它由半导体、电介质、磁性材料等固体元件构成,是利用材料的某些特性制成的,如利用热电效应、霍尔效应、光敏效应,分别制成热电偶传感器(图 3-9)、霍尔传感器、光敏传感器(图 3-10)等,被称为第二代固体传感器。70 年代后期,随着集成技术、计算机技术的发展,出现了集成传感器。集成传感器包括传感器本身的集成化和传感器与后续电路的集成化两种类型。这类传感器主要具有成本低、可靠性高、性能好、接口灵活等特点。

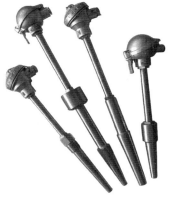
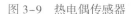

图 3-9　热电偶传感器　　图 3-10　光敏传感器

进入 20 世纪 80 年代,微型计算机技术与检测技术相结合,使传感器具有一定的人工智能,第三代智能传感器开始出现。一开始,智能传感器概念由美国国家航空航天局提出,因为宇宙飞船的速度、位置、姿态,舱内温度、气压、空气成分等信息均要由传感器来感知,而传统方式很难处理多类型庞杂的数据量。人们提出把敏感元件、信号转换电路和微型计算机、存储器及接口集成在一个芯片上,并和传感器结合在一起,这就是智能传感器,其具有检测、数据处理及信号记忆能力。后来,智能化测量技术促使传感器本身实现智能化,具有了自诊断功能、记忆功能、多参量测量功能以及物联网通信功能等,由此智能传感器开始发展,也成为了传感器领域的主流。

传感技术自身发展经历了从机械传感到智能传感的过程,其中数字传感作为其发展历程中的一个阶段,是在传统模拟传感技术基础上,为了克服模拟传感的传统缺点,应用数字化技术,实现被测信号(模拟信号)的获取和转换,将输出信号转换为数字量(或数字编码)的一种技术。数字传感器与模拟传感器主要有如下区别。

(1) 数字传感器具有电子芯片,测量信号在传感器内部直接转换为数字信号。通过电缆传输的数据也是数字的。这种数字数据传输对电缆的长度、电阻或阻抗不敏感,并且不受电磁、噪声的影响,可以使用标准电缆。

(2) 传感器和电缆之间的连接可以是非接触式的,通过电感耦合完成,湿度和相关腐蚀不会影响传感器的工作。

(3) 传感器可以与系统分开校准。

随着科技的发展,传感器技术也在不断地更新演进,为了适应各种应用场景,传感技术呈现出了两个方面的发展趋势:一个是传感器本身的研究开发;另一个是与计算机相连接的传感系统的研究开发。总之,现代传感器正在从传统的单一功能朝着集成化、无线化、网络化、数字化、系统化、微型化、智能化、多功能化、光机电一体化、无维护化的方向发展,具有高精度、高性能、高灵敏度、高可靠性、长寿命、高信噪比、宽量程、无维护等特点。

(1) 工艺创新。传感器有逐渐小型化、微型化发展趋势,这些为传感器的应用带来了许多方便。一方面,传感器制备工艺向超精密加工与特种加工技术发展。利用超常规的精密加工技术,使加工精度达 0.001 μm。特种加工技术中,电子束加工、离子束加工、等离子加工等将在传感器加工工艺中成为主要的加工手段。另一方面,传感器制备工艺向微机电系统、纳米机电系统(nano-electromechanical systems ,NEMS)发展。传统机械零件的加工主要由车、铣、磨、钳等加工方法来完成,而硅材料主要由微机电系统工艺来完成,即由光刻、淀积、腐蚀、注入、扩散等工艺来完成。微机电系统的主要优点有:体积小、精度高、重量轻;性能稳定、可靠性高;能耗低、灵敏性和工作效率高;多功能和智能化;适合大批量生产、制造成本低。

(2) 系统创新。在传感系统的研究与开发方面,传感器与微处理器的结合,使得传感系统不仅具有检测功能,还具有信息处理、逻辑判断、自诊断以及"思维"等人工智能。智能传感器用微处理器作控制单元,利用计算机可编程的特点,使仪表内各个环节自动地协调工作,使传感器兼具如下功能。

一是数据处理功能,包括提升测量精度的自校正、自校零、自校准功能,提高系统响应速度的频率自补偿功能,抑制交叉敏感、提高系统稳定性的多信息融合功能。

二是自我识别与运算处理功能,包括从噪声中辨识微弱信号与消噪功能,多维空间的图像辨识与模式识别功能,数据自动采集、存储、记忆与信息处理功能。

三是通信功能,即多类型的传感器共同组成传感网络的能力。

四是自诊断功能,即通过软件对智能传感器的设置正确与否进行检验,诊断故障根源,能使系统在故障出现之前报警,从而减少或避免停机。

3.2.4　数字传感技术在工业中的应用

工业是传感器的重要应用领域,工业传感器市场规模仅次于消费电子、汽车传感器,位列第三位。工业传感器包括压力传感器、液位传感器、加速度传感器、力传感器、温度传感器、光传感等多种类型。

1. 压力传感器

将压力信号转换成可用的输出的电信号的一类传感器称为压力传感器,主要应用在工业自动化控制和汽车领域。在工控领域,国内大部分采用压阻式压力传感器、应变片式压力传感器和薄膜压力传感器(图 3-11)。此外,工业特殊的使用环境也催生了多种专用的压力传感器,例如电容式压力传感器,过载量可以达到 100%,即使被破坏也不会泄漏任何污染介质;耐高温压力传感器,可在超过 200℃的环境下进行压力测量;压阻式微机械压力传感器,体积可做到 1~2 mm,且灵敏度较高;光纤式压力传感器,主要应用在医学装备领域,以测量血管扩张压力。

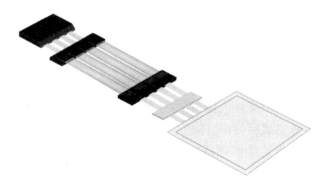

图 3-11　薄膜压力传感器

早期的压力传感器多采用大位移式工作原理,精度较低、体积较大,比如水银浮子式差压计及膜盒式差压传感器。此后,出现了精度稍高的力平衡式差压传感器,但可靠性、稳定性和抗振性均较差。20 世纪 70 年代后,随着材料技术的发展,压阻式压力传感器逐渐实现了规模化量产和商用化推广。80 年代后,随着微机械加工技术的成熟,可以由计算机控制加工出结构型的压力传感器,其线度可以控制在微米级范围内,被广泛应用在工业压力感知测量的各类场景中。

压力传感器常应用于如下典型场景。

(1) 工程压力测试。刀具、管道、阀门等设备在工作中需要承受一定压力或利用压力进行设备控制,需要利用传感器测量各类工程结构在压力作用下的变形、位移和应力,对结构的稳定性和安全性进行评估,确保安全可靠。常见的工程压力测试有工程结构承载压力测试、切削力测量。

(2) 螺栓连接。机电产品装配中常用螺栓进行连接,预紧力太大容易造成螺栓失效,预紧力不足则容易造成螺栓的松动,人们需要利用传感器对螺栓预紧力进行检测。

(3) 压力装配。工业中常用加压方式实现两个零部件间的过盈连接,如在对轴承进行压装时,压装力不足将导致零件压装不到位,需退卸后重新压装,影响生产效率,而如果压装力过大,则会使轴承外环和壳体变形,影响轴承工作性能和使用寿命,因此需要部署压力传感器。

(4) 液压检测。工业中常需要检查液压系统中阀门、管件、液压马达和液压缸等元件是否满足设计需要,是否存在因缺陷造成泄漏等问题,需要部署液压压力传感器,检测相关环节压力是否正常。

(5) 模具注塑。压力传感器安装在注塑机的喷嘴、热流道系统、冷流道系统和模具的模腔内,感知塑料在注模、充模、保压和冷却过程中从注塑机的喷嘴到模腔之间的压力信号,以达到控制注塑成形质量的目的。

2. 液位传感器

在自动化生产过程中,液位检测和监控一直扮演着较为重要的角色,如食品饮料、日化品、医药、半导体等行业的生产,各种机器的冷却和润滑等,液位的监控直接影响着产品的质量,甚至关系到生产过程是否能够顺利进行。液位传感器主要分为两类:一类为接触式液位传感器,包括浮球式、电容式等;第二类为非接触式液位传感器,包括超声式、雷达式等。

早期的浮球式液位传感器应用在水箱、油箱和化学品箱的液位感知测量上。由于浮球式液位传感器必须大面积接触液体,且体积较大,使用场景受限,之后人们发明了电容式液位传感器。此类传感器精度高,体积小,而且测量时可以不接触液体,广泛应用在化工、食品饮料、水处理等行业中的储罐液位监测场景中。由于工业中涉及的液体类型非常多,部分液体无法用电容式液位传感器进行液位监测,人们开发出超声式和雷达式液位传感器,前者用于高黏度液体,后者用于环境潮湿、多尘等严苛环境下,但是这两种传感器价格高昂,仍只应用在特定工业场景中。

液位传感器应用于如下典型场景。

(1) 液面监测。对于车辆、柴油发电机等设备中油箱液位的监测是液位传感器使用最广泛的场景。将液位传感器与燃油监控系统进行集成,传感器将油液位实时变化反馈至监控系统,使驾驶人能直观看到油耗状况。

（2）储物预警。部分场景中，不需要对液位进行连续监测，只需要防溢报警、低液位报警等功能，此类场景多使用音叉振动式液位传感器，较为经济。

（3）制药控制。在制药过程中，多种类型的原材料需要按照精确的配比混合，分批次制备。在制药反应罐中，要布置若干液位传感器，测量固体料、黏稠液体等液位高度。

（4）酿酒过程。在酿酒过程中，麦芽要按比例压碎并与适量的热水混合，热麦芽汁要经过长时间的发酵制成产品，这些环节都需要对水、麦芽汁等液体的液位进行测量，保证工艺标准规范，产品达到预期的口感。

3. 光传感器

光传感器指能敏锐感应紫外光到红外光的光能量，并将光能量转换成电信号的器件。根据工作原理不同，又可分为视觉传感器和光电式传感器。

（1）视觉传感器。利用照相机对目标图像信息进行收集处理，计算出目标图像的特征，并将数据和判断结果输出到传感器中。该类传感器广泛应用于工业生产过程，无需任何接触即可确定条形码、印迹或污点的大小、对齐以及其他特征，具体用途包括高速移动产品的检验与质量控制、计算数量、排序、定位、解码以及机器人引导等。

案例 3-1：智能 3D 激光传感器产品质量检测

（2）光电式传感器。此类传感器既可用于检测直接引起光量变化的非电物理量，如光强、光照度、辐射测温、气体成分分析等，也可用来检测能转换成光量变化的其他非电量，如零件直径、表面粗糙度、应变、位移、振动、速度、加速度等。

1873 年，科学家约瑟夫·梅（Joseph May）及威洛比·史密斯（Willoughby Smith）发现了硒元素结晶体感光后能产生电流的现象，电子影像技术由此诞生。20 世纪 50 年代，光学倍增管（photomultiplier tube，PMT）出现，成为具有极高灵敏度和超短时间响应的光敏电真空器件。1965 年至 1970 年，IBM 公司、仙童（Fairchild）半导体公司等企业开发光电二极管以及双极二极管阵列，成为最常用的光学多通道检测元件。1970 年，CCD 图像传感器在贝尔（Bell）实验室发明，依靠其高量子效率、高灵敏度、低暗电流、高一致性、低噪声等性能，成为图像传感器市场的主导。20 世纪 80 年代后，识别处理技术开始迅速发展，视觉信号的感知在高度集成的传感器中即可实现，低成本视觉系统愈发普及。

光传感器应用于如下典型场景（图 3-12）。

（1）距离检测。在机械、食品、包装等行业，物品或人员的位置是否合适，直接影响生产效率与生产安全。比如，在机械运行时，操作人员不小心将手伸进机器中，此时光栅传感器会检测到反射进入的光线发生变化，进而反馈至设备控制系统进行安全停机，保障人身安全。

（2）物品计数。物品在传送带上移动时，每遮光一次，光传感器便感知到一次信号变化，实现计数功能。如在产品分拣中，有时需要将特定数量的产品放在同一个包装盒里，就广泛使用光传感器进行计数。

案例 3-2：紧凑超薄型光电式传感器

（3）转速测量。比如自动抄表系统中，在电表旋转的铝盘上局部涂黑，当其转动时，涂黑处反射的光线变化被光传感器感知，进而测量计算出铝盘转动数，实现自动抄表功能。

图 3-12　光传感器常见应用场景

3.3　数字控制技术

3.3.1　定义与技术原理

数字控制是利用数字信号对工作对象进行编程控制的自动控制方法,即使用计算机来对其他设备实现控制的功能。数字控制技术是集计算机、电子技术、网络技术、自动控制等多种先进技术于一体的综合应用技术,依靠预先编译好的程序,通过控制器等控制装置来控制机器或者其他物理设备,从而使机器设备按照预定的程序进行工作。

数字控制系统的主要组成如图 3-13 所示。检测装置是数字控制系统的数据采集环节,由传感器等元器件对被控量进行检测和采集。控制器是数字控制系统的控制决策环节,对采集到的数据进行分析和处理,并按照预设置的控制规律决定要采取的控制行为。最后输出控制指令,按照控制决策,通过执行机构发出数字控制信号,完成控制目的。由于数字控制系统输入和输出的是数字信号,需要经过 A/D 和 D/A 转换器来实现计算机与物理装置间的信息传输。

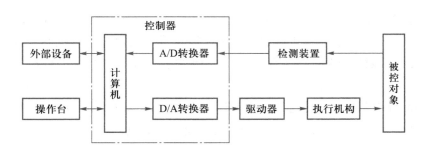

图 3-13　数字控制系统框图

数字控制具有诸多优势,其具备灵活性、高精度、高稳定性的特性。数字控制的出现和大量应用,使得机器可以替代人工劳动,减少因人员操作失误导致的减产、停产,降低了生产成本与风险。数字控制的长运行时间和高可靠性改变了过去的生产方式,有助于工厂实现全天候运行,降低人力成本,提高了制造精度、效率和灵活性,节约能源和原材料,保证产品质量,改善劳动条件,推动社会生产水平显著提高。伴随科学技术的进步和生物控制论、神经模糊控制、免疫控制系统等新型控制方法的发明,数字控制正走向智能化,成为实现智能制造的关键技术之一。

以航空航天行业为例,飞机、火箭等航空航天设备零件大部分采用铝合金、钛合金等轻质材料,早期利用传统机床加工难度大、成本高。配有数字控制系统的数控机床投入应用后,保障了航天设备的整体壁板、大梁、螺旋桨加工精度,避免零部件出现变形现象,显著提高了加工质量和加工效率。数控机床可以加工具有复杂型面的零件,解决了采用普通机床加工无法实现的难题,催生了更多形态各异先进零部件的设计,为实现先进航空航天装备制造奠定了坚实基础。

3.3.2 数字控制关键技术

良好的数字控制系统是实现数字控制技术的关键。由于数字控制系统是依靠硬件和软件构成的专用计算机系统,控制算法至关重要。设计控制算法首先是要对物理系统进行建模。然后根据被控对象的控制要求,设计适合的控制方法,再在此基础上优化模型,达到整个控制系统的性能要求,最后选择合适的目标函数作为系统性能的评价指标,判定控制算法是否达到目标设计要求。

1. 物理系统建模

在控制系统的分析和设计中,首先要建立物理系统的模型,包括被控对象、执行机构、传感器等。物理系统建模是把一个物理事件简化成数学表达式的过程,该数学表达式称为数学模型。物理系统模型建立得准确与否在整个数字控制系统的分析与综合实现中起着至关重要的作用。

物理系统建模的过程就是将系统进行概括、抽象和数学解析处理的过程,一般可通过划分子系统、建立基本模型、集总模型三个阶段来完成。物理系统建模主要有两个基本方法,即分析法和试验法。分析法是根据物理系统本身的工作原理来确定模型的结构,利用运动方程、物性参数方程和某些设备的特性方程等,从中获得控制过程的数学模型,故又称为解析建模法。试验法是通过观察、测量物理实体的可观测量,经过数据和数学处理,获得估算的数学模型,这种数学模型是通过对系统辨识建立的,故又称为辨识建模法。

2. 控制方法

在数字控制系统中,控制器是决定系统运行性能的最关键部分,它是整个控制系统的大脑。控制器的任务是根据计算出的控制量,操纵执行机构,从而控制被控对象按照预定的要求运行。计算控制量的过程则需要用到控制方法,主要的控制方法有双位控制、比例–积分–微分(proportional-integral-derivative,PID)控制、鲁棒控制和模型预测控制等方法。

(1) 双位控制方法。在所有控制方法中,双位控制方法最为简单,也最易实现。其主要原理是当测量值(PV)大于或小于给定值(SV)时,控制器的输出为最大(或最小)。

由于控制器的输出不是最大就是最小,相应的执行机构就有两个极限位置,不是全开就是全关,双位控制算法输出的控制量只有高低两种状态。这也决定了执行机构使控制对象要不全额工作,要不就停止工作。双位控制方法存在一些缺陷,由于环境因素、控制系统传输延时或者控制对象本身的惯性等因素,测量值往往在给定值的上下有一个较大的波动。在测量值接近给定值的临界点时,输出信号往往在高和低之间频繁转换,导致执行部件的触点频繁开关动作,易产生干扰及缩短执行部件的寿命。虽然存在一定的弊端,但双位控制方法因其结构简单、成本低、容易实现,经常应用在生产过程允许被控量上下波动的场合,如箱式加热炉、恒温箱等。

(2) PID 控制方法。PID 控制方法,即控制器的输出与输入是比例–积分–微分的关系。P 代表比例控制系统的响应快速性,快速作用于输出,好比“现在”;I 代表积分控制系统的准确性,消除过去的累积误差,好比“过去”;D 代表微分控制系统的稳定性,具有超前的控制作用,好比“未来”。

通常,比例控制可快速、及时、按比例调节偏差,提高控制灵敏度,但有静差,即过渡过程中的残余偏差,使控制精度降低。积分控制能消除偏差,提高控制精度,改善稳态性能,但易引起振荡,造成超调,即偏离输出量最终稳态值的最大瞬时偏差。微分控制是一种超前控制,能调节系统速度,减小超调量,提高稳定性,但其时间常数过大会引入干扰,系统冲击大,过小则调节周期长,效果不显著。比例、积分、微分控制相互配合,合理选择PID 控制器的参数,可迅速、准确、平稳地消除偏差,达到良好的控制效果。

在工业实际应用中,PID 控制方法以其结构简单、稳定性好、工作可靠、调整方便而成为工业控制系统的主要技术之一。PID 控制器可以用来控制任何可以被测量、被控制的变量,如利用 PID 方法实现生产装置的压力、温度、流量、液位的控制,以满足生产工艺要求。如在恒压供水箱控制中,通过变频器驱动水泵供水,利用 PID 控制器控制变频器,即控制水箱注水电动机的转速实现自动注水。

图 3-14 所示是 PID 控制方法在工业机器人中应用的典型案例。为了使轮式机器人可以敏捷、稳定地行走,需要对驱动机器人本体的伺服电动机进行控制,首先需要对伺服驱动器本身的 PID 控制器进行调节。比例环节 P 反映机器人的行进速度与控制人员给定值之间的偏差;积分 I 环节反映机器人的累积偏差,只要有误差,积分环节就会调节,使得系统无偏差,即使得机器人达到操作人员给出的运动状态;微分环节 D 可以提前预见机器人运动偏差的趋势,在还没有形成以前,超前地消除误差,最终使机器人完

图 3-14　轮式搬运机器人

成搬运任务。

（3）鲁棒控制方法。在过去的 20 年中，鲁棒控制（robust control）方法一直是国际自动控制界的研究热点。简单来说，鲁棒控制方法是使在不确定因素作用下的系统保持其原有能力的控制技术。

鲁棒控制方法的主要思想，是针对系统中存在的不确定因素，设计一个确定的控制律使得整个系统保持所期望的稳定，并获得较好的性能。鲁棒控制方法的理论主要研究"分析"和"综合"两方面问题。"分析"是当系统存在各种不确定性因素及外加干扰时，对系统性能变化的分析，包括系统动态性能、稳定性等。"综合"则研究采用何种控制结构、设计方法能够保证系统具有更强的鲁棒性，包括如何应对系统存在的不确定性因素和外加干扰的影响。鲁棒控制理论综合考虑了系统模型参数的不确定性和外部扰动的不确定性，弥补了现代控制理论中需要被控对象有精确数学模型的缺陷，使得系统的控制更加实用和有效。

（4）模型预测控制方法。模型预测控制（model predictive control）顾名思义由三个主要部分构成：模型、预测和控制，模型预测控制流程见图 3-15。模型可以是机理模型，也可以是一个基于数据的模型，如用神经网络训练一个数据模型；预测是构建或训练模型的用途；控制即对预测结果作出的决策。模型预测控制不仅利用当前和过去的偏差值，而且还利用预测模型来预测未来的偏差值，以滚动优化确定当前的最优控制策略，使未来一段时间内被控变量与期望值偏差最小。模型预测控制的优点是具有良好的跟踪性能和较强的抗干扰能力，对模型误差具有较强的鲁棒性，对数学模型要求不高，能直接处理具有纯滞后性的过程，如在化工过程控制中，由于物料或能量的传输延迟，造成被控对象具有滞后性。

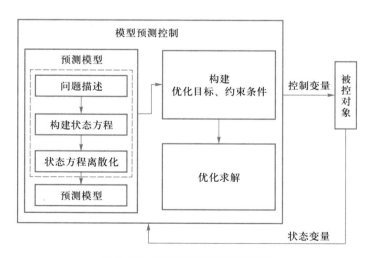

图 3-15　模型预测控制流程框图

3. 模型优化技术

在选用最有效的控制方法后，为了获得最佳控制效果，对于一些复杂的系统，需要对模型进行优化处理,使设计出来的控制系统满足最优条件。为了确定控制器的结构及其参数,常使用的优化技术有函数优化和参数优化。

(1) 函数优化。函数优化问题也称动态优化问题,在控制理论中,常将这类问题归为最优控制的范畴。在这类问题中,由于不能预先得知控制器的结构,往往需要先设计出满足优化条件的控制器。在数学上,此类问题也被称为泛函问题,即寻找最优函数的问题。

(2) 参数优化。参数优化问题也称为静态优化问题。在这类问题中,控制器的结构和形式是已经确定的,但需要调整或寻找控制器的参数,使系统性能在对应条件下达到最优。通过将设计目标参数化,不断地调整设计变量,使得设计结果不断接近参数化的目标值。参数优化的具体方法主要有两种:一是间接寻优,即根据普通极值的充分必要条件来寻优;另一种是直接寻优,即直接在参数空间中按照一定规律进行搜索来寻优。由于环境模型本身的复杂性,常规优化算法难以达到参数空间上的全局最优。近年来,随着计算机运算效率的快速提高,直接优化方法得到了进一步开发与应用。

4. 性能评价指标

性能评价主要是对数字控制系统动态和稳态两种状态进行评估。当干扰来临时,系统被控量发生变化,自动化控制使系统重新建立平衡。在这个过程中各个环节和信号处于变化状态即动态阶段。当系统各参数相对平衡,不随时间变化,系统处于稳态阶段。

(1) 动态性能指标。描述稳定系统在单位阶跃函数的作用下,动态过程随时间变化状况的指标,称为动态性能指标。动态性能指标通常有延迟时间、上升时间、峰值时间、调节时间、超调量和稳态误差等。在实际选取时,一般动态性能指标会有相互矛盾的地方,需要统筹具体工艺和系统全况,提出合理的控制要求,进行折中处理,在准确性、快速性和稳定性之间进行权衡并合理的取舍。

(2) 稳态性能指标。稳态性能指标主要反映系统进入稳态后的性能,用于评估控制目标是否存在固定的偏差及偏差程度。常用的稳态性能指标是稳态误差,主要分为原理性误差和实际性误差,用于度量系统控制精度或抗扰动能力。稳态误差常作为衡量控制系统性能好坏的一项指标。控制系统设计的目标之一,就是要在兼顾其他性能指标的情况下,使稳态误差尽可能小或者小于某个容许的限制值。

3.3.3　数字控制技术发展趋势

19 世纪 60 年代开始,经典控制理论和标准体系逐步形成,一批控制装置雏形诞生,奠定了数字控制技术发展的基础。著名物理学家麦克斯韦(James Maxwell)提出了二阶、三阶系统的稳定性代数判据,开辟了用数学方法研究控制系统的途径。此后,在一批科学家的不断钻研下,研究出了如稳定性判据、常微分方程运动稳定性理论等一系列控制理论。20 世纪 70 年代后期,一种"动力辅助器"的装置问世,即当今的伺服机构的雏形,解决了操作机构与传动机构的动作响应缓慢的问题。同一时期,如图 3-16 所示的继电器开始在工厂中大量使用,代替了之前的制造业人工控制方式。目前广泛使用的可编程逻辑控制器(PLC)就是继电器发展的产物。

(a) 中间继电器　　　(b) 时间继电器　　　(c) 液位继电器

图 3-16　继电器类型

从 20 世纪 30 年代开始,科技水平出现了巨大的飞跃,工业、农业、交通及国防的各个领域都广泛采用了自动控制技术。这一时期,工业革命推动控制理论不断创新,负反馈控制法、频域分析法、齐格勒-尼科尔斯(Ziegler-Nichols)法等著名控制方法相继问世。诺伯特·维纳(Norbert Wiener)的《控制论》综合研究各类系统的控制、信息交换、反馈调节等,高度概括了各类控制系统的特征,钱学森的《工程控制论》系统阐述了控制论在工程领域的应用。这些经典理论著作对控制技术的发展具有重大意义。此外,控制技术也广泛应用于国防科技领域。例如,反馈控制被广泛用于飞机自动驾驶仪、火炮定位系统、雷达天线控制系统以及其他军用系统。这些系统的复杂性和对快速跟踪、精确控制的高性能追求,对控制技术提出了更高的挑战,进一步推动控制技术推陈出新。

进入 20 世纪 70 年代,随着计算机应用于控制领域,计算机技术从计算手段上为控制技术的发展提供了条件,推动控制系统进入数字控制时代。数字控制技术实现了机器设备按照预定的程序进行工作,是控制技术向智能控制发展的关键阶段。与传统模拟控制技术的区别:一是数字控制能实现"一机多用",一台计算机可以控制几个甚至几十个控制器,模拟控制根据控制目的不同,控制器的结构和功能也不同,功能也较为单一;二是数字控制传输的信号是数字信号,较模拟信号抗干扰能力强;三是数字控制是按照编写的程序执行命令,安全性和可靠性较高,而模拟控制则需要人工调节控制器,受人为影响较大。

随着产品需求的多样化、细分化,工厂生产也逐渐从大批量、标准化走向小批量、多品类。为满足不断个性化的生产需求,提升生产效率和产品质量,融合人工智能、大数据、互联网等新技术的新型数字控制技术不断出现,呈现智能化、开放化、网络化、高精度等趋势发展,具有智能处理、智能决策、互联互通、高精度、低误差等特点。

(1) 智能化。融合了智能化能力的数字控制是具有智能信息处理、智能信息反馈和智能决策的控制方式,是控制技术发展的高级阶段,主要用来解决那些用传统方法难以解决的复杂系统的控制问题。智能化控制以控制理论、计算机技术、人工智能、运筹学等为基础,扩展了相关的理论和技术,其中应用较多的有模糊逻辑、神经网络、专家系统、遗传算法等理论,以及自适应控制、自组织控制和自学习控制等技术。一方面,智能化的控制能够应对不确定性的模型。各类控制模型的不确定性主要包含两个方面:一是模型未知或知之甚少;二是模型的结构和参数可能在很大范围内变化。另一方面,智能化的控制能够很好地解决各类复杂问题,比如各类非线性的对象、受外界环境干扰严重的对象等,在电力系统、机器人、汽车等系统中应用较为普遍。

(2) 开放化。许多国家对开放式数字控制系统进行研究。以数控系统来说,开放化就是数控系统的开发可以在统一的运行平台上,面向机床厂家和最终用户,通过改变、增加或剪裁结构对象(数控功能),形成系列化,并可方便地将用户的特殊应用和技术诀窍集成到控制系统中,快速实现不同品种、不同档次的开放式数控系统,形成具有鲜明个性的产品。开放式数控系统的体系结构规范、通信规范、配置规范、运行平台、数控系统功能库以及数控系统功能软件开发工具等是研究的核心。

(3) 网络化。网络化数字控制系统是在系统中引入计算机网络,从而使众多的传感器、执行器、控制器等主要功能部件能够实现网络连接,相关信号和数据通过网络进行传输和交换,可以实现资源共享、远程操作和控制,增加了系统的灵活性和可靠性。以数控装备为例,数控装备的网络化将极大地满足生产线、制造系统、制造企业对信息集成的需求,也是实现新的制造模式如敏捷制造、虚拟企业、全球制造的基础单元。

(4) 高精度。产品外形的复杂化和高性能要求加工技术必须不断升级,对控制系统的精度、速度、稳定性提出了极高要求。一是指令精度,如伺服驱动单元内部数值处理、高灵敏度电机、高分辨率编码器等的高精度控制指令;二是对机械部分的静态误差补偿能力(如背隙、机械补偿等)以及动态补偿能力(如温度补偿、反馈控制等);三是复合型控制加工,如汽车零部件加工方面,高级数控系统应具有多通道、全数字高速实时总线和多轴联动控制能力以及丰富的插补与运动控制功能,以便能在同一台数控机床上对多个零部件同时完成多个复杂的加工任务。

3.3.4　数字控制技术在工业中的应用

数字控制技术在工业领域应用广泛,这不仅是因为数控技术是数控机床及相关数控设备的基础技术,而且其他自动化设备也渗透着数控技术。常见的工业数字控制包括可编程逻辑控制器(PLC)、分布式控制系统(DCS)、数控(CNC)机床、先进过程控制(APC)等。

1. 可编程逻辑控制器(PLC)

可编程逻辑控制器是一种由事先存储的程序来确定控制功能的控制器,专为在工业环境应用而设计,其结构框图如图 3-17 所示。它采用可编程的存储器,用于内部存储程序,执行逻辑运算、顺序控制、定时、计数与算术运算等操作指令,并通过数字、模拟式的输入、输出,控制各种类型的机械或生产过程。可编程逻辑控制器及其有关外围设备的设计,都要按照"易于与工业控制系统连成一个整体、易于扩充功能的原则"进行。

早期可编程逻辑控制器基本上是继电器控制装置的替代物,主要用于实现原先由继电器完成的顺序控制、定时、计数等功能,性能要优于继电器控制装置。其优点是简单易懂、便于安装、体积小、能耗低、有故障显示、能重复使用等。其中,可编程逻辑控制器特有的编程语言——梯形图语言一直沿用至今。

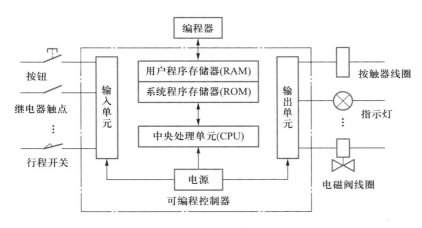

图 3-17 PLC 结构框图

20 世纪 70 年代,微处理器的出现使可编程逻辑控制器发生了巨变。美国、日本、德国等一些厂家先后开始采用微处理器作为可编程逻辑控制器的中央处理单元(CPU),这样使可编程逻辑控制器的功能大大增强。在软件方面,除了保持原有的逻辑运算、计时、计数等功能以外,还增加了算术运算、数据处理、网络通信、自诊断等功能。在硬件方面,除了保持原有的开关模块以外,还增加了模拟量模块、远程 I/O 模块、各种特殊功能模块,并扩大了存储器的容量,而且还提供一定数量的数据寄存器。

20 世纪 80 年代,由于超大规模集成电路技术的迅速发展,微处理器价格大幅度下跌,使得各种类型的可编程逻辑控制器所采用的微处理器的档次普遍提高。早期的可编程逻辑控制器一般采用 8 位的 CPU,现在的可编程逻辑控制器一般采用 16 位或 32 位的CPU。另外,为了进一步提高可编程逻辑控制器的处理速度,各制造厂还纷纷研制出专用的逻辑处理芯片,这使得可编程逻辑控制器的软、硬件功能得到了大幅提升。

2. 分布式控制系统(DCS)

分布式控制系统又称为集散控制系统,是以计算机处理为基础,以危险分散控制,操作和管理集中为特性,集先进的计算机技术、通信技术、显示技术和控制技术于一体的新型控制系统。分布式控制系统通常采用若干个控制器(过程站)对一个生产过程中的众多控制点进行控制,各控制器间通过网络连接并可进行数据交换,操作采用计算机操作站,通过网络与控制器连接,收集生产数据,传达操作指令。

分布式控制系统的发展历史主要有五个阶段。

初创时期(1975—1980 年)。这一时期分布式控制系统的主要优点是注重控制功能的实现,分散控制和集中监视,缺点是人机界面功能弱、通信能力差、互换性差、成本高。

发展成熟期(1980—1985年)。这一时期分布式控制系统的主要特点是引入了局域网(LAN)作为系统骨干,按照网络节点的概念组织过程控制站、中央控制站、系统站、网关。

发展扩张期(1985—2000 年)。这一时期的分布式控制系统主要采用了 ISO 标准的制造自动化规约(MAP)网络。

数字化、信息化和集成化时期(2000—2007 年)。此时的分布式控制系统更加开放，支持各种智能仪表总线(FF,Hart)，通过网络速度的扩展，提高了系统规模化。

一体化、智能化时期(2008 年至今)。分布式控制系统采用 1 Gbps 高速网络，实现控制系统一体化、智能化，从而真正实现数字化工厂。

以如图 3-18 所示的锅炉系统控制过程为例介绍分布式控制系统的应用。锅炉是一个多输入、多输出、多回路、非线性的复杂系统，调节参数与被调节参数之间存在着许多交叉影响，调节难度较大。将系统分解为多个闭环控制：给煤控制、送风控制和炉膛负压控制等。

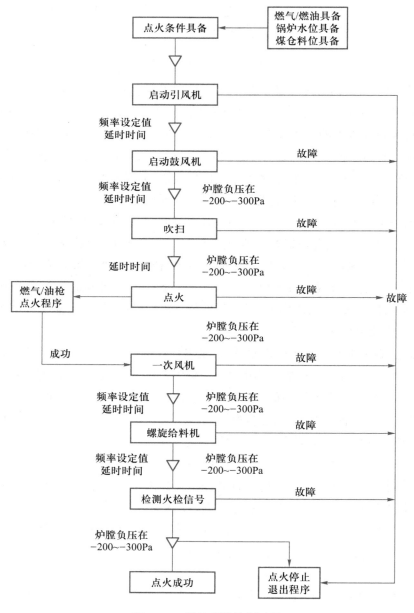

图 3-18　锅炉系统控制过程

（1）给煤控制。锅炉燃烧系统自动调节的根本任务，是使燃料燃烧产生的热量适应蒸汽负荷的需要，同时要保持经济燃烧和安全运行。中小型煤粉锅炉控制要求送风系统和给煤系统相协调，即通过一定的风煤比使燃烧维持在最佳状态。

（2）送风控制。送风调节通过负荷规则调节器实现。加负荷时，先加风后加煤；减负荷时，先减煤后减风。

（3）炉膛负压控制。炉膛负压反映了送风量与引风量之间的平衡关系，目标是要保证锅炉在运行过程中始终保持在微负压的稳定状态，以保证其安全运行。

3. 数控（CNC）机床

数控机床是采用通用或专用计算机实现数字程序控制的自动化机床。20世纪50至60年代，数控系统由计算机辅助制造（CAM）与基于示踪器的自动化发展演变而来。数控系统和伺服系统结合形成的数控机床，能满足制造过程中重复、高精度的生产要求。

20世纪90年代初期，数控铣床和数控车床出现，使复杂零件和复杂结构的加工难度大幅降低，加工精度得到很大的提升。为满足不同产品、不同尺寸、不同结构和不同材质的零件加工需求，数控机床的发展逐步产生了一些细分领域，出现了低速数控机床和高速数控机床。低速数控机床典型的特征是主轴转速低，普遍在8 000 r/min（机械主轴），适合大工件、大切削量的粗加工场合；高速数控机床典型的特征是主轴转速高，普遍在24 000 r/min（电主轴、直连主轴等），适合高精度、高表面质量要求的零件加工。近些年来，高速数控机床的发展呈现出智能化、网联化、高端化、集成化等趋势，市场上销售的数控机床，基本装备了自动换刀刀库、自动对刀装置、自动润滑系统等（一般统称加工中心）。数控机床发展的另一个趋势是车铣复合加工中心，由于其价格相对较高，所以加工的都是一些附加值相对较高的产品。多台数控机床可组成全自动生产线或柔性（智能）制造单元，并同时配有物料自动输送小车、工件装卸机器人、物料缓冲站、立体仓库等智能化设备和信息管理系统。

数控系统是数控机床的控制核心，价值占到整机的30%~40%。数控系统使数控机床能够完成普通机床难以完成的复杂形状零件的加工。例如，图3-19所示的XK714型数控立式铣床可对图3-20所示具有复杂形状轮廓的零件进行三轴联动加工，但X52K型普通立式铣床对此无能为力。数控系统的功能、控制精度和可靠性直接影响机床的整体性能、性价比和市场竞争力。我国数控系统由于起步晚、研发队伍实力较弱、研发投入力度不够等多方面原因，长期以来始终处于低端发展迅速、中端进展缓慢、高端依靠进口的局面。在装备制造业高速发展期，数控机床的重要性愈加明显，对高端数控系统的需求越来越大，加强数控系统技术领域的基础研究和共性关键问题攻关，已成为我国装备制造业发展的当务之急，对提升我国高端数控系统的独立设计开发能力和国际竞争力具有重要意义。

案例3-3：XK714型数控立式铣床

4. 先进过程控制

先进过程控制是一大类区别于经典控制的控制方法的统称。随着过程工业日益走向大规模、复杂化，对生产过程的控制品质要求越来越高，出现了先进过程控制（亦称高

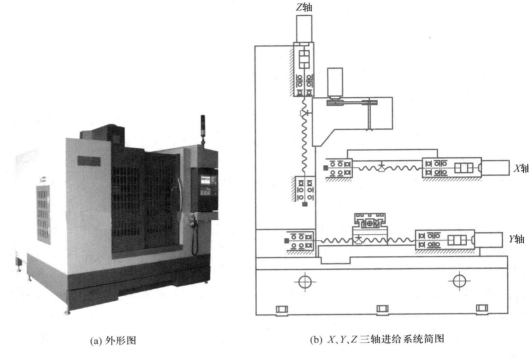

(a) 外形图　　　　　　　　　　　(b) X、Y、Z 三轴进给系统简图

图 3-19　XK714 型数控立式铣床

案例 3-4：
三轴联动
加工复杂
曲面零件

图 3-20　复杂曲面零件

等过程控制）的概念。关于先进过程控制,尚无严格而统一的定义。习惯上将那些不同于常规单回路,并具有比常规 PID 控制更好控制效果的控制策略统称为先进过程控制。

　　从 20 世纪 40 年代开始,采用 PID 控制规律的单回路系统一直是过程控制领域最主要的控制系统。单回路系统主要采用经典控制理论的频域分析方法进行控制系统的分析和设计。20 世纪 50 年代后,过程控制领域陆续出现了串级、比值、前馈、均匀和史密斯(Smith)预估控制等控制系统,即所谓的复杂控制系统,这些系统在一定程度上满足了复杂生产过程、特殊生产工艺以及高精度控制的需要。

　　先进过程控制离不开先进控制理论的发展和实际工业需求的双重推动。一方面,20世纪 50 年代中期,空间技术快速发展,而空间技术的发展迫切要求建立新的控制原理,以解决诸如把宇宙火箭和人造卫星用最少燃料或最短时间准确地发射到预定轨道一类的控制问题。这类控制问题十分复杂,采用经典控制理论难以解决。所以,世界各国的学者把控制理论的研究范围扩大,到60年代初,一套以状态空间法、极大值原理、动态规划、卡尔曼-布西(Kalman-Bucy)滤波为基础的分析和设计控制系统的新原理和方法已经确立,这标志着先进控制理论的形成。另一方面,过程工业(流程工业)日益走向大规模、复杂化,对生产过程的控制品质要求越来越高,出现了许多过程、结构、环境和控制均十分复杂的生产系统,出现了以自适应控制、预测控制、专家控制、模糊控制、神经网络控制等为代表的先进过程控制。

国内以石油化工等过程工业为代表的一些大企业纷纷启用先进控制技术。凭借改善过程动态控制的性能、减少过程变量的波动幅度、使生产装置在其约束边界的条件下运行(卡边操作)等优势,先进控制技术在石油化工、钢铁冶金等行业获得广泛应用,大量工业装置在已有分布式控制系统的基础上配备了先进控制系统,大规模的模型预估控制和用于优化的非线性预估控制技术得到极大完善。

以钢铁行业为例,随着对产品质量、能源消耗、经济效益等需求的提高,单目标的控制方法逐渐显现出不足,面向多目标集成智能控制、智能优化、智能建模等的先进控制优势突显,满足了生产过程中多目标控制的需求。如基于点火强度优化设定的烧结点火燃烧智能控制方法,以烧结矿质量和烧结能耗为综合优化目标,实现了点火强度/温度的质量控制;面向碳效优化的烧结终点智能集成控制方法,在提高烧结过程碳效的同时保证生产过程稳定。面向多目标的先进集成控制方法解决了生产过程的多目标优化控制问题,综合地考虑了实际生产过程中的需求与约束,具有广阔的应用前景。

思 考 题

3-1 什么是传感器? 它由几部分组成,在工业应用中有什么作用?

3-2 传感信号获取技术主要包含哪些? 其核心功能是如何实现的?

3-3 传感器未来发展的趋势是怎样的? 哪几个方面是未来重点发展方向?

3-4 什么是数字控制? 它由哪几部分组成,在工业应用中有什么作用?

3-5 数字控制技术的特征和技术原理是什么?

3-6 什么是 PID 控制方法?

3-7 什么是先进过程控制? 典型案例有哪些?

3-8 简述数字控制器的未来发展趋势,有哪些重点发展方向?

第 4 章

通信与网络互联技术

4.1 概　　述

　　数字通信是利用数字信号作为载体来传递信息的通信方式。与早期模拟通信相比，数字通信技术具有抗干扰能力强、通信质量好、传输距离长、保密性高等优点。数字通信的出现为微电子、计算机和自动化控制在工业领域的应用开创了条件。基于数字通信的计算机数控系统在工业制造领域的应用，将相应的控制指令传输到机械设备的相应接口中，实现了单一机器内部模块间的指令及参数传输，进而完成加工任务。数字通信在制造业的应用使得原先完全依赖于人的经验、判断、操作的制造过程，能够由计算机或信息系统完成，无论是从计算的速度、传输的实时性及控制的精度方面都远远超过了人类，深刻改变了人类与物理世界交互的方式。随着制造工艺复杂度的提升，单台机械设备已经无法满足生产需求，于是通过现场总线、工业以太网、工业无线网等通信技术将多个分散在生产现场、具有数字通信能力的现场控制设备连接成可以相互通信的自动化系统，完成基于生产线的自动化生产任务，降低生产成本，提升企业资产利用效率和运营管理效率。

　　互联网是网络与网络之间按照一定的协议相连而形成逻辑上的单一、庞大的全球化网络。互联网连接了世界上不同国家与地区不同硬件、不同操作系统和不同软件的计算机及其他终端设备，并将信息实时地传送到世界各地，拓宽了人类信息获取的渠道，对人类经济社会产生巨大、深远的影响。制造业对数字化转型的需求日益加强，驱动了互联网技术与制造业的深度融合。一方面，互联网使得不同环节的制造企业间实现信息共享、资源交互，使得企业能够在全球范围内快速发现和动态调整合作伙伴，整合企业间的优势资源，改变了传统信息资源获取方式和配置方式，实现产品研发、制造、物流、销售等产业链环节的全球化协作。另一方面，互联网思维在传统生产及服务领域内不断渗透，拉近了生产者和消费者的距离，催生出个性化定制、远程运维等新兴业态，带动了服务模式和商业模式的创新变革。

　　本章将讨论数字通信和互联网的定义与技术原理，并对其关键技术、发展趋势及在工业中的应用进行系统介绍。

4.2 数字通信技术

4.2.1 定义与技术原理 ⬝⬝⬝ ▫

通信就是把信息由一个地方向另一个地方传输和交换的过程。按照不同分类方法，通信可以分为有线通信和无线通信、固定通信和移动通信、模拟通信和数字通信等。数字通信是以离散的数字信号作为载体来传递信息的通信方式，不仅可以传输电报、数据等数字信号，也可以传输经过数字化处理的语音、图像等模拟信号。图 4-1 显示了数字信号和模拟信号在时间连续性、幅值变化方面的差别。

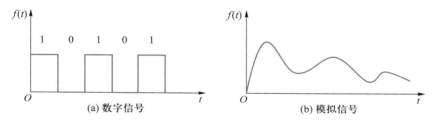

图 4-1　数字信号与模拟信号波形

图 4-2 给出了一个典型的数字通信系统模型。从信源发出的信号可能是模拟信号也可能是数字信号，经过信源编码中的压缩编码技术既提高了信号传输的有效性，也实现了模拟信号与数字信号的转换。信道编码将信源编码输出的数字信号进行再一次的编码，使之具有一定的自动检错或纠错的能力。调制器将未经编码的数字基带信号频谱变换到高频范围，形成适合在信道中传输的频带信号，以提高信号的传输效率并实现远距离传输。

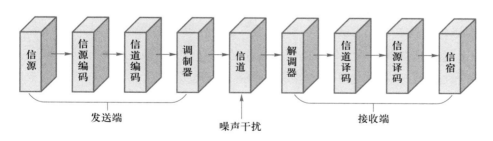

图 4-2　数字通信系统模型

信道是信号传输的物理媒质。信道中存在各种噪声和干扰，如电子器件产生的热噪声、自然噪声和人为干扰等，这些都会导致信号失真和误码。信号达到接收端后，还需经过解调、信道译码、信源译码、信宿等环节，进行与发送端的调制、信道编码、信源编码、信源等一一对应的反变换，这里不再赘述。另外，具体的某类数字通信系统可根据设计需求进行调整,比如在需要实现秘密通信的场合,还应增加加密、解密环节,保证所传输信息的安全。

数字通信体系庞大,技术繁复,按照传输媒介的不同,可以分为有线和无线两大类。利用电话线、网线、同轴电缆、光纤等有形介质传输信息的方式称为有线通信。利用电磁波信号在自由空间传输的通信方式称为无线通信。此外还可以按照传输信息类型分为语音通信、图像通信和数据通信等。

数字通信的出现是通信学科发展的一个重要里程碑。与模拟通信相比,数字通信技术的创新主要体现在其抗干扰能力强、可以长距离传输等方面。由于数字通信采用时分复用(time-division multiplexing,TDM)技术,在同一物理线路上可以传送多路信号,提高了资源的利用率。另外,数字信号易于调制、保密性高、差错可控,能够支持多种通信业务。数字通信已经成为现代通信网络中最主要的通信技术基础。它为通信、微电子及计算机的结合开创了条件。数字通信把原本割裂的电话网、传真网、数据网等合并成统一的电信网,电话、电报、传真、数据、图像等经过数字化处理后,可以利用相同的信号形式、交换和传输技术进行通信。

近年来,随着数字通信技术的不断发展,其影响力已经从通信领域向其他传统行业融合渗透。数字通信已经成为智能制造的信息交互基础,为制造业生产设备、控制系统、制造执行系统(MES)、企业资源计划(ERP)、产品生命周期管理(product lifecycle management,PLM)等主体间数据通信提供了技术保障,促进了生产效率、产品质量和资源利用率大幅提升。

4.2.2 数字通信关键技术

1. 有线通信

有线数字通信是利用常见的电话线、网线、同轴电缆、光纤等有形介质进行数字通信,大体上可以分为明线通信、电缆通信和光纤通信等。由于明线通信已很少使用,下面主要介绍后两种通信技术。

(1) 电缆通信

电缆通信是指利用电缆作为物理介质来传递信息的一种通信技术。常见的通信电缆包括同轴电缆、双绞线电缆、数据电缆和特殊用途电缆。

① 同轴电缆。同轴电缆主要用于传输高速信号或高频信号,其结构如图 4-3 所示,电缆中心为铜芯导线,导线外面是绝缘层,绝缘层外面是用于屏蔽电磁干扰和辐射的金属屏蔽层,最后在外面套一层绝缘护套,每一层都是以导线为圆心,故称为同轴电缆。同轴电缆的这种内外导体结构,使得外导体对内导体形成屏蔽作用,导体向外辐射电磁场受到抑制,提高了其传输的信号频率。同轴电缆可以在相对长的线路上支持高频通信,已

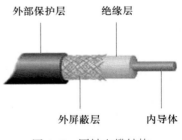

图 4-3   同轴电缆结构

经广泛应用于有线电视传播、长途电话传输、计算机系统之间的短距离连接等,在早期的计算机局域网中也经常使用。由于同轴电缆体积大,不能承受缠结、压力和严重的弯曲等缺点,在现在的局域网环境中基本已被双绞线电缆所取代。

② 双绞线电缆。双绞线顾名思义是由绞合在一起的相互绝缘的两根铜线组成。通过扭绞导线,一部分噪声信号沿一个方向传输(发送),而另一部分则沿反方向传输(接收),这种导线相互缠绕的形式可有效减少相邻导线间的电磁干扰,抵御部分来自外界的电磁干扰。在实际使用中,常将多对双绞线包在一个绝缘保护套内,如图4-4所示。通常所说的网线,就是将4对双绞线装在一根套管中。为了进一步提高双绞线抗电磁干扰的能力,在绝缘保护套和双绞线之间再包裹一层金属丝编织的屏蔽层,就构成了屏蔽双绞线。通过增加绞合度、降低信号衰减、选择合适的信号振幅和数字信号的编码方法,双绞线的最高数据传输率有效提高。例如,超五类网线的最高传输速率为1 000 Mbps,而六类网线改善了在抗串扰以及回波损耗方面的性能,传输性能远远高于超五类网线,最适用于传输速率高于1 Gbps的应用。

(2) 光纤通信

光纤通信是以光波作为信息载体、以光纤为传输媒质,通过光电变换,实现用光来传输信息的一种通信方式。光纤是一种由玻璃制成的纤维。通信中使用的光纤由玻璃纤芯、玻璃包层及外层树脂保护套组成,结构如图4-5所示。

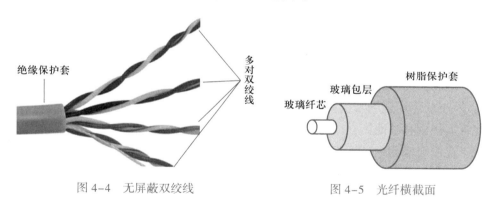

图4-4　无屏蔽双绞线　　　　图4-5　光纤横截面

光纤通信系统主要由电发射机、光发射机、光接收机、电接收机、光纤、光中继器和各种无源光器件构成,如图4-6所示。光发射机负责将要传输的电信号转换为光信号,典型的做法是在给定的频率下,以光的出现和消失来表示"0"和"1"二进制数字,并将转换

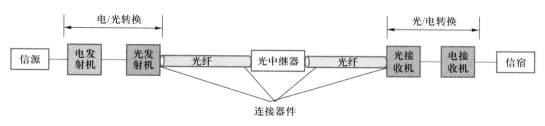

图4-6　光纤通信系统主要组成

后的光信号注入光纤传输线路中。

　　光信号在光纤的传输如图 4-7 所示。由于玻璃纤芯的折射率大于玻璃包层的折射率,根据光的折射和全反射原理,光信号会继续在纤芯内向前传送。由于光信号在光纤中长距离传输的损耗和衰减,需要使用光中继器对波形失真的脉冲进行整形或者使用光放大器放大信号,延长通信距离。在接收端,光接收机的主要功能是检测经过传输的光信号,并放大、整形,再恢复成原始电信号输出。

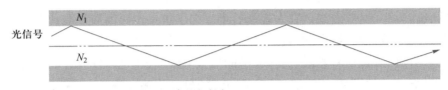

N_2(纤芯折射率) $>N_1$(包层折射率)

图 4-7　光信号在光纤中传输

　　光纤通信的优点主要体现在通信容量大、传输距离远、传输质量好、保密性高等方面。但由于光纤非常细,容易折断,在实际使用中,通常将多根光纤组成很结实的光缆。例如,铺设在海底的海底光缆,光纤就被多层防护层包裹,相比于陆地铺设的光缆,海底光缆需要考虑海底的高压、高腐蚀环境、自然灾害、海洋生物破坏等因素以及海底光中继器的供电问题。海底光缆的使用寿命一般只有 25 年,但不妨碍海底光缆成为国际通信的主要手段之一。

　　随着近年来全球对网络带宽需求的不断提升,光纤通信发展不断提速,不仅可以应用于市话中继和长途干线,形成覆盖全球范围的大容量传输网,而且可以用于高清晰度彩色视频传输、工业生产现场监视和调度、交通监视控制指挥、城镇有线电视网系统等,还可以用于光纤局域网和其他场合,如在飞机内、飞船内、舰艇内、矿井下及其他有腐蚀和有辐射等环境。光纤已成为全球宽带信息的主要传输媒介,特别是全球 5G 基础设施的建设,促进了光纤光缆需求的持续增长。光纤通信技术正在日益向超大容量、超长距离、超高速率、分组化、智能化方向发展。全光网络、光孤子信号通信、密集波分复用、智能光网络等成为光纤通信的发展趋势。

2. 无线通信

　　无线通信是利用电磁波信号可以在空间中自由传播的特性进行信息交换的一种通信方式。常见的无线通信技术有广域覆盖的 4G、5G 蜂窝移动通信技术和 NB-IoT(窄带物联网)、LoRa(远距离无线电)等物联网无线技术,有在办公、住宅等局域网场景下使用的基于 802.11(WiFi 6)、802.16(WiMax)标准的无线网络技术以及覆盖范围仅为几十米的蓝牙、Zigbee(紫蜂)、超宽带(ultra wide band,UWB)、射频识别(radio frequency identification,RFID)等短距离无线通信技术。图 4-8 给出了这些技术在其覆盖范围和传输速率方面的对比。

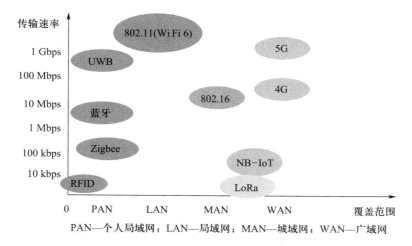

PAN—个人局域网；LAN—局域网；MAN—城域网；WAN—广域网

图 4-8　主要无线通信技术比较

（1）蜂窝移动通信

蜂窝移动通信（cellular mobile communication，CMC）是采用蜂窝无线组网方式，在终端和网络设备之间通过无线信道连接起来进行通信的技术。

蜂窝移动通信因其网络结构像蜂窝而得名，在图 4-9 所示的蜂窝移动网络示意图中，原来的大区覆盖范围被划分为多个六边形小区，每个小区中心部署一个基站，不同基站所属的小区使用不同的频率通信，相邻的分区不能使用相同频率。一方面，这种方式的终端可以和最近的小区基站进行通信，降低了终端的发射功率，另一方面频率的复用让有限的频谱资源利用最大化。

图 4-10 是一个典型的蜂窝移动通信

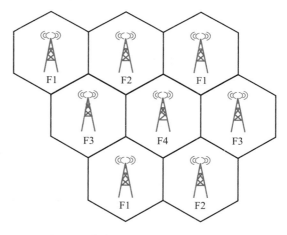

图 4-9　蜂窝网络四个频率复用示意图

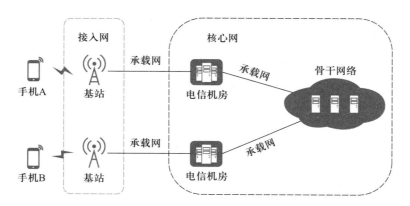

图 4-10　蜂窝移动通信架构

架构。手机终端对信号进行信源编码、信道编码、调制之后,通过天线实现射频信号与无线电波的转换并发送给对应的基站。手机与基站接通后,信息就通过承载网传输到核心网进行交换。

蜂窝移动通信技术已经经历了从第一代到第五代的演进,体现了通信从模拟向数字化发展的大趋势,每次迭代都标志着移动通信技术的一次革新(见表 4-1)。

表 4-1   移动通信发展历程及特征

移动系统名称	商用年份(国际/国内)	系统功能	业务特征	关键技术
1G	1984 年/1987 年	频谱利用率低,设备复杂,通信费用高,系统容量低,业务范围受限,扩展困难	语音业务	FDMA
2G	1989 年/1994 年	各国标准不统一,无法全球漫游。低速数据业务,无法实现移动不支持多媒体业务	语音及短消息	TDMA
3G	2002 年/2009 年	通用性高,可全球漫游,成本低,优质的服务质量和良好的安全性能	移动多媒体业务	TDMA,CDMA
4G	2009 年/2013 年	高速率,频谱宽,频谱效率高	移动互联网	OFDMA
5G	2018 年/2019 年	高数据传输速率、低延迟、大系统容量和大规模设备连接	智能化应用	大规模天线阵列、网络切片、高频段传输

第一代移动通信技术(1G)是以模拟技术为基础的蜂窝无线电话系统,只能承载语音业务,并且存在频谱利用率低、移动设备体积大、通信费用高、保密性差等不足。

第二代移动通信技术(2G)主要采用时分多址(time division multiple access,TDMA)技术,可提供数字语音和低速数据业务。

第三代移动通信技术(3G)支持高速数据传输,速率一般在每秒数十万比特以上,能够同时传送语音和数据信息,可提供丰富多彩的移动多媒体业务。

第四代移动通信技术(4G)是以正交频分复用(orthogonal frequency division multiplexing,OFDM)和多入多出(multiple input multiple output,MIMO)为核心的宽带数据移动互联网通信,其下载速度可达 100 Mbps,能够大大满足用户对无线服务的需求。

第五代移动通信技术(5G)是以毫米波(millimeter waves)、大规模多入多出(massive MIMO)、小基站(small cells)、全双工模式(full duplex)、波束成形(beamforming)技术为核心,数据传输速率最高可达 10 Gbps,可以满足高清视频、虚拟现实等大数据量传输需求。5G 网络可以实现时延低于 1 ms,能够满足自动驾驶、工业控制等实时应用。5G 超大网络容量,能提供千亿设备的连接能力。

以高铁上的高质量移动通信为例,高铁在快速移动过程中,信号会产生小区频繁切换、信道衰落、多普勒频移等现象,影响信号覆盖的质量、终端与基站的解调质量,造成用户通话质量差甚至掉话、脱网。20 世纪 90 年代,国际铁路联盟(UIC)提出了专门面向铁路的综合专用数字移动通信系统(global system for communications-railway,GSM-R),它是在 GSM 蜂窝系统的基础上增加调度通信功能和适用于高速环境下的要素,提高了铁路通信系统的可靠性,解决了信道拥塞率高、呼叫成功率低等问题,降低了网络建设成本。我国胶济铁路、青藏铁路等采用了这项技术。随着蜂窝移动通信技术的发展,铁路公司也规划了 GSM-R 向 LTE-R(long term evolution-railway)平滑演进的方案,跳过了 3G 直接进入 4G 技术时代。2019 年起我国已经逐步推广应用 LTE-R 技术。随着 5G 技术的规模化应用,5G 支持高速移动场景的最大移动速度可达 500 km/h,满足火车高速运行中语音通信、高清视频等场景的业务需求,以 5G 为代表的新型移动通信技术将为未来铁路移动通信系统的发展提供全新动力,促进铁路数字化转型。

(2) 无线局域网技术

当数字通信应用发展到一定规模后,传统的有线通信方式在网络组建、改建、优化上存在的不便越发明显,人们需要一种更加方便、灵活、安全的通信方式,于是无线通信技术得以快速发展。无线局域网(wireless local area networks,WLAN)是以无线多址信道为传输媒质,利用电磁波传输数据的无线通信网络,即将无线的概念引入传统的有线局域网中,使得局域网中的用户可以摆脱线缆的束缚,具有在一定范围内的移动通信能力。无线局域网物理层采用扩频技术、正交频分复用技术、多入多出技术等解决数据传输问题,介质访问控制(medium access control,MAC)层采用了与带有冲突检测的载波监听多路访问(CSMA/CD)协议相似的防止冲突的载波监听多路访问(CSMA/CA)协议以及四次握手协议等技术,进一步避免碰撞的发生。

图 4-11 所示的一个典型的无线局域网环境中,终端用户可通过无线网卡等方式连

图 4-11 无线局域网示意图

接到无线接入点(access point,AP),通常一个 AP 能够在几十至上百米的范围内连接多个无线用户。AP 也可以通过标准的以太网电缆与传统的有线网络互联,作为无线网络和有线网络的连接点。

无线局域网的研究起步于 20 世纪 70 年代。1997 年 6 月,美国电气与电子工程师协会(IEEE)正式颁布实施第一个无线局域网标准 IEEE 802.11,但当时基于这一标准的无线局域网的传输速率只有 1~2 Mbps。随后,IEEE 又开始制定一系列无线局域网标准并每隔几年迭代发布。为了在全球推广和认证无线局域网,工业界成立了无线保真(WiFi)联盟,所以无线局域网技术常常被称为 WiFi。2018 年 10 月,WiFi 联盟为更好地推广 WiFi 技术,参考通信技术命名方式,重新命名 WiFi 标准,802.11 标准与 WiFi 命名关系见表 4-2。

表 4-2　802.11 标准与新命名

发布年份	802.11 标准	频段	新命名
2009	802.11 n	2.4 GHz 或 5 GHz	WiFi 4
2013	802.11 ac wave1	5 GHz	WiFi 5
2015	802.11 ac wave2	5 GHz	
2019	802.11 ax	2.4 GHz 或 5 GHz	WiFi 6

技术的不断更新迭代使得 WiFi 6 在传输速率、接入数量、能耗降低等方面都有着更好的表现。WiFi 6 采用多用户多入多出技术(multi-user-MIMO,MU-MIMO)可以同时与 8 个终端通信。采用正交频分多址(orthogonal frequency division multiple access,OFDMA)和发射波束成形技术,使得 WiFi 6 最高速率可达 9.6 Gbps。在非授权频段,WiFi 6 实现了比拟 5G 的大带宽、低时延、多连接的能力,大幅降低了企业建设和使用无线网络的成本,还满足了企业对内部网络数据流量的安全自主可控的诉求。2019 年,IEEE 又开始了 WiFi 7(802.11 be)标准的研制,主要针对改善网络中的极端延迟和抖动,提供更快更稳定、且更优质的网络体验。WiFi 7 支持 2.4 GHz、5 GHz 以及 6 GHz 三个频段,最高传输速率可达 30 Gbps。

近年来,在制造业场景中,WiFi 的应用也日益广泛。例如,在仓储环节,采用 WiFi 6 技术与自动导向车(AGV)结合,构建自动仓储系统稳定可靠的无线局域网通信能力。自动仓储系统针对 AGV 自动拣选、自动货架装卸场景下对漫游零丢包的需求,通过在仓库部署 WiFi 6 网络,优化 AGV 网卡软硬件可靠性,使得 AGV 终端能够与无线网络协同通信,借助无线漫游算法和预漫游方案实现 AGV 漫游前路径引导、漫游过程中数据缓存、漫游后无损续传,将 AGV 漫游成功率提升至 100%,网络平均时延降低到 10 ms 以内,从而实现 AGV 仓储系统 7×24 小时稳定运行,搬运效率大幅提升。

案例 4-1:
Wi-Fi 6 和
AGV 融合

4.2.3　数字通信技术发展趋势

数字通信技术发展主要经历了萌芽期、成长期和成熟期。

（1）萌芽期。数字通信首要解决的问题是要把模拟信号转为数字信号,期间需要对模拟信号进行必要的采样,那么该以什么频率采样才能保证原始信号不失真呢？1927年,贝尔实验室奈奎斯特(Harry Nyquist)在对某一带宽的有限时间内连续信号进行抽样时发现,当采样频率大于信号中最高频率的2倍时,采样之后的数字信号完整地保留了原始信号中的信息。这一理论称为奈奎斯特采样定律,是信号处理、数字通信发展的重要基础。

另一位在通信理论研究方面作出重要贡献的科学家就是香农(Claude Elwood Shannon)。1948年,香农把奈奎斯特的工作进一步扩展,计算出信道在受到随机噪声干扰的情况下的最大数据传输速率 C,即香农定理,其表达式为

$$C = B \cdot \log_2 \left(1 + \frac{S}{N}\right)$$

式中,B 为信道带宽,S/N 为信噪比。

例如,典型电话系统的语音信道带宽为 3 kHz,信噪比为 30 dB,无论其使用多少个电平信号发送二进制数据,其数据传输速率不可能超过 30 kbps,实际应用中能够达到的速率要比这个理论极限值低得多。

香农定理给出了信道信息传送速率的上限和信道信噪比及带宽的关系。虽然最初香农定理是为了把电话通信中的噪声除掉,但无论是卫星通信,还是固定电话、光纤通信、移动 5G 通信,都离不开香农定理的理论支撑。香农被很多人誉为信息论的创始人、数字通信的开拓者。

同样,为了解决电话信号的干扰问题,1937 年英国人亚历克·哈利·里夫斯(Alec Harley Reeves)发明了脉冲编码调制(pulse code modulation,PCM)技术。该技术通过抽样、量化和编码三个过程,将一个时间连续、取值连续的模拟信号转变成时间离散、取值离散的数字信号。虽然在此后 20 年间,这项技术并不受大众关注,但不可否认 PCM 技术的出现推动了模拟信号数字化的进程,为数字通信奠定了技术基础。

（2）发展期。20 世纪 50 年代中期,随着晶体管应用的普及以及数字逻辑电路的发展,数字通信得以在电信网络中大展拳脚。美国和日本先后在市内电话网中投入使用PCM-24 设备,用于扩大中继线容量,使已有音频电缆的大部分芯线的传输容量扩大 24~48倍。20 世纪 70 年代中末期,各国相继把 PCM 应用于同轴电缆通信、微波接力通信、卫星通信和光纤通信等中、大容量传输系统。随着电信终端设备数字化、数字电子交换机代替模拟机电交换机、语音信号数字编码的统一,综合数字网(integrated digital network,IDN)在模拟通信公众交换电话网(public switched telephone network,PSTN)基础上逐渐形成。20 世纪 80 年代中期,综合业务数字网(integrated services digital network,ISDN)实现了从主叫到被叫端到端的全程数字通信。虽然 ISDN 昙花一现,但它为数字移动通信网络的实现奠定了基础。

（3）成熟期。20 世纪 80 年代末至 90 年代初,随着光纤通信和移动通信技术的发展,全球通信全面进入数字通信时代。光纤媒质和光通信设备的商业化普及,促进了光纤通

信在通信网、广播电视网、计算机网络以及其他数据传输系统中的广泛应用,也成为这些领域数字化改造进程中的重要技术支撑。2017 年,全球光纤光缆需求量达到 4.92 亿芯千米。截至 2019 年 6 月,中国超过 90% 的宽带用户使用光纤接入,规模达 3.96 亿户,居全球首位。光纤通信系统已经成为国家信息基础设施的重要基石并仍不断向超大容量、超长距离、超高速率方向发展,以满足人们对数字通信日益增长的多元化需求。

移动通信的规模化普及也弥补了光纤通信在移动性方面的不足,促进数字通信向移动化和泛在化方向的不断成熟、完善。从 1G 的模拟通信到 2G、3G、4G、5G 的数字通信,从体积庞大的"大哥大"到小巧玲珑的智能手机,从单一语音业务到数据多媒体业务,每次迭代都标志着数字通信技术的一次革新,体现了人类在通信方式的不断开拓与探索。

数字通信是通信学科发展过程中一个重要里程碑,它为通信、电子及计算机等技术的结合开创了条件。未来数字通信主要呈现出宽带化、无线化、智能化的发展趋势。

(1) 宽带化。超大容量、超大带宽、超高速率将是下一代数字通信发展的重要趋势。数字通信把原本割裂的电话网、传真网、数据网等合并成统一的电信网,电话、电报、传真、数据、图像等经过数字化处理后,可以利用相同的信号形式、交换和传输技术在同一张网上进行通信。随着高清视频、虚拟现实、云游戏等新型数据业务的发展,对带宽的需求越发强烈,万兆、十万兆的带宽接入将越发普及。

(2) 无线化。无线数字通信技术将由原来的辅助地位转变为主流通信方式。无线传输与有线传输相比更为灵活,不需要架设传输线路,部署方便。随着无线技术在可靠性和带宽性能上的不断提升,在某些制造业生产场景下,无线通信将逐渐取代有线通信。

(3) 智能化。通信网络将越来越多地承载实时性云业务,如视频电话、网络电视、远程医疗等。各类新兴的信息交互业务对数据通信网络的服务质量要求更加严格和细致,要求提供端到端的服务质量(quality of service,QoS)保证和更好的用户体验。新业务的发展要求通信网络具备高度智能化和业务感知能力;根据业务及用户需求实现通信资源的实时调配;高效地支持业务/应用的弹性扩展、就近服务,并保证服务质量;以软件定义网络(software defined network,SDN)技术、网络功能虚拟化(network functions virtualization,NFV)技术、人工智能等技术为基础,实现云网协同的通信能力提升。

4.2.4　数字通信技术在工业中的应用 ···□

随着制造业不断发展,传统的生产方式已经无法满足制造业复杂化、规模化、高效率的发展需求。数字通信技术的出现为通信、电子及计算机等技术在工业领域的结合开创了条件,成为连接工业生产物理系统与信息系统的基石。数字通信技术可以实现产品信息、工艺信息和资源信息的自由传输和交换,包括生产任务下达、控制指令下发、设备状态数据上传等。数字通信技术在工业领域的应用,实现了从单个机器到生产线、车间乃至整个工厂的互联互通,支撑产品全生命周期智能决策和动态优化,提升企业资产利用效率和运营管理效率,提高产品质量、降低生产成本。数字通信技术在工业领域的应用可分为工业有线数字通信和工业无线数字通信。如图 4-12 所示,数字通信技术在工厂

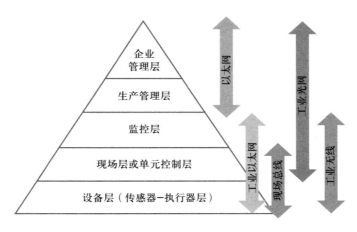

图 4-12 工厂内通信技术应用示意图

内的应用可划分为 5 层逻辑架构,不同层级对通信性能要求存在差异。企业管理及生产管理层级对通信的要求类似于传统网络,可直接使用以太网连接。监控层至设备层对可靠性和时延要求极高,需要使用现场总线、工业以太网等工业有线通信技术或者以WIA-PA(wireless networks for industrial automation process automation)、WirelessHART 及 ISA100.11 a 等为标准的工业无线通信技术。

1. 工业有线数字通信

工业有线数字通信是工厂内最广泛使用的通信技术。常见的工业有线数字通信技术包括现场总线、工业以太网等。

(1)现场总线。现场总线(fieldbus)是安装在生产区域的现场设备、仪表和控制室内的自动控制装置、系统之间的一种串行、数字式、多点通信的数据总线。现场总线可通过同轴电缆、双绞线、光纤和电源线等传输介质,以总线的连接方式把各种自动控制仪表、装置等作为节点连接成具有全数字通信功能的分布式控制系统,使得现场测控设备之间、现场设备与远程监控计算机之间实现数据传输与信息交互(图 4-13)。现场总线被广泛应用于制造业现场级控制网络。

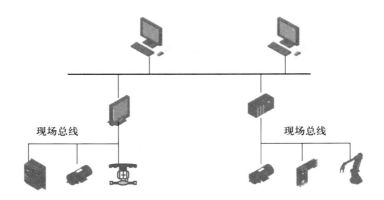

图 4-13 现场总线示意图

现场总线是 20 世纪 80 年代中后期随着计算机、通信、控制和模块化集成等技术发展而出现的一门技术。传统的工业控制系统采用并联的接线方式,PLC 与设备间通过两根线进行连接,作为控制和(或)电源。当 PLC 控制的电器元件数量越来越多时,采用这种并联的接线方式显得十分复杂。为此,人们考虑能否将那么多导线合并起来,用一根导线来连接所有设备,像计算机内部的总线一样,于是现场总线开始萌芽。经过 30 多年的发展,常见的现场总线技术已经达到几十种之多,包括 PROFIBUS、ModBus、CAN-BUS、DeviceNet、LonWorks、CC-Link 等。现场总线技术不但普遍存在带宽低、距离短、抗干扰能力较差等缺点,而且总线技术的开放性和兼容性不够,虽然现场总线的标准化工作一直在持续开展中,但至今仍未能从根本上实现统一,越来越影响工厂内海量设备和系统之间的互联互通。

(2) 工业以太网。工业以太网是随着商用以太网技术(即 IEEE802.3 标准)的不断成熟,将其优化后引入工业控制领域而产生的通信技术。工业以太网具有通信速率高、时延抖动可控、传输距离长等优点。工业以太网的出现很好地解决了不同厂商设备互联问题,并可以实现工业控制网络与企业信息网络的无缝连接,形成企业级管控一体化的全开放网络。工业以太网已经在工业自动化系统中的资源管理层和执行制造层取得了广泛应用,且不断呈现出向工业控制现场延伸的趋势。

工业以太网的本质就是通过以太网技术实现工业自动化。以太网最早出现于 20 世纪 70 年代,由于使用简单、价格低廉等特点,一经推出就在办公和商务市场上有了广泛应用,于是一些自动化厂商便将以太网引入工厂设备层。工业以太网在物理层和数据链路层都遵从 IEEE802.3 协议,在应用层和用户层进行自定义。为了满足工业领域对高实时性能应用的需要,各大公司和标准化组织相继提出各种提升工业以太网实时性的技术解决方案。比较有影响力的实时工业以太网有中国的 EPA、德国西门子公司的 PROFINET、美国罗克韦尔公司的 Ethernet/IP、德国倍福公司的 EtherCAT、德国施耐德公司的 ModBus_RTPS、日本横河机电公司的 Vnet 等十几种。这些协议都是在 802.3 以太网基础上加以改进的,提高了网络的传输效率和实时性,满足不同工业控制网络的性能要求。

(3) 工业光网。工业光网是采用光纤通信技术连接工业企业全生产要素的组网形式。工业光网不只是简单地将工业以太网或工业总线利用光纤进行信息传输,而是采用已在公用电信网络中广泛应用的光网络技术,如无源光纤网络(PON)、光传送网络(OTN)技术等,为用户提供兼具保障性和扩展性的光网组网方案。企业可以通过建设一张全光网实现工业网络的生产控制、园区监控、办公业务等的统一接入,完成人、机、物的全面互联,如图 4-14 所示。此外,还可以按照发展需要将工业光网与工厂内现有网络相结合,实现工业光网与工业以太网、5G、WiFi 等网络技术的融合组网。

在工业网络的众多网络技术类型中,工业光网凭借其高效、灵活、易管控等特点被高度关注。工业光网采用的光网络技术已在公众电信网络中广泛应用,具有深厚的实践基础。在工业场景下,工业企业可以通过一张工业光网连接工业生产、环境监控与信息管

案例 4-2:
全光
工业网

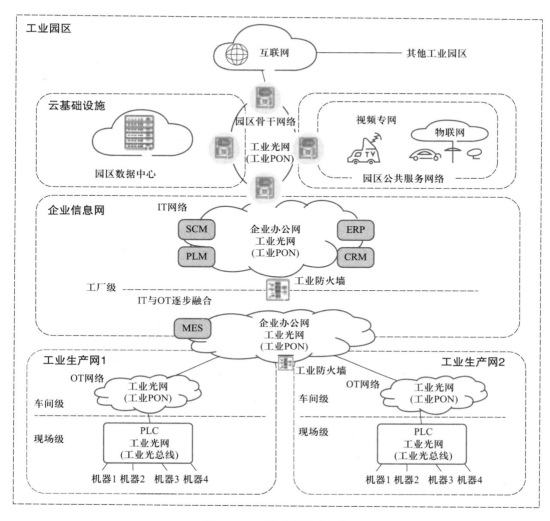

图 4-14 工业光网体系架构

理网络,降低了网络部署的层级和复杂性,为企业提供了高效、可靠的网络连接和数据互通能力。

2. 工业无线数字通信

在工厂内采用的无线数字通信可以消除线缆对车间内设备布置的限制与对人员的潜在危险,使工厂内环境更安全、整洁,且具有低成本、易部署、易使用、调整灵活等优点。工业无线数字通信技术主要集中在数据采集、生产监控等环节。生产控制领域特别是高速运动控制场景中,由于对实时性和可靠性有较高的要求,无线技术在此领域的应用比较少。未来随着无线技术本身的不断发展及在工业领域的渗透,工业无线数字通信将从单一的信息采集、监控等非实时控制场景向生产领域实时控制场景扩展,从物料搬运、库存管理等局部应用发展一网到底的解决方案。

无线通信技术在工厂中的应用为生产线的动态重构和全面数据采集提供了基础,

相对于有线网络有不可比拟的优势。但也不是任何一个无线技术都可以在工厂中使用。工业现场环境的复杂性对工业无线技术在抗干扰性、功耗、实时性、安全性方面都提出了更高的要求。工业无线数字通信领域形成了三大国际标准,分别是由 HART 通信基金会发布的 WirelessHART 标准、国际自动化协会(ISA)发布的 ISA100.11 a 标准和我国自主研发的 WIA-PA 标准。它们的性能指标比较见表 4-3。

表 4-3　主流工业无线数字通信标准的性能指标比较

名称	WirelessHART	ISA100.11 a	WIA-PA
系统规模	百点级	千点级	千点级
通信功率	10 mW	10 mW	10 mW/100 mW
通信可靠性	99% 以上,适用于工业现场	99% 以上,适用于工业现场	99% 以上,适用于工业现场
通信距离	室内 <100 m,室外 <300 m	室内 <100 m,室外 <300 m	室内 <300 m,室外 <1 000 m
通信时延	4 s	1 s	1 s
电池寿命	全网电池供电 5~10 年	端节点电池供电 3~5 年	全网电池供电 3~10 年
信息安全	AES128	AES128	AES128/中国自主的安全认证体系
有线集成	ModBus、Ethernet	支持全 IP 网络	ModBus、Ethernet

WirelessHART 标准是专门为过程测量和控制应用而设计的第一个开放的无线通信标准,满足了工业工厂对可靠、强劲、安全的无线通信方式的迫切需求。该通信标准是建立在 2.4 GHz 频段上的 IEEE 802.15.4 标准基础上的,采用直接序列扩频(Direct Sequence Spread Spectrum,DSSS)、通信安全与可靠的信道跳频、时分多址(TDMA)同步、信道黑名单等技术,支持源路由和图路由两种形式,数据传输上支持异常自动发送通知、数据包自动分段等多种报文模式。另外,WirelessHART 标准可以与现有的有线 HART 协议相兼容,让基于 HART 协议的有线设备和无线设备同时存在于一个设备内,在工厂自动化和过程自动化领域,填补了高可靠、低功耗及低成本的工业无线通信市场的空缺。基于 WirelessHART 标准的工业无线数字通信技术在电站、食品厂、化工厂、污水处理厂等工厂自动化和过程自动化领域的应用较为广泛,已有大量支持 WirelessHART 标准的网络设备和应用设备被研制出来,全球已在使用的 HART 设备超过 3 000 万台。艾默生公司、阿西布朗勃法瑞(ABB)公司等仪表和现场设备提供商已经推出了基于 WirelessHART 标准的模块、网关及仪表等设备。

ISA100.11 a 标准是第一个面向多种工业应用场景的开放性标准族,支持星形和网状拓扑等多种网络拓扑结构,并提供点对点重传、信道跳频、时分多址、载波监听多路访问等机制以保证可靠的通信传输。相比于其他工业无线通信技术,基于 ISA100.11 a 标准的工业无线通信技术可以通过无线基础结构传输各种常见的应用协议,通过骨干网对数据进行直接传输,减少传输跳数,并可以根据需求灵活地改变时隙长度和超帧长度等,可解决与其他短距离无线网络的共存性问题以及无线通信的可靠性和确定性问题,其核心技术包括精确时间同步技术、自适应跳信道技术、确定性调度技术、数据链路层子网路由技术和安全管理方案等,具有数据传输可靠、准确、实时、低功耗等特点。ISA100.11 a 标准已经被不少国外企业采用,在工业无线市场上取得了广泛的认可,日本横河电机公司和美国霍尼韦尔公司已经开发出了基于 ISA100.11 a 标准的中等规模的系统解决方案。

WIA-PA 标准是我国具有自主知识产权的工业无线通信标准。基于 WIA-PA 标准的通信技术是一种高可靠、超低功耗的智能多跳无线传感器网络技术,空间上支持星形和网状拓扑的混合结构以保证数据的可靠传输,时间上提供时分多址机制,频率上支持自适应频率切换、自适应跳频以及时隙跳频三种调频方式,架构上支持集中式和分布式的混合管理架构等,可以实现工厂自动化设备间实时可靠的信息传输。基于 WIA-PA 标准的工业无线数字通信技术可应用于石油、化工、冶金、环保等领域。在石化行业应用中,通过在现场设备加载基于 WIA-PA 标准的设备终端,实现对关键设备数据的无线传输,现场设备采集的数据直接接入现场分布式控制系统(DCS),实现了数据的实时存储与监控平台的远程实时监控。通过使用基于 WIA-PA 标准的工业无线数字通信技术,用户可以以较低的投资和使用成本,实现对工业全流程的"泛在感知",获取过去由于成本原因无法在线监测的重要工业过程参数,并以此为基础实施优化控制,达到提高产品质量和节能降耗的目标。

4.3　互联网技术

4.3.1　定义与技术原理

　　互联网是由使用公共语言互相通信的计算机连接而成的网络,即广域网、局域网及按照一定的通信协议组成的国际计算机网络。按照国际标准化组织(ISO)的开放系统互联参考模型(OSI 模型),互联网可划分为七层,每一层按照约定的协议进行通信,如图 4-15 所示。

　　物理层位于 OSI 模型的最底层,是构建网络的基础,为数据链路层提供建立、传输、释放所必需的物理连接,实现比特流在物理介质中的传输。数据链路层的功能是在通信实体间建立数据链路。由于实际通信过程中存在各种干扰,物理链路是不可靠的,数据链路层可以通过差错控制、流量控制等方法,使有差错的物理链路变为无差错的数据链路,提供可靠的通过物理介质传输数据的方法。网络层通过路由选择算法为分组选择最佳路

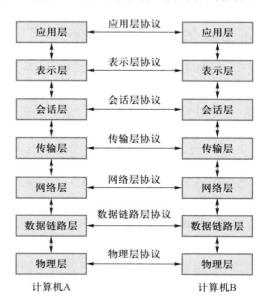

图 4-15　OSI 七层参考模型

径,从而实现拥塞控制、网络互联等功能。传输层在网络层的基础上为高层提供可靠的端到端差错和流量控制,保证数据的正确传输。会话层负责维护两个节点之间的传输连接,确保点到点传输不中断,实现管理数据交换等功能。表示层为在应用过程之间传送的信息提供表示方法的服务。应用层位于 OSI 模型的最高层,它是计算机用户以及各种应用程序和网络间的接口,负责完成网络中应用程序与网络操作系统间的联系,协调、监督、管理各类应用程序。

　　互联网是网络与网络之间按照一定的协议相连而形成的逻辑上的单一、庞大的全球化网络。互联网连接了世界上不同国家与地区使用的不同硬件、操作系统和软件的计算机及其他终端设备,实现无国界的信息共享,拓宽了人类信息获取的渠道,对人类经济社会产生巨大、深远的影响力。例如,我们最熟悉也最常用的因特网(internet)就是一种特定的互联网,是采用传输控制协议/互联协议(transmission control protocol/internet protocol,TCP/IP)构建而成的当今世界上最大的、开放的、由众多网络和路由器互连而成的特定计算机网络,拥有全球几十亿用户。

　　互联网促进了人类对数据价值的新认知。在数字化技术的基础上,互联网技术不仅重构了数据通信体系,也影响了数据的感知、计算和分析体系,整体上变革了数据处理闭环。一方面,互联网技术的整体性能远超传统数字化技术,仅 2020 年互联网产生的数据量就达到 44 ZB。另一方面,互联网技术驱动数据感知、计算和分析体系的重构,物联网、云计算、大数据等技术进一步提升了感知、通信、计算资源组织和管理能力,使这些技术和资源能够有效匹配爆炸性增长的数据处理需求。互联网具有全球化、开放、平等、透明等特性,作为新一代信息基础设施,互联网的影响力正在从价值流通环节向价值创造环节渗透,从消费互联网向产业互联网转变,有力地推动传统产业实现数字化转型,成为创新驱动发展的先导力量。互联网向传统产业延伸、渗透,促进了互联网与实体经济的结合。

4.3.2　互联网关键技术

　　如图 4-16 所示,互联网技术体系自底向上可以分为网络互联体系、数据互通体系。网络互联体系主要用于实体间网络通信,是实现数据传输的相关技术,包括互联网的 TCP/IP 技术、SDN/NFV 技术、5G 与移动互联网等新型网络技术。数据互通体系包括 DNS 域名解析服务,基于万维网/Web 实现应用的展示和服务等。

　　1. 网络互联技术

　　(1) TCP/IP 技术。作为互联网最基本的协议,TCP/IP 是定义电子设备接入互联网的方式以及数据在多个不同网络间传输方式的一系列协议的总称。TCP/IP 模型具有 4 层结构,分别是应用层、传

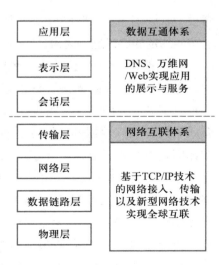

图 4-16　互联网技术体系

输层、网络层和网络接口层。

图 4-17 列出了 TCP/IP 模型与 OSI 参考模型的对应关系,两者在分层模块上稍有区别,TCP/IP 模型的应用层提供互联网应用程序,各类不同应用程序具有不同的数据格式,应用层需要对这些数据包结构进行规范,对应于 OSI 参考模型的应用层、表示层和会话层。TCP/IP 模型的传输层为源主机和目的主机之间提供端到端的数据传输服务,网络层负责数据的转发和路由选择,保证数据包到达目的主机,这两层分别对应于 OSI 参考模型的传输层与网络层。TCP/IP 模型的网络接口层提供了

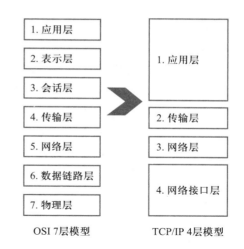

图 4-17 OSI 模型与 TCP/IP 模型的对应关系

网卡接口的网络驱动程序,实现了数据在物理媒介(比如以太网、令牌环等)上的传输,对应于 OSI 参考模型的数据链路层和物理层。

在通过 TCP/IP 技术体系实现全球互联的过程中,互联网接入技术至关重要。互联网接入技术是用户终端与互联网连接方式和结构的总称。任何需要使用互联网服务的用户终端必须使用某种互联网接入方式才能与互联网进行通信。接入技术主要解决的是终端用户与互联网连接时的带宽问题。如图 4-18 所示,接入方式由原来单一的电话线拨号接入发展为光纤接入、无线接入、移动接入等多种方式,接入带宽也从 56 kbps 发展到千兆带宽。互联网接入技术的不断发展为用户提供了多元化的接入方式,为实时高速使用互联网各类资源提供了便利。

(a) ADSL　　　　　(b) FTtx光调制解调器　　　　　(c) Wi-Fi AP　　　　　(d) 蜂窝基站

图 4-18 互联网接入技术

(2) SDN/NFV 技术。软件定义网络(SDN)和网络功能虚拟化(NFV)是两个紧密相关的技术,通常会并存在一起。SDN 技术是一种新型网络创新架构,其核心技术是将网络的控制平面和转发平面分离,通过开放可编程接口向业务应用开放调用网络资源的能力,从而实现网络流量的灵活控制和资源的高效使用。开放性、虚拟化、可编程是 SDN 技术的核心理念,已成为全球产业界的共识。NFV 技术的目标是通过基于行业标准的 x86 服务器、存储和交换设备,来取代通信网私有专用的网元设备,通过软硬件解耦及功能抽

象,使网络设备功能不再依赖于专用硬件,资源可以充分灵活共享,实现新业务的快速开发和部署,并基于实际业务需求进行自动部署、弹性伸缩、故障隔离和自愈等。硬件通用化、网络功能软件化和虚拟化是 NFV 技术的三个重要特征。

本质上,SDN 与 NFV 是两种完全独立的技术。SDN 技术负责网络本身的虚拟化(比如,网络节点和节点之间的相互连接),优化网络基础设施,作用范围在 OSI 模型的第 2、3 层。NFV 负责各种网元的虚拟化,优化网络的功能,作用范围在 OSI 的第 4~7 层。但两者的目标都是通过解耦方式提升系统的灵活性,能够相互促进并协同应用。采用 SDN/NFV 技术后,网络底层只负责数据转发,可由廉价通用的互联网设备(大容量服务器、大容量存储器、大容量以太网交换机)构成。网络上层负责集中控制功能,由独立软件构成,网络设备种类与功能由上层软件决定,通过开放编程接口实现远程、自动配置和运行。

(3) 5G 与移动互联网技术。如图 4-19 所示,5G 作为第五代移动通信技术,其目标是提高数据传输速率、减少延迟、节省能源、降低成本、提高系统容量,实现大规模设备连接。5G 网络大带宽的特性可用于高清视频、虚拟现实等大数据量传输;高可靠、低时延的特性,可用于自动驾驶、工业控制等对实时性要求高的应用场景;超大网络容量特性使得 5G 网络具有供千亿设备的连接能力。我国蜂窝移动通信技术起步虽然晚,但在 5G 的研发上已经处于世界领先地位,并在 5G 的国际标准化舞台上掌握了重要话语权。2019 年 11 月 1 日,我国三大运营商正式上线 5G 商用套餐,这标志着我国的移动通信已经进入 5G 时代。

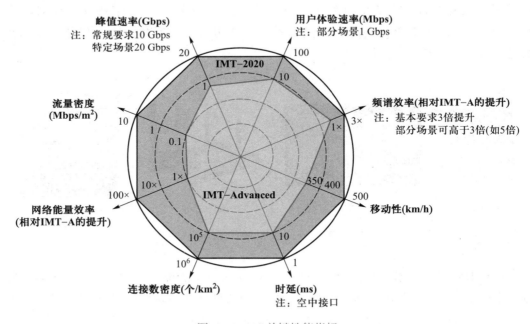

图 4-19　5G 关键性能指标

移动互联网是用户使用手机、无线终端等设备通过移动通信网随时、随地访问互联网,以获取信息,进行商务、娱乐等各种网络服务。移动互联网关键技术主要集中体现在移动终端、移动网络通信技术和应用服务技术这三方面,其中移动网络通信技术的发展极大促进了移动互联网的应用普及。2G 网络时代,受限于网速和手机智能化程度,移动互联网处在一个简单的应用期。随着 3G 网络大规模部署和智能手机的出现,初步解决了手机上网带宽的限制,移动智能终端丰富的应用软件也让移动上网的娱乐性得到提升。4G 网络的大规模部署将移动互联网发展推上了快车道,上网速度得到了大幅度提升,移动应用场景也越发丰富,涵盖移动社交、移动购物、旅游出行、移动音乐、新闻资讯、金融理财、图像服务、手机游戏、移动视频和数字阅读等领域。移动互联网"精准、全量、个性、主动"的新型服务模式,改变了传统互联网思维,促进了移动互联网商业模式不断成熟与完善。随着 5G 商用化的大规模部署,5G 与移动互联网的结合,将赋予移动互联网更大的变革,推动移动互联网向万物互联的时代发展。

2. 数据互通技术

(1)地址与域名技术。IP 地址也叫逻辑地址,互联网上每台主机都会分配到一个唯一标识,即主机的 IP 地址。IP 地址不方便人们使用和记忆,为此互联网采用另一种字符型地址,即域名地址。通过域名系统(domain name system,DNS)可以进行 IP 地址与域名地址间映射解析。

域名系统由域名空间与资源、域名解析系统构成,包括了根服务器、顶级服务器(通用顶级域名、国家顶级域名)、权威服务器、递归服务器等基础设施,能够开展正向解析(域名→IP 地址)、反向解析(IP 地址→域名)和域名查询(域名→注册信息)等服务。域名系统作为 IP 层与应用层之间的桥梁,已经是互联网应用的重要基础,成为访问互联网的"钥匙"。

图 4-20 所示,在浏览器地址栏输入想要访问网址的统一资源定位符(uniform resource locator,URL)后,互联网上实际进行了域名与地址转换的过程。在输入统一资源定位符后,浏览器会从中抽取出域名字段,发送给计算机或手机上的 DNS 客户端。DNS 客户端向 DNS 服务器端发送一个域名解析请求,不久它就能收到由 DSN 服务器发回的带有 IP 地址的 DNS 回答报文。浏览器便向该 IP 地址定位的服务器发起 TCP连接。

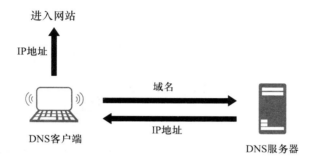

图 4-20　DNS 解析过程

(2) 标识及其解析技术。随着互联网的发展,除主机以外,越来越多的实体对象需要借助网络实现信息的互通和共享,例如印刷电路板的印制借助激光切割机标识、原材料覆盖膜标识从远端系统获取匹配的工艺方法,减少人工调试时间,提升生产效率。标识解析的快速资源定位、跨系统信息获取和分布式数据存储的功能,成功打破地区、行业、企业间对工业数据的来源、流动过程、用途等信息的数据壁垒。

标识解析技术包括标识编码、标识解析和数据服务三个主要技术。标识编码不同于网络域名,主要面向产品、机器等物理实体和工艺、算法等虚拟实体。编码规则一般不需要考虑用户友好性,应当遵循唯一性、语义性、简易性、可扩展性原则,具备辨别对象、适配不同载体、适应解析协议的能力。所谓标识载体是指条形码、射频标签、通用集成电路卡等承载标识编码的符号或装置。标识解析的核心是改变原先直接访问本地数据库获取信息的方式,通过解析机制获取对象的信息服务地址,并进一步查询对象信息,减少多系统数据同步带来的信息冗余和资源浪费。数据服务是指使用统一的模型,规范化描述标识对象的属性信息、业务数据等,使得查询到的对象信息能够被机器语言理解和使用。标识解析过程如图 4-21 所示。

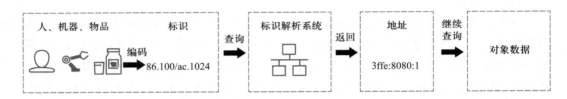

图 4-21 标识解析过程

在工业实际应用中,用户在客户端发起了一个查询请求,服务器端将通过标识编码和解析协议定位到这段代码对应信息的存储位置,并返回标识关联信息。图 4-22a 所示

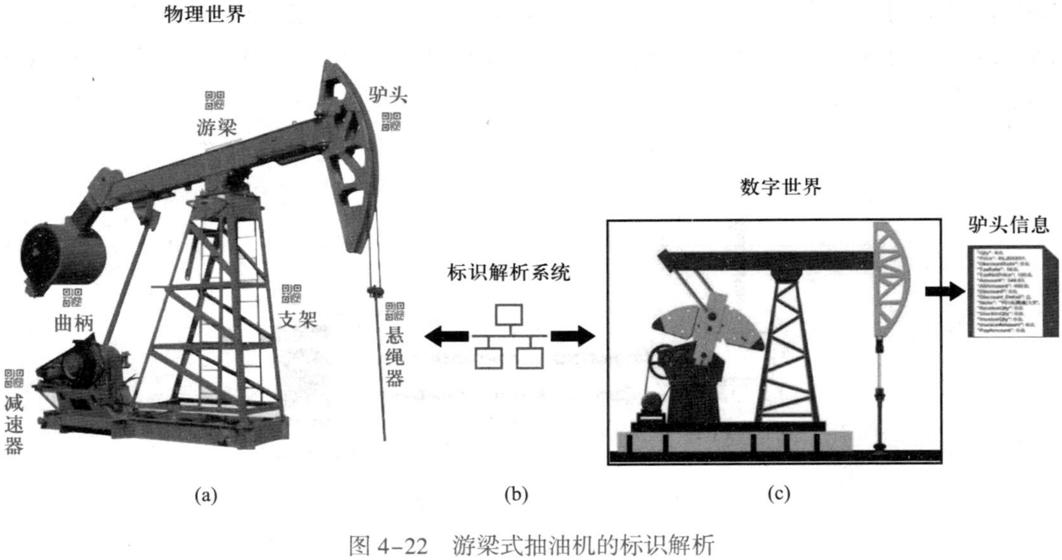

物理世界

游梁   驴头

曲柄   支架

悬绳器

减速器

标识解析系统

数字世界

驴头信息

(a)   (b)   (c)

图 4-22 游梁式抽油机的标识解析

是石油勘采行业常用的游梁式抽油机,通过标识编码将抽油机的每一个部件,例如游梁、驴头、曲柄、减速器,进行赋码,保证部件标识的唯一性,同时将部件的属性信息、业务数据等进行规范化描述,当利用标识解析系统查询代表驴头的二维码时,即可返回驴头的属性信息和业务数据等,实现物理世界与数字世界的实时化连通。

(3)万维网/Web 技术。万维网(World Wide Web,WWW)也称为 Web 技术,是基于客户机/服务器方式的信息发现技术和超文本技术的总称。Web 技术可以实现计算机网络内容的互联和共享。超文本标记语言(hyper text markup language,HTML)、统一资源标识符(uniform resource identifier,URI)和超文本转移协议(hyper text transfer protocol,HTTP)是 Web 技术的核心体系结构。HTTP 规定浏览器和万维网服务器之间互相通信的规则。HTML 作用是定义各类文件的结构和格式,包括文字、图片、动画、链接等,从而统一网络上的文档格式,将分布在不同地理位置的信息资源连接成一个逻辑整体。统一资源标识符(URI)是用于标识某一互联网资源名称的字符串,常见形式有统一资源定位符(URL)和统一资源名称(uniform resource name,URN)。Web 主要通过 URL(简称网页地址)实现 HTML 文档、图像、视频等资源的定位及访问,通过 HTML 描述信息资源,通过 URI 定位信息资源,通过 HTTP 协议请求信息资源,这是互联网能够有效处理和展示数据的核心。

在地址与域名技术中介绍了域名解析的过程。浏览器获得 IP 地址后便可以建立 TCP 连接,发起 HTTP 请求。服务器端响应 HTTP 请求,浏览器得到 index.html 文件后,通过解析 html 代码,并对页面进行渲染后呈现给用户,如图 4-23 所示。

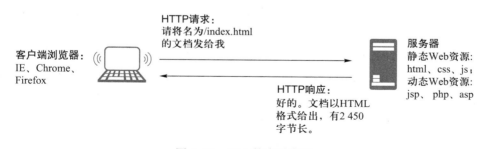

图 4-23 Web 技术示意图

4.3.3 互联网技术发展趋势

互联网的发展经历了萌芽期互联网、桌面互联网和移动互联网三个发展周期。

(1)萌芽期互联网。这一时期的互联网以大型机、小型机等传统计算机为载体,作为学术机构的数据传输工具。互联网在这个时期构建了自身的技术基础,又可以细分为三个阶段。

① 互联网概念的诞生。20 世纪 60 年代末到 70 年代,由小型计算机连成的实验性的网络,提高了系统的计算能力,促进了资源共享,产生了计算机间大规模数据通信的需求。1969 年建成的第一个远程分组交换网阿帕网(ARPANET)被公认为全球互联网的始祖。1971 年,阿帕网逐步连接了 15 个学校和科研机构。

② 技术基石的奠定。1974 年,罗伯特·埃利奥特·卡恩(Robert Elliot Kahn)和文特·瑟夫(Vint Cerf)一起采用"分组交换"理论设计出了传输控制协议(TCP/IP),正式定义了计算机网络间传送数据的方法。1986 年,美国国家科学基金会基于 TCP/IP 协议创建了超级计算机中心与学术机构之间的互联网络,性能由最初的 56 kbps 发展至 45 Mbps。

③ 应用基础的夯实。1989 年,蒂姆·伯纳斯 – 李(Tim Berners–Lee)首次提出万维网协议,定义了网站这种展示工具,将浩如烟海的各类信息组织在一起,通过浏览器的图形化界面呈现给用户,大大降低了信息交流与共享的技术门槛。其后,超文本传输协议(HTTP)、超文本标记语言(HTML)、网络浏览器、网站陆续出现,到 1995 年互联网实现商业化。

(2) 桌面互联网。在这个阶段,互联网以个人计算机为核心载体,在技术层面逐步颠覆传统通信网络,在应用层面带动产生了社交媒体、电子商务等创新模式。

在技术方面,TCP/IP 协议凭借其简单、开放、方便、去中心化的特点,伴随着路由器技术、光传输技术的蓬勃发展,逐步成为网络协议的主流。

在应用方面,桌面互联网经历了两个阶段。

① web1.0 时代。网站的数量和种类出现爆发式增长。1994 年,雅虎和亚马逊诞生;1996—1997 年,新浪、搜狐、网易成立;1998—2000 年,谷歌、腾讯、阿里巴巴、百度相继成立。这段时期互联网发展以门户网站模式为主,门户网站将网络上各种信息资源加以分类、整理并提供搜索引擎,让用户通过网页进行查看。门户网站靠网站广告维持生存,向用户提供免费的内容服务,这种最初的商业模式奠定了互联网免费、开放、共享的发展方向。但在经历了 2000 年网络泡沫危机后,各大门户网站纷纷开始转型,探索新的多元化增值服务。

② web2.0 时代。进入 21 世纪,网络技术性能的提升,为互联网应用的丰富和拓展创造了条件,互联网开始向更深层次的应用领域扩张。2001 年,维基百科成立;2004—2006年,Facebook、YouTube、Twitter 相继问世,以博客、微博等为代表的具有自组织、个性化特性的新应用使普通用户可以成为互联网内容的创造者、发布者和传播者。这种社交模式激发了公众参与的热情,网络内容日益繁荣。

(3) 移动互联网。能随时随地获取信息是人类梦寐以求的事情,这也体现在互联网的发展历程中。2007 年,史蒂夫·乔布斯(Steve Jobs)发布第一代苹果 iPhone 手机;2008 年,谷歌发布 Android 系统,奠定了"移动智能终端+移动操作系统"两大移动互联网生态关键要素,标志了移动互联网的正式兴起,开启了以移动智能终端为核心载体的互联网时代。在这个阶段,网络技术实现了从有线到无线的历史性跨越,进而带动了应用从桌面走向每个人的身边,实现 7×24 小时不间断的覆盖。

移动互联网规模化发展不断创造新增价值和潜在需求,促进经济整体增长。在零售领域,淘宝、京东、拼多多等电商不断提升购物体验,销售规模已经超过我国任何一家连锁零售巨头,并带来外卖、团购、线上商超等新业态和服务模式。在电信领域,微信等即时通信软件替代了短信、通话等传统电信业务,在提升通信便捷性的同时,大幅降低沟通成本。在传媒领域,微信公众号、今日头条等应用改变了人们通过报纸、杂志、电视获取信息的传统方式,抖音、小红书等也让更多的普通人能够成为内容的创造者,带动了媒体行业整体跃升。

　　互联网经历了半个多世纪的发展,应用不断创新,从单一的收发邮件、查看新闻发展为电子支付、视频直播等多元化信息交互方式。受众也从研究院校、政府机关向民众普及,其业务模式、商业模式也在不断地进化完善中。在发展初级阶段,互联网是面向虚拟社会的,解决的是传统产业信息不对称的问题。在发展高级阶段,互联网应该实现虚拟社会向实体社会的回归,成为实体信息世界的客观反映。互联网未来发展呈现出去中心化、算网融合和虚拟化的趋势。

　　(1) 去中心化。去中心化成为 Web3.0 的发展目标。通过构建去中心化的可信网络,数据实现分布式存储,在推动数据平权,打破数据垄断的维度下,促进大数据分析、人工智能、搜索引擎对网络内容进行智能分析,为用户提供更为个性化的互联网信息资讯定制。

　　(2) 算网融合。算网融合成为互联网发展的另一种趋势。互联网业务基础逻辑将从"感知"跃进至"理解与决策",逐步具备自主"认知"能力。互联网上数据的价值将被进一步开发。对数据进行挖掘、分析、再造,建立起数据间的连接,实现基于语义的智能网络,从而为互联网用户提供全面、高效的个性化、精准化服务,提升业务体验。随着虚拟现实技术及产品的日趋成熟,网络、计算、显示的一体化将模糊虚拟与现实的边界,驱动互联网业务全面进化,进而重构互联网业务生态。

　　(3) 虚拟化。虚拟化技术将组成互联网的网络硬件与其上运行的逻辑网络解耦,通过引入抽象的虚拟化物理网络资源使得网络管理异常灵活,实现定制化及细分服务。互联网经历了几十年的成长,巨大的规模以及端到端的设计原则使得其结构的升级优化显得非常复杂,通过虚拟化的途径,能够在一个基础网络上支持多种样式的互联网形式,以最小的建设成本,适应未来潜在的发展需求。

4.3.4　互联网技术在工业中的应用

　　网络化技术的发展促进了世界范围的大连接,也激发了传统制造业对新型网络化生产模式的探索。企业通过互联网突破了单个企业的物理边界及信息孤岛,实现了上下游企业间业务数据的交互,发展出协同设计、协同制造、供应链协同等一系列新型生产组织方式,也帮助企业更好地对接用户和监测产品运行状态,形成个性化定制、远程运维等新型服务模式。

　　网络互联主要实现工业场景下关键要素间的泛在互联及数据传输,是工业互联网网络体系的重要组成部分,主要包括 5G、时间敏感网络(TSN)、工业 SDN 为代表的新型工业网络技术。信息互通使得异构系统在数据应用层面能相互"理解",从而实现数据互操作与信息集成。标识解析是支撑网络互联互通和信息共享共用的基础。

　　1. "5G+工业互联网"

　　"5G+工业互联网"是指利用 5G 为代表的新一代信息通信技术,构建与工业深度融合的新型基础设施、应用模式和工业生态。"5G+工业互联网"通过 5G 技术对人、机、物、系统等的全面连接,构建起覆盖全产业链、全价值链的全新制造和服务体系,为工业乃至产业数字化、网络化、智能化发展提供了新的实现途径,助力企业实现降本、提质、增效、绿色、安全发展。

从技术性能上来看,相比于 4G 等传统移动通信技术,5G 在通信速率、通信时延、连接密度和可靠性方面能更好地满足工业场景需求。如在通信速率方面,5G 的上行速率达到 10 Gbps,下行速率达到 20 Gbps,提升了数倍甚至数十倍。在通信时延方面,5G 实现空口 1 ms 的低时延。

从对工业场景需求适配性上来看,5G 已经能够满足除运动控制、协同控制外的大部分场景需求,例如流程自动化闭环控制、过程监控、增强现实、控制系统间通信、PLC 控制指令下达、AGV 远程操控、重型机械移动控制等。5G 与边缘计算、AI、AR/VR 一系列技术组合,创造全新应用场景并释放巨大价值空间。如"5G+边缘计算"推动算力下沉到工业现场,催生边缘数据分析、设备预测性维护等应用;"5G+AI"推动边云协同质量检测、无人驾驶等应用升级演进;"5G+AR/VR"支持辅助诊断、辅助装配、虚拟培训等全新场景。未来,在 5G 与其他信息化技术综合作用下,工业互联网网络体系将会发生巨变,由传统的以控制为核心,向控制、回传、计算并重的新型网络体系转变。5G 可有效解决工业有线技术移动性差、组网不灵活、部署困难等问题,突破现有工业无线技术在可靠性、连接密度、传输能力等方面的局限,不断提升工业互联网网络基础能力。世界各国高度重视 5G 在工业领域的应用。在我国,自"5G+工业互联网"512 工程实施以来,行业应用水平不断提升,在电子设备制造、装备制造、钢铁等 10 大行业率先发展,培育形成协同研发设计、生产单元模拟、远程设备操控等 20 大典型应用场景,全面助力企业数字化转型。

案例 4-3:"5G+工业互联网"典型应用行业和场景

机器视觉质检是 5G 应用在工业现场的一个典型场景,具体是指在生产现场部署工业相机或激光扫描仪等质检终端,通过内嵌 5G 模组或部署 5G 网关等设备接入 5G 网络,实时拍摄产品质量的高清图像,通过 5G 网络传输至专家系统,由专家系统基于人工智能算法模型进行实时分析,对比系统中的规则或模型,判断物料或产品是否合格,实现缺陷实时检测与自动报警,为质量溯源提供数据基础。

2. 时间敏感网络(TSN)

时间敏感网络(TSN)是面向工业智能化生产的一种具有有限传输时延、低传输抖动和极低数据丢失率的高质量实时传输的网络。它基于标准以太网,凭借时间同步、数据调度、负载整形等多种优化机制,来保证对时间敏感数据的实时、高效、稳定、安全传输。时间敏感网络原本是为了解决音频、视频网络中数据实时同步传输的问题,但随着其功能不断增强逐渐得到工业界的广泛认可。在传统工业生产环境中,机器控制、流程控制等工业场景对实时通信有着迫切需求,以保证高效和安全的生产流程。满足该要求的通常做法是,修改工厂内网络的以太网协议或者在关键生产流程部署独立的专用以太网络。然而,这种方式存在互通性、扩展性和兼容性不够等问题。这些问题在从传统工厂控制网络升级到工业互联网的过程中日益明显。时间敏感网络为解决这个难题提供了有效的解决方案。

时间敏感网络技术用以太网物理接口进行工厂内部的有线连接,基于通用标准构建工业以太网数据链路层。作为底层的通用架构,为实现传统运营技术(operational technology，OT）网络与信息技术（IT）网络的融合提供了技术基础，不仅为打破封闭协议主导的产业模式提供了可能，提高了工业设备的连接性和通用性，并且为包括大数据分析、智能机器在内的新业务提供了更快的发展路径，使得工业互联网网络技术和产业生态变得更为开放和富有活力。

时间敏感网络初步主要满足工厂OT网络设备的互联互通以及OT网络和IT网络互联的需求。在OT网络内部，根据网络架构和交换机在网络中的位置，可以分为工厂级、车间级、现场级应用。图4-24为时间敏感网络（TSN）在制造工业场景中的网络拓扑图。

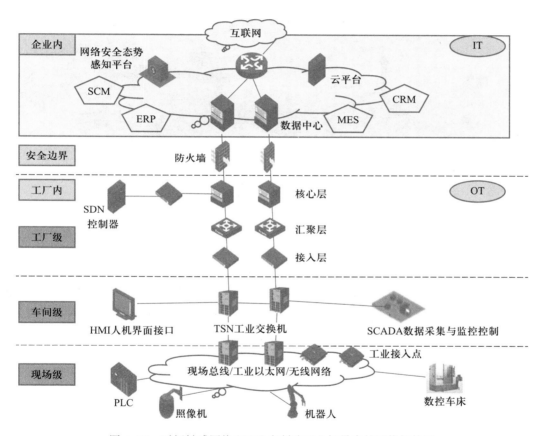

图4-24　时间敏感网络（TSN）在制造工业场景中的网络拓扑图

时间敏感网络能够保持控制类、实时运维类等时间敏感数据的优先传输，从而确保实时性和可靠性。其大带宽、高精度调度又可以保证各类业务数据共网混合传输，可以更好地将工厂内部现场存量工业以太网、物联网及新型工业应用连接起来，根据业务需要实现各种数据模型下的高质量承载和互联互通。时间敏感网络基于SDN的管理架构将极大提升工厂网络的智能化灵活组网能力，以满足工业互联网时代的多业务、海量数据共网传输的要求。

案例 4-4：
时间敏感
网络

3. 工业软件定义网络(SDN)

工业 SDN 是 SDN 技术在工业领域的一项分支技术。工业 SDN 由多种协议的终端设备、可编程的工业 SDN 交换机和集中式的工业 SDN 控制器构成。如图 4-25 所示,终端设备通过北向接口向工业 SDN 控制器提交数据的流量特征和传输需求;集中式的工业 SDN 控制器根据数据的流量特征和传输需求,生成工业 SDN 网络的转发规则,通过标准化的南向接口下达到工业 SDN 交换机中进行执行。

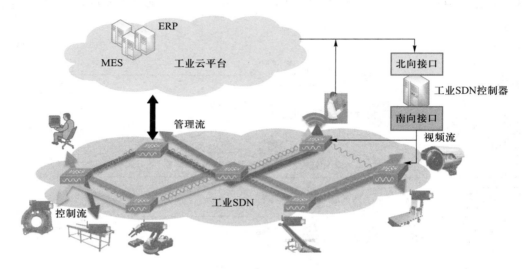

图 4-25 工厂内的软件定义网络

工业 SDN 的核心是通过软件定义的方式,对交换机等网络设备进行管理和配置,同样也可以支持面向未来的时间敏感网络设备。工业 SDN 能够支持 IT 设备和 OT 设备的统一接入和灵活组网,为 IT 业务提供高带宽的传输保障,并为 OT 业务提供端到端实时性的保障。工业 SDN 还可以对 IT 设备和 OT 设备和数据进行统一的监控和管理。

工业 SDN 在能够保证工业控制实时性与可靠性的前提下,提高了网络的灵活性,适用于生产设备经常发生变化的场景,比如,由功能独立的各个功能单元按照一定的生产顺序组成的柔性制造生产线,每个功能单元可以根据生产需要被添加、删除或者移动,用户可以根据生产需要组合各个功能单元组织生产。当一个新的生产订单需要开启时,通过生产线功能单元的自动配置,柔性制造生产线实现生产线重组以及网络重构,以快速投入新的生产。生产设备的管理和控制逻辑发生变化,进而影响设备之间的通信关系。与传统工业控制网络往往需要重新组网不同,工业 SDN 可以支持设备的灵活组网,重新组网之后的管理和控制业务同样可以得到相应的传输保障。工业 SDN 具备网络的统一接入和管理能力,能够快速发现设备重新组网时出现的问题,指导现场人员快速进行处理。

4. 工业互联网标识解析体系

工业互联网标识解析体系可实现工业要素的标记、管理和定位,通过为物料、机器、产品等物理资源和工序、软件、模型、数据等虚拟资源分配标识编码,实现物理实体和虚拟对象的逻辑定位和信息查询,支撑跨企业、跨地区、跨行业的数据共享共用。

工业互联网标识解析体系应用于如下典型场景。

(1) 智能化生产。电子行业一直存在三个痛点:一是原材料管理成本高;二是生产前调试耗时耗力;三是依赖于操作员专业素质,质量把控难。电子行业采用工业互联网标识解析体系,可以打造高效、精益的现场实时生产管理,提高生产效率与透明度。如图4-26 所示的电子行业激光设备覆盖膜智能切割,其工艺流程如下:

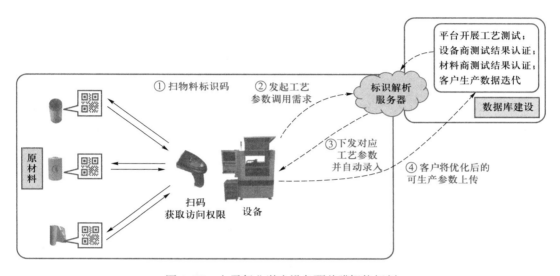

图 4-26　电子行业激光设备覆盖膜智能切割

第一步,扫描物料的标识;

第二步,向标识解析服务器发起工艺参数调用需求(希望获取同型号切割机最优工艺参数);

第三步,标识解析服务器下发数据库中的对应工艺参数(建立切割机标识、覆盖膜标识和工艺参数标识的关联关系,并自动录入到企业数据库,实现原材料快速匹配,提高生产效率);

第四步,客户将优化后的可生产参数上传。

(2) 数字化交付管理。以石化行业为例,在勘探开采方面一直存在两个痛点:一是开采设备零部件协同管理要求高;二是开采物资交付成本高且效率低。石化行业采用工业互联网标识解析体系,可以实现对大型生产设备的数字化交付和地面工程数字化交付。图 4-27 所示的石化行业大型生产设备的数字化交付流程如下:

第一步,注册设备标识,将设备的技术参数、相关电子文档加载到标识信息中,关联完成后将标识打印在设备铭牌上,随同设备一同交付至采油现场;

第二步,当设备送达现场,企业对实物资产进行初步验收,扫码查看由设备生产厂家提供的数据信息,逐一审核后方可完成验收;

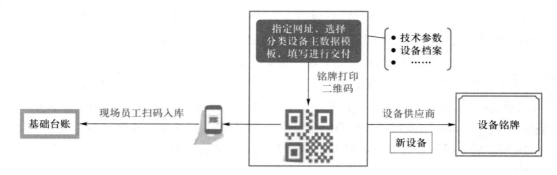

图 4-27　石化行业大型生产设备的数字化交付

第三步,验收完成后,数据资产自动验收入库,将设备信息、地理定位以及管理人员等信息进行自动关联。

图 4-28 所示的石化行业地面工程数字化交付,流程为:以地面工程安装交付过程为对象,将所有管材、阀门、管件等均赋予唯一标识,关联施工过程中的设备安装、焊口焊接、施工环境、施工人员等全过程数据,严控施工过程、管控项目进度、追溯施工质量,为后期工程运营提供运维数据支撑。

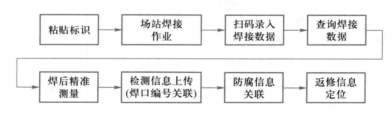

图 4-28　石化行业地面工程的数字化交付

5. OPC UA

开放性生产控制和统一架构(OPC unified architecture;OPC UA)是 OPC 基金会为自动化行业及其他行业制定的用于数据安全交换的互操作性标准,是一套安全、可靠且独立于制造商和平台的,可使不同操作系统和不同制造商设备之间进行数据交互,适用于工业通信的数据交互规范。OPC UA 为工厂车间和企业之间的数据和信息传递提供一个与平台无关的互操作性标准。

工业互联网需要在企业内部实现各环节信息的无缝链接,沿信息流,进行设备层、自动控制层、制造执行层至企业管理层的纵向集成。如果不采用 OPC UA 规范,MES、ERP等系统所需要的数据也是可以被采集到的,但工作量非常巨大,需要在连接各种通信总线,编写不同厂商、不同操作系统的驱动,测试数据接口,定义数据含义,保障数据安全等方面投入大量的人力和物力,而且现场的复杂度远超想象,很多协议也并非开放的,很多设备数据在定义时缺乏统一规划,异构数据无法兼容。面对工厂中各种生产设备的异构接口以及信息模型异构的问题,OPC UA 通过地址空间建模以及面向服务的架构为搭建智能工厂提供了解决方案,更稳定地获得基础数据供上层信息系统使用,为各种远程监控或控制、大数据分析提供数据源。OPC UA 还正在积极考虑与时间敏感网络(TSN)等技术进行结合,提高数据互联的实时性和可靠性,并向现场设备端延伸。

  OPC UA 可以应用在所有自动化层面上,包括人机界面、现场智能设备以及企业高级应用,如 MES、ERP 等。OPC UA 可以方便不同系统间完成信息兼容。图 4-29 展示了 OPC UA 在工厂内的部署。设备层采用嵌入式 OPC UA 组件或支持 OPC UA 的终端,信息可以安全、可靠地从制造执行层传输到企业管理层的 ERP 系统中。设备层的嵌入式 OPC UA 服务器和企业管理层中 ERP 系统内的集成式 OPC UA 客户端,直接相互连接。同时,OPC UA 可以将历史数据上传至云端,实现数据的远端管理。OPC UA 提供了一个具有超高统一性、跨层安全性和可扩展的架构,从而确保了信息的双向连通。

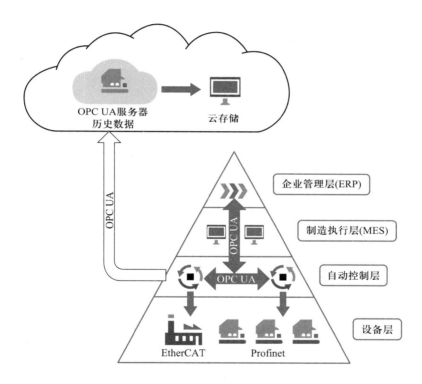

图 4-29　OPC UA 在工厂内的部署

思　考　题

4-1　什么是数字通信? 数字通信有哪些优缺点?

4-2　简单描述数字通信系统的一般模型中各组成部分的主要功能。

4-3　传统的以太网技术为什么不能直接应用于工业场景?

4-4　互联网为什么要采用分层次的结构？试举出一些与分层体系结构技术思想相似的日常生活例子。

4-5　简述互联网发展各个阶段的重要特征及未来发展趋势。

4-6　时间敏感网络通过哪些机制保障工业场景下所需的实时、高效、稳定、安全传输？

云计算与大数据技术

5.1 概　　述

在"互联网+"时代,云计算已然成为数字经济时代的基础设施,为各个行业提供多样化的解决方案,满足用户不同的业务需求。云计算通过开放的标准和服务,以互联网为中心,提供安全、快速、便捷的数据存储和网络计算服务。在云计算步入成熟应用期的同时,边缘计算技术应运而生,通过其低时延和邻近性的特性,与云计算相辅相成,共同助力企业的快速高效发展。

数据在信息时代的日常生产、生活中同样扮演着越来越重要的角色。人们日常生活的线上化、各类电子设备的网络化,产生了蕴含着大量价值的人和设备的行为数据,这些数据的数量也在与日俱增。为了更好地收集、存储、处理和使用这些大量、类型复杂、高时效性且高价值的数据,大数据技术应运而生。云计算和大数据相辅相成,大数据的实现要以云计算为基础,而云计算的应用则离不开大数据对众多数据的高质量处理和分析。

在制造业领域中,存在大量通过云计算与大数据技术进行赋能的案例,云计算与大数据技术也成为了智能制造的重要组成部分。本章将聚焦云计算与大数据的定义与技术原理、关键技术及其在工业中的应用。

5.2 云计算与边缘计算技术

5.2.1 定义与技术原理

云计算(cloud computing)是分布式计算的一种,它通过网络"云"将巨大的数据计算处理程序分解成无数个小程序,利用由多个服务器组成的系统处理和分析这些小程序得到结果并反馈给用户。

早期的云计算就是简单的分布式计算,解决任务分发问题,并进行计算结果的合并,实现在很短的时间内(几秒钟)完成对数以万计的数据的处理,从而提供强大的网络服务。现阶段所说的云服务是由分布式计算、效用计算、负载均衡、并行计算、网络存储、热备份冗余和虚拟化等多种计算机技术混合演进并整合而成的新型计算模式。

在这种模式下,云服务商通过网络将分散的计算、存储、应用平台、软件等资源集中起来形成共享的资源池,并以动态按需和可度量的方式向用户提供。云计算具有超大规模、虚拟化、高可靠性、通用性、可扩展性、按需服务和低成本性等显著特点。用户使用云计算服务,就像用水、用电一样,不用建设和维护自有的物理设备,只需按需获取、按量计费,方便快捷。

边缘计算(edge computing)是随着云计算技术的不断发展衍生出的新型计算模式,通过在靠近物或数据源头的网络边缘侧,为应用系统提供融合计算、存储和网络等资源。边缘计算是一种智能技术,通过在网络边缘侧提供这些资源,满足行业在敏捷连接、实时业务、数据优化、应用智能、安全与隐私保护等方面的关键需求。边缘计算具备邻近性、低时延、高带宽和分布性等特点,可以有效解决传统云计算模式下存在的高延迟、网络不稳定和带宽占用等问题,通过数据本地采集、分析和处理,能够有效减少数据暴露在公共网络的机会,从而有效保护数据隐私。

边缘计算和云计算具备高度关联的协同关系,两者可以被理解为整体和局部的关系:云计算把握整体,聚焦非实时、长周期数据分析,在周期性强的领域发挥优势;边缘计算则专注于局部,聚焦实时、短周期的数据分析,在实时、智能化处理的领域发挥优势。两者相互协同,实现业务的全面、高效处理。

随着国家在5G、工业互联网等领域的支持力度不断加大,边缘计算的市场需求也在快速增长。边缘计算作为云计算的有效延展,从实现角度来说,通过在边缘计算体系架构中接入现场层和边缘层的机器人、传感器、边缘网关等设备,进行实时控制和智能计算,将云服务扩展到网络边缘,在终端设备及云层之间对从终端上传的数据进行计算和存储,如图5-1所示。云计算层负责执行复杂的计算任务,通过智能决策和全局调度来

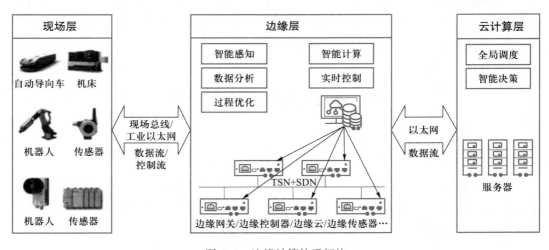

图 5-1　边缘计算体系架构

完成对整体计算任务的补充。随着应用场景的细分,边缘计算与云计算紧密互相协同,能更好地赋能多种行业的数字化转型。

以工业制造领域的应用为例,边缘计算可以帮助构建边缘设备及嵌入其中的软件、边缘服务器以及云的基础架构。工业网络边缘服务扩展到工业设备、传感器等,集中执行数据采集、业务决策、资产监测及过程控制等操作,极大提高了工业制造的灵活性和可管理性。

5.2.2 云计算与边缘计算关键技术

云计算和边缘计算技术发展至今,离不开以下几个关键技术:虚拟化及虚拟化管理技术、云网边技术和分布式架构技术。虚拟化及虚拟化管理技术负责将单个物理服务器抽象为多个逻辑上的虚拟服务器或虚拟资源池;通过云网边技术,云计算平台与边缘计算集群和节点能够打通和融合,实现对行业场景的支撑;分布式架构技术实现多个计算或存储服务器间的交互和协同。云计算与边缘计算技术体系如图 5-2 所示。

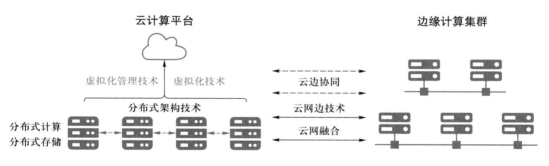

图 5-2　云计算与边缘计算技术体系

1. 虚拟化及虚拟化管理技术

云计算的核心技术之一是虚拟化技术。虚拟化是一种资源管理技术,它将计算机的各种实体资源(CPU、内存、存储器、网络等)予以抽象和转化,并进行分割、重新组合,以达到最大化利用物理资源的目的。虚拟化管理技术通过对资源的统一规划和管理,以达到资源统一管理和资源池共享的目的。

(1)虚拟化技术。虚拟化技术将一台计算机虚拟为多台逻辑计算机,每台逻辑计算机可运行不同的操作系统,并且应用程序可以在相互独立的空间内运行而互不影响。在此基础上,虚拟化技术可以将隔离的物理资源打通汇聚成资源池,实现了资源再分配的精准把控和按需弹性分配,从而大大提升资源的利用效率。

虚拟化较传统资源调配的核心优势在于提升 IT 资源使用效率,降低成本。通过虚拟化技术将现有服务器物理资源转化成一个拥有巨大计算及存储能力的资源池,应用系统运行时可以动态调用这个"池"中的所有资源。虚拟化技术可以帮助制造企业实现统一规划、平台共用、分布建设的效果。例如,虚拟化平台统一为智能制造数据平台提供所需的计算、存储和网络能力,有效提升硬件设施的利用效率,平衡计算、存储能力在不同应用间的分配,优化资源利用,如图 5-3 所示。

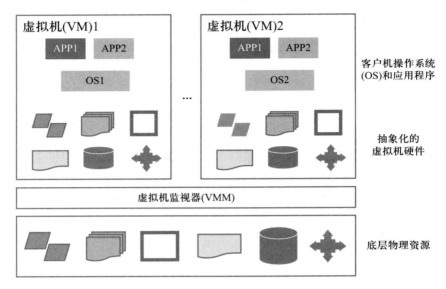

图 5-3　虚拟化平台分层结构

(2) 虚拟化管理技术。虚拟化管理技术主要指与虚拟化环境及相关联的实体硬件对接的管理软件,用于管理资源、分析数据和简化运维流程。虚拟化管理系统没有固定限制,但大多数系统都会提供简单的用户界面,以及虚拟机创建、虚拟环境监控、资源分配、编译报告、自动执行等功能。

随着制造企业的信息化程度越来越高,智能制造对虚拟化技术的需求逐步增长。虚拟化技术和虚拟化管理技术是工业互联网基础设施即服务(infrastructure as a service,IaaS)层的关键技术,在设计虚拟化管理系统时,需要结合企业硬件资源和虚拟资源需求,匹配系统面向对象的技术能力,提供可视化、智能化的虚拟化管理软件。

2. 云网边技术

云网边技术指的是云计算、智能网络、边缘计算技术互相渗透、互相融合,共同形成的支撑产业数字化发展的技术。以云网边技术在智能制造领域的应用为例,在云端实现实时管控,在边缘端进行不同设备的连接,在终端侧实现自动适配,通过"云+边+端"的智能制造总体方案,为智能制造企业提供智能的数字化服务,加速数字化转型。

(1)云网融合。云网融合是指在云计算中引入网络的技术,在通信网中引入云计算的技术。一方面,以网络为核心,网络建设借鉴云计算的理念,以云化网络架构为基础,构建资源灵活调度、功能开放、弹性伸缩、架构灵活的新一代网络。另一方面,企业云、混合云等云计算业务需要强大的网络能力的支撑,实现算力产业成熟发展和业务多样化目标则亟待解决多云(或数据中心)之间的互联互通问题。

以工业制造过程中的应用为例,生产设备之间、设备和产品之间是互联状态。在工业 4.0

中,其工业基础设施主要是由信息网络构成的,运行过程中产生的数据量会以量级幅度进行增长,对于数据传输的速度有着极高的要求。与前几代移动网络相比,5G 云网络将大大提高信道容量,减少网络延迟,提高网络效率。目前,很多企业都采用基于云服务的 5G 云网加速解决方案来解决网络瓶颈问题。

(2) 云边协同。云边协同是指云计算和边缘计算互相协同应用,彼此优化、补充的技术。边缘节点的数据存储、计算能力存在瓶颈,需要与中心云协同运算。云计算业务存在数据时延与安全性的挑战,需要中心云将部分处理任务下沉至边缘。云边协同涉及云计算和边缘计算节点在基础设施、平台、应用三个层面的全面协同,包括业务协同、服务协同、计算协同、数据协同、资源协同等。

在实际工业应用中,云边协同能有效地对工业领域内部署的边缘节点、边缘云平台、中心云平台进行资源协同和数据协同,对资源进行高效的调度管理、优化配置,对数据进行整合分析、价值挖掘,推动工业企业有效转型。例如,采用云网边技术一体化构建的基于 5G 的“工业网关+下沉工业云平台+应用系统”的“全域性溯源系统”,通过多种工业通信接口和协议,向下接入各种现场设备和数据采集设备,向上接入 5G 网络,通过部署“边缘+中心”的工业云平台,实现终端的管理和多种数据的融合,并根据现实场景需求灵活地完成 ERP 部署、智能工艺生产优化等。

下面,以吴忠仪表有限责任公司(以下简称吴忠仪表)为例,介绍云网边技术的应用。吴忠仪表是我国流程工业自动化控制中控制阀行业的龙头企业。在其 60 多年的发展历程中,始终坚持“专业、专注、创新、超越”的发展理念,通过不断的经验累积和创新飞跃,实现了智能制造,代表民族工业参与国际竞争。吴忠仪表将 5G 和云网融合技术深度融入其业务中,拓展了数字化转型应用的深度和广度。吴忠仪表利用“5G+机床联网”和“5G+远程监造”等方案,实现了各地设备间稳定的网络连接和边缘侧、现场侧服务的远程维护,达成了多企业间协同应用的快速、低成本部署。

案例 5-1:
吴忠仪表
的云网边
技术应用

3. 分布式架构技术

分布式架构是分布式计算技术的应用和工具,是建立在网络之上的软件系统。分布式架构技术产生的背景是,由于使用互联网业务的用户来自不同的地域,在物理空间上可能来自具有各种不同延迟的网络和线路,在时间上也可能来自不同的时区,为了有效地应对这种用户来源的复杂性,就需要把多个服务器部署在不同的空间来提供服务。分布式系统可以让同时发生的请求有效地由多个不同的服务器响应,实现负载均衡。分布式架构可以满足智能制造行业中数据的多样性和开放性需求,解决制造业在敏态业务中产生的海量数据存储及流转问题。

(1) 分布式计算技术。分布式计算技术是利用多台计算机协同解决单台计算机不能解决的计算、存储等问题的技术。单机系统与分布式系统最大的区别就在于规模,即计算、存储数据量的区别。物联网是分布式计算技术的典型应用,将机器通过网络连接实现互联集成,在如气象气候、地质勘探、航空航天、工程计算、材料工程等领域,基于集群的高性能计算已成为必需的辅助工具。集群系统有极强的伸缩性,可通过在集群中增加或删减节点的方式,在不影响原有应用与计算任务的情况下,随时提升和降低系统的处理能力,根据不同的计算模式与规模,构成集群系统的节点数可以从几个到成千上万个。

　　海螺集团是全球最大的水泥建材企业集团之一,随着工业 4.0 不断演进发展,海螺集团积极运用先进技术,大力推进企业向智慧化、数字化方向转型发展,构建数字化生态圈。海螺集团深度应用分布式系统架构设计,对水泥建材整个生产过程中分布式产生和存储的数据进行实时传输和计算,达到"一键输入,全程智控"的效果。

　　(2) 分布式存储技术。分布式存储技术是利用每台独立机器上的存储空间构成一个虚拟的存储设备,并将数据分散存储在这些设备中的存储方式。在传统的网络存储系统中,数据集中存放对系统性能、可靠性和安全性有着极大的考验,无法满足大规模存储应用的需求。分布式存储技术的系统结构可扩展,利用多台存储服务器分摊存储负荷,提高了系统可靠性和存取效率。工业数据具有地域分散、数据量大、性能要求高等特殊要求,并且工业数据包含实时数据、历史数据等不同的数据类型,数据的应用场景和利用程度不同,集中存储对数据中心服务器要求极高。整合所有存储资源,将端对端数据加密打散分布到不同服务器节点上,可实现数据的安全存储和服务器存储资源的整合优化利用。使用分布式存储技术的数据存储与访问如图 5-4 所示。

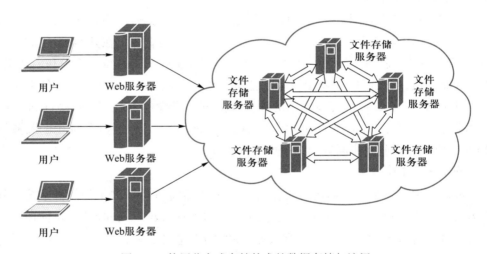

图 5-4　使用分布式存储技术的数据存储与访问

5.2.3　云计算与边缘计算技术发展趋势

　　1961 年,1971 年度图灵奖获得者约翰·麦卡锡(John McCarthy)第一次提出了"效用计算(utility computing)"的概念。此概念形容云计算作为一种公共资源,会像生活中的水、电、煤气一样,被每一个人寻常地使用。此概念在 1996 年被首次命名为"云计算"。早期的云计算就是简单的分布式计算。

　　2002 年,美国亚马逊公司启用了 Amazon Web Services(AWS)平台,此免费服务可以让企业将 AWS 平台的功能整合到自家网站上。2006 年,亚马逊公司首次将弹性计算能力作为云服务售卖,标志着云计算这种新的商业模式的诞生。随后,各种产品和服务不断涌现,云计算商业模式逐步得到大众认可。在这一阶段,商业与开源、企业与政府多种力量汇聚于云计算产业当中,云计算正式进入快速发展期。云计算已经成为信息通信行业新的增长点,通过深度竞争,涌现出一批主流平台产品,平台的服务标准和功能日益健全,市场格局相对稳定。

2015 年后,云计算正式进入成熟应用阶段。在软件层面,云计算下的应用软件具备分布式的特征,用户无须购买,可通过租赁的形式使用;在硬件层面,云计算对低功耗、高性能和高可管控性的要求日益明确;在网络架构层面,创新型业务要求网络能够以更灵活和多样的形式来做支撑;在终端层面,便捷使用和个性化设计成为改善用户体验的关键点。

边缘计算是在云计算技术不断成熟发展的背景下出现的关联性技术,其起源最早可以追溯至 1998 年提出的内容分发网络(content delivery network,CDN),它通过分布式部署的缓存服务器,将用户访问指向最新的服务器,提升服务响应速度。

近年来,在万物互联的背景下,边缘数据迎来了爆发性增长。极具代表性的有移动边缘计算、雾计算和海云计算。在边缘计算的快速增长期,随着边缘计算和数据采集的需求不断增加,工业界也在努力推动边缘计算的发展和应用落地。2015 年,欧洲电信标准化协会(ETSI)发表了关于移动边缘计算的白皮书,为边缘计算的应用制定相关的标准。

国内外的服务商在充分应用云计算技术的同时,布局边缘计算的脚步不断加快,整体遵循边云协同的原则,充分发挥边缘的低延迟和高安全的优势,结合云计算和边缘计算相辅相成的特性,为用户提供更高效的服务。

随着云计算技术的不断发展与成熟,为了适应各行业的不同业务应用场景,云计算/边缘计算技术明显呈现出以下三个新的发展趋势。

(1) 云服务向算力服务演进。算力服务是云服务的升级,云服务作为通用算力已成为赋能企业业务单元转型的关键,但随着企业数字化程度不断加深和数字应用日益多样,用户对算力种类数量、有效感知、高效利用等提出了更高的要求,云服务也逐渐向算力服务演进。算力服务指的是以多样性算力为基础,以算力网络为连接,通过云计算技术将异构算力统一输出,并与大数据、人工智能、区块链等技术交叉融合,将算力、存储、网络等资源统一封装,以服务形式进行交付的模式。

(2) 云原生促进技术和基础设施向灵活弹性、自动化方向发展。云基础设施将底层硬件抽象出来,使业务应用能够快速地自主配置和扩展,这需要云基础设施能够支持不同的运行环境,促进操作自动化,并提供一个可观测的框架。管理基础设施的平台需要提供一种通用的机制,屏蔽部署过程中的非功能性问题,同时具备弹性资源管理能力、无感知部署和默认安全设置的特性。要实现操作敏捷性,需要相关组件尽可能简单和轻量,这需要引入轻量级的运行环境,来保证组件的快速启停和部署。基于云原生容器镜像的部署方式,保障了代码及其运行环境的统一,借助基础设施即代码(infrastucture as code,IaC)等技术可实现通过编写代码的方式部署、扩展和维护业务应用,大幅提升操作的自动化程度。

相较于早期云原生技术主要集中在容器、微服务、DevOps(一组过程、方法与系统的统称)等领域,技术生态已逐步扩展至底层技术[如服务器无感知(serverless)技术]、编排及管理技术[如基础设施即代码(IaC)]、安全技术、监测分析技术[如扩展包过滤器(extended berkeley packet filter,eBPF)]以及场景化应用等众多方面,形成了完整的应用云原生化构建的全生命周期技术链。同时,细分领域的技术也趋于多元化发展,如在容器技术领域,从通用场景的容器技术逐渐演进出安全容器、边缘容器、裸金属容器等多种技术形态。其中,serverless 技术、IaC 技术与云原生的理念高度契合,在简化运维、加速软件功能解耦方面发挥了重要作用。

(3) 云计算核心技术从粗放向精细转型,数字化进程不断加快。云计算从基础设施即服务向软件即服务(software as a service,SaaS)转移。随着云原生的容器、微服务、服务器无感知等技术越来越靠近应用层,资源调度的颗粒性、业务耦合性、管理效率和效能利用率都得到了极大提高。具体来看,在企业数字化转型中,数据中台发挥了非常重要的作用,云原生恰恰是数据中台的“底座”,可以说数据中台是利用云原生技术精细化落地的最佳实践。同时,随着云原生的发展越来越精细化,原生云安全需求也越来越“细”。

全球数字经济发展的进程不断深入,云应用从消费场景逐步向工业生产渗透。云计算将结合 5G、AI、大数据等技术,为传统企业由电子化、信息化到数字化转型搭建桥梁,帮助企业对传统业态下的设计、研发、生产、运营、管理、销售等领域进行变革与重构,推动企业重新定位和改进当前的核心业务模式,完成数字化转型。随着企业上云进程的不断深入,用户对云服务的认可度逐步提升,产业界对通过云服务进一步实现降本增效提出了新诉求。企业、用户不再满足于仅仅使用基础设施即服务(IaaS)完成资源云化,更期望通过应用软件即服务(SaaS)实现企业管理和业务系统的全面云化。未来,软件即服务(SaaS)必将成为企业上云的重要抓手,助力企业提升创新能力。

5.2.4　云计算与边缘计算技术在工业中的应用

1. 工业互联网平台的内涵及意义

云计算和边缘计算在工业中的应用形态就是工业互联网平台。工业互联网平台是面向制造业数字化、网络化、智能化需求,构建基于海量数据采集、汇聚、分析的服务体系,支撑制造资源泛在连接、弹性供给、高效配置的工业云平台,包括边缘层、平台层[工业平台即服务(platform as a service,PaaS)]、应用层、IaaS 层,其中前三层为其核心层,工业互联网平台架构如图 5-5 所示。可以认为,工业互联网平台是工业云平台的延伸发展,其本质是在传统云平台的基础上叠加物联网、大数据、人工智能等新兴技术,构建更精准、实时、高效的数据采集体系,建设包括存储、集成、访问、分析、管理功能的智能平台,实现工业技术、经验、知识的模型化、软件化、复用化,以工业 APP 的形式为制造企业提供

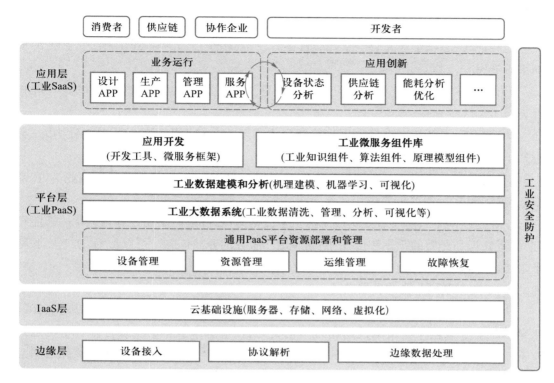

图 5-5　工业互联网平台架构

各类创新应用,最终形成资源富集、多方参与、合作共赢、协同演进的制造业生态。

下面仅就工业互联网平台架构的核心层做简要介绍。

(1) 边缘层。边缘层通过大范围、深层次的数据采集,以及异构数据的协议转换与边缘处理,构建工业互联网平台的数据基础。一是通过各类通信手段接入不同设备、系统和产品,采集海量数据;二是依托协议转换技术实现多源异构数据的归一化和边缘集成;三是利用边缘计算设备实现底层数据的汇聚处理,并实现数据向云端平台的集成。

(2) 平台层。平台层基于通用 PaaS 叠加大数据处理、工业数据分析、工业微服务等创新功能,构建可扩展的开放式云操作系统。一是提供工业数据管理功能,将数据技术与工业机制结合,帮助制造企业构建工业数据分析能力,实现数据价值挖掘;二是把技术、知识、经验等资源固化为可移植、可复用的工业微服务组件库,供开发者调用;三是构建应用开发环境,借助微服务组件和工业应用开发工具,帮助用户快速构建定制化的工业 APP。

(3) 应用层。应用层拥有满足不同行业、不同场景的工业 SaaS 和工业 APP,可实现工业互联网平台的最终价值。一是提供了设计、生产、管理、服务等一系列创新性业务应用;二是构建了良好的工业 APP 创新环境,使开发者基于平台数据及微服务功能实现应用创新。

除此之外,工业互联网平台还包括 IaaS,以及涵盖整个工业系统的安全管理体系,这些构成了工业互联网平台的基础支撑和重要保障。

泛在连接、云化服务、知识积累、应用创新是工业互联网平台的四大特征。

泛在连接,是指工业互联网平台应具备对设备、软件、人员等各类生产要素数据的全面采集能力。

云化服务,是指工业互联网平台可实现基于云计算架构的海量数据存储、管理和计算。

知识积累,是指工业互联网平台能够提供基于工业知识机理的数据分析能力,并实现知识的固化、积累和复用。

应用创新,是指工业互联网平台能够调用平台功能及资源,提供开放的工业 APP 开发环境,实现工业 APP 创新应用。

工业互联网平台能够有效集成海量工业设备与系统数据,实现业务与资源的智能管理,促进知识和经验的积累和传承,驱动应用和服务的开放创新。可以认为,工业互联网平台是新型制造系统的数字化神经中枢,在制造企业转型中发挥核心支撑作用。

2. 工业互联网平台的发展态势

从国际发展来看,全球工业互联网平台市场呈现高增长态势。根据统计数据,2021年全球工业互联网平台市场规模超过百亿美元,预期未来五年的年复合增长率将达到32%。美国、欧洲和亚太地区是当前工业互联网平台发展的焦点地区。随着美国通用电气、微软、亚马逊、罗克韦尔、思科、艾默生、霍尼韦尔等诸多企业积极布局工业互联网平台,以及各类初创企业持续带动前沿平台技术创新,美国当前平台发展具有显著的集团优势,并预计在一段时间内保持其市场主导地位。紧随其后的是西门子、博世、施耐德、思爱普等欧洲工业企业,其立足自身领先的制造业基础优势,持续加大工业互联网平台研发的投入力度,在平台研发、应用领域进展迅速,欧洲成为美国之外主要的竞争力量。中国、印度等新兴经济体的工业化需求持续促进亚太地区工业互联网平台的发展,亚洲市场增速最快且未来有望成为最大市场。尤其值得一提的是,以日立、东芝、三菱、发那科等为代表的日本企业也一直低调务实地开展平台研发与应用探索并取得显著成效,日本也成为近期工业互联网平台发展的又一亮点。

从国内来看,我国工业互联网平台也呈现出蓬勃发展的良好局面,多层次、系统化平台体系初步形成。中控、和利时、用友、宝信等传统软件、自动化服务商依托自身工业技术优势构建平台,加快业务转型;海尔、三一重工、徐工、TCL、富士康等大型制造企业依托自身数字化转型经验,成立独立团队专注于平台的建设与运营,从内部孵化走向对外赋能;华为、阿里巴巴、百度等信息与通信技术企业发挥云服务与通用 PaaS 服务优势,持续向工业领域深层次平台服务演进;优也、昆仑数据、黑湖科技等各类创新企业聚焦细分市场需求,提供特色平台服务。

相比于传统的工业运营技术和信息化技术,工业互联网平台的复杂程度更高,部署和运营难度更大,其建设过程中需要持续的技术、资金、人力投入,商业应用和产业推广中也面临着基础薄弱、场景复杂、成效缓慢等众多挑战,将是一项长期、艰巨、复杂的系统工程,当前尚处在发展初期。一是在技术领域,平台技术研发投入成本较高,现有技术水平尚不足以满足全部工业应用需求;二是在商业领域,平台市场还没有出现绝对的领导者,大多数企业仍然处于寻找市场机会的阶段;三是在产业领域,优势互补、协同合作的平台产业生态也还需持续构建。

总体而言,上述各方面所面临的挑战充分说明,当前工业互联网平台仍然处于发展初期,还存在众多不确定性因素,预计还需要很长时间才能真正进入成熟发展阶段。

3. 工业互联网平台的典型应用场景

当前工业互联网平台已成为企业智能化转型的重要抓手。

一是帮助企业实现智能化生产和管理。企业通过工业互联网平台对生产现场人员、机器原料、方法、环境(简称人机料法环)各类数据进行全面采集和深度分析,能够发现导致生产瓶颈与产品缺陷的深层次原因,不断提高生产效率及产品质量。基于现场数据与企业计划资源、运营管理等数据的综合分析,能够实现更精准的供应链管理和财务管理,降低企业运营成本。

二是帮助企业实现生产方式和商业模式创新。企业通过平台可以实现对产品售后使用环节的数据打通,提供设备健康管理、产品增值服务等新型业务模式,实现从卖产品到卖服务的转变,实现价值提升。企业基于平台还可以与用户进行更加充分的交互,了解用户个性化需求,并有效组织生产,依靠个性化产品实现更高的利润。此外,不同企业还可以基于平台开展信息交互,实现跨企业、跨区域、跨行业的资源和技术聚集,打造更高效的协同设计、协同制造、协同服务体系。从工业互联网平台应用范围来看,工业互联网平台能够提供面向工业企业全产业链、全价值链的应用服务。具体来看,工业互联网平台的典型应用场景可以分为工厂生产过程优化、企业经营管理优化、产业链资源协同配置以及产品全生命周期管理四大类。

(1) 工厂生产过程优化。工业互联网平台通过对设备运行数据、工艺参数、质量检测数据、物料配送数据和进度管理数据等生产现场数据的采集、汇聚、分析,实现对于制造工艺、计划排程、质量管理等具体场景的优化。下面以格创东智科技有限公司(以下简称格创东智)面向泛半导体行业的工艺优化与质量控制解决方案为例,介绍工业互联网平台在这一领域的应用。

半导体行业是公认的多工艺复杂制造行业,复杂半导体芯片的制造需经过数百道工序,且生产过程连续性较高。单点的产品质量偏差将以产品为载体,随工艺路线在不同工序间流转并相互影响,最终造成累积误差。

格创东智通过构建工业互联网平台解决泛半导体行业连续性生产过程的控制优化问题。首先,依托平台的物联网以及云边协同能力,对各类生产环境数据和产品工艺制程设备的各项数据进行实时采集,包括设备运行参数以及实际测量数据。其次,在生产现场数据采集与集成的基础上,格创东智基于工业互联网平台,在云端构建智能仿真模型,利用虚拟量测技术不断模拟产品品质状态,并构建虚实联动的动态反馈机制,将控制信息反馈到边缘控制层,边缘控制层根据相应规范和标准值进行比对,从而完成控制优化过程。同时,格创东智还通过工业互联网平台对设备自动监控,实现设备参数过度偏

案例 5-3:
格创东智
泛半导体
行业工业
互联网平
台解决
方案

移时的自动修正,并将此信息反馈给制造执行系统,实现该批次产品的自动剔除,并向工作人员报警以进行故障快速修复。

(2) 企业经营管理优化。借助工业互联网平台可打通生产现场数据、企业管理数据和供应链数据,提高企业经营管理效率与质量,提升企业盈利能力。下面以用友网络科技股份公司(以下简称用友)为佛山市海天调味食品股份公司(以下简称海天味业)提供的 B2B(business to business)渠道拓展解决方案为例,介绍工业互联网平台在这一领域的应用。

在新零售背景下,海天味业加快寻求渠道运营与经营管理的变革。在传统运营模式下,公司期望的终端覆盖度不够,收入利润增长率不达预期。同时,电商模式也跨界冲击着传统渠道,海天味业渠道运营能力限制了其业务的高速发展。

用友助力海天味业构建基于企业、经销商、终端门店三方利益共同体的渠道产业链交易平台——小康买买。首先,海天味业基于工业互联网平台数据管理能力实现不同销售渠道数据的统一汇聚、清洗、整理及优化呈现。其次,在实时掌控渠道交易情况的基础上,海天味业依据数据模型挖掘目前分销网络中的弱点和盲点,实现渠道层级缩减、配送服务半径调优、采购补货周期优化等,实现企业渠道管理与分销能力的大幅提升。同时,海天味业还通过平台的多租户管理实现各部门、终端门店统一底座的独立管理,推动各门店基于统一平台的灵活业务资源配置,利用平台业务建模能力实现企业业务流程的优化,推动企业业务流程的高效运行。

用友基于工业互联网平台的 B2B 渠道拓展解决方案,高效解决了快消品企业经营管理中营销覆盖广度不足、渠道服务水平不高、业务流程优化能力弱等核心痛点。海天味业依托平台最终达成了终端覆盖度提升 10%、利润增长率超出收入增长率的高绩效。

(3) 产业链资源协同配置。工业互联网平台可以实现制造企业与外部用户需求、生产要素、生产能力的全面对接,推动全产业链的并行组织和协同优化。下面以浪潮集团有限公司(以下简称浪潮集团)基于需求预测的产业链协同优化解决方案为例,介绍工业互联网平台在这一领域的应用。

浪潮集团作为电子信息产业制造商,服务客户的需求变化快,产品交期短。当面临大量订单快速涌入时,大规模生产既要快速交货,又要满足不同企业的特定设计需求,传统的原始设备制造商(original equipment manufacturer,OEM)模式和原始设计制造商(original design manufacturer,ODM)模式都已经不能够满足越来越快、越来越复杂的大规模定制化需求。

浪潮集团构建云洲工业互联网平台,打造联合设计制造(JDM)模式下的产业协同解决方案。首先,基于工业互联网平台分布式云、云边协同和微服务体系,实现了企业资源计划(ERP)、客户关系管理(CRM)、产品生命周期管理(PLM)、供应链关系管理(supply chain relationship management,SRM)、仓库管理系统(warehouse management system,WMS)、制造执行系统(MES)等业务系统的互联互通。其次,基于工业互联网平台数据分析能力,进行不同业务系统数据的交叉分析,实现用户需求数据的深度挖掘。结合机理模型、模型管理

案例 5-4:
用友营销
云解决
方案

等能力,从市场宏观环境、历史销售数据、竞争对手情况等多个维度建立市场需求预测模型,实现用户需求的及时预测,并以市场预测驱动后端的研发、生产,快速响应客户需求,缩短交付周期,扩大企业市场机会。

在需求预测的基础上,浪潮集团依托工业互联网平台,以集成产品开发(integrated product development,IPD)流程为主线,基于产品生命周期管理(PLM)、应用生命周期管理(application lifecycle management,ALM)、实时数据管理(real-time data management,RDM)等系统,使研发管理全面数字化,打通研发需求、设计、测试、仿真、发布的全链条数据,并在安全的基础上,实现内部系统与供应商、客户、合作伙伴系统间的数据共享,实现协同设计。同时,浪潮集团在以企业资源计划(ERP)为运营大脑、自动优先级队列(automatic priority queueing,APO)为供应链指挥大脑的双核心体系,以制造执行系统(MES)、运输管理系统(transportation management system,TMS)、仓库管理系统(WMS)为高效执行系统的基础上,与客户关系管理(CRM)和供应链关系管理(SRM)集成打通端到端的价值链,将客户、供应商、合作伙伴纳入内部价值链,实现从供应商到客户的全流程管理优化。

案例 5-5:
浪潮集团
JDM产业
链协同解
决方案

浪潮集团基于工业互联网平台推动全价值链协同优化,新品研发周期从 1.5 年压缩到 9 个月,产品上市时间缩短一半。同时实现与上下游产业链协同,加快大规模定制下的智能制造,不断推动模式创新,优化产业链生态。

(4)产品全生命周期管理。工业互联网平台可以将产品设计、生产、运行和服务等各阶段的数据进行全面集成,以全生命周期可追溯为基础,实现产品/资产的全生命周期管理优化。下面以重庆忽米网络科技有限公司(以下简称忽米)的资产全生命周期解决方案为例,介绍工业互联网平台在这一领域的应用。

在装备制造企业中,机床、核心元器件等都是企业的重要资产。在资产管理过程中,设备的点检与维保主要采用人工处理纸质表单的方式,流程长、效率低,跟踪进度不及时,亟需有效方法帮助制造企业实现资产管理优化。

忽米工业互联网平台围绕资产管理、运行监测、维保管理、点检管理、备件管理等业务场景,提供资产的台账盘点,现场点检,运行监测,设备维修,资产转移、报废等资产全生命周期跟踪管理。一方面,通过对企业资产进行标识,建立企业数字化资产台账,将各类资产管理应用与标识相关联,形成企业资产大数据;另一方面,结合占星者 5G 边缘计算器,实现设备终端快速接入,采集设备振动、噪声、温度等运行状态数据,并通过边云协同的数据处理模式,对设备资产数据进行特征提取、筛选、分类等处理,梳理设备故障现象、故障原因间的关联关系,根据设备类目建立对应故障知识图谱,将工业机理模型和数据模型相结合,实现对设备健康状态的及时诊断和预警,从而减少计划外停机或设备损坏。

案例 5-6:
忽米设备
维保解决
方案

忽米工业互联网平台资产管理解决方案已在重庆宗申动力机械股份公司进行应用,实现故障停机时间降低 10%,日常巡检和维保成本降低 10%,大幅提高了设备维保效率,降低了资产管理成本,延长了装备使用寿命。

5.3　大数据技术

5.3.1　定义与技术原理

大数据是指具有体量巨大、来源多样、生成极快、复杂多变等特征并且难以用传统数据体系结构有效处理的包含大量数据集的数据。国际上,大数据的特征普遍用 volume(数据量大)、variety(类型复杂)、velocity(速度快)和 variability(多变性)予以表述,简称 4V 特征。大数据技术是面向多源异构的海量数据进行采集、存储、计算与分析,并从中提取信息和知识的一系列技术的总称。

大数据技术的核心原理是采用分布式的存算架构提高数据采集、存储及计算的效率,并进一步采用基于传统统计分析、机器学习、深度学习在内的数据分析方法挖掘数据价值。其中,分布式的存算架构通过利用多个存储计算节点和高速的网络传输,通过特定的分布式算法框架,对以表结构为主要形式的数据集进行并行化计算,从而打破单一节点的性能瓶颈,实现大规模数据的高效处理。

大数据技术能够对海量数据进行高效存储、处理,并进一步对其进行加工分析,最终从中提炼出在现实场景中具有价值和意义的信息和知识,进一步指导实际生产活动中的各项决策,提升各项实际生产活动的效率和效果。

在制造业的场景中,生产线中的每台联网设备都可成为采集并产生数据的节点,这一数字将是百亿至万亿级别的,将会产生海量待处理的数据。在智能制造中,大数据技术是一项重要的关键性技术。工业大数据技术通过打通工业生产中的物理世界与网络世界,使得工业生产的整个流程数据化,有效促进工业生产的数字化转型发展。工业大数据技术在智能制造中拥有广阔的应用,从产品的设计、制造直到回收再利用的整个生命周期,都可以有效利用工业大数据。例如,工业生产中利用工业大数据技术对产品进行智能化设计、产品智能化跟踪、根据社会需求进行定制化服务等,对整个生产管理流程进行实时、透明以及科学有效的管控。

5.3.2　大数据关键技术

大数据技术是由数据全生命周期中多个环节对应的技术组合形成的庞大技术体系,总体上可分为数据采集、数据存储、数据计算、数据应用四项关键技术,如图 5-6 所示。数据采集一般是指数据源收集、识别和选取数据的过程。数据存储技术指的是将计算机运算过程中产生或查找的数据以某种形式记录在计算机内部或外部存储介质上的一系列技术和方法。数据计算是大数据全生命周期的中间环节,是对采集得到的规模化的数据按照一定的算法和模型进行分析处理,并在计算完成后反馈计算结果的过程。数据计算技术包含批处理计算、流处理计算、图计算等。数据应用技术的主要目标是发掘数据资源蕴含的价值,主要包括数据分析与挖掘、数据可视化和数据检索。

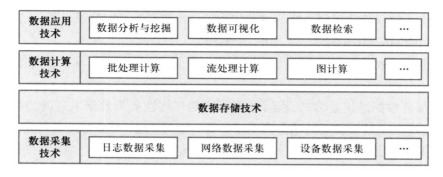

图 5-6 大数据技术体系

1. 数据采集技术

数据采集是从数据源收集、识别和选取数据的过程。数据采集是数据分析挖掘的根基,所采集数据的数量和质量决定了数据分析的质量。随着相关技术的发展,网络化和数字化技术进一步扩大了数据采集的覆盖范围,提高了数据采集工作的全面性、及时性和准确性。数据采集主要分为系统日志采集和网络数据采集、设备数据采集三种。

(1) 日志数据采集。系统日志是记录系统中硬件、软件和系统问题的信息,可以反映系统中发生的事件。用户可以通过日志数据来检查错误发生的原因,或者在受到攻击时寻找攻击者留下的痕迹。日志包括系统日志、应用程序日志和安全日志。日志数据采集就是把日志数据从产生端移动到存储端或分析端的操作。企业一般通过系统日志数据采集来挖掘业务平台数据中的潜在价值。

(2) 网络数据采集。网络数据采集是指利用互联网搜索引擎技术实现有针对性、行业性、精准性的数据抓取,并按照一定规则和筛选标准进行数据归类,形成数据库文件的过程。网络数据采集有应用程序接口(application programming interface, API)和网络爬虫两种方法。

API 采集是一种基于 API 的数据采集方式。首先,在系统中定义好需要抓取的接口与参数;然后通过程序自动调用接口,并将返回结果解析为指定格式进行存储。这种方式可以充分利用现有系统资源和开发者技能,同时还可以大大降低开发和维护成本。主流社交媒体平台如新浪微博、百度贴吧等均提供应用程序接口服务。

网络爬虫是一种按照一定的规则,自动地抓取互联网信息的程序或脚本。网络爬虫的主要工作原理是通过爬取初始 URL 将网页中所需要提取的资源进行提取并保存,同时提取网页中存在的其他网页链接,再次循环发送请求,接收网站响应以及再次解析页面,最后采用正则表达式提取所需信息并保存。为了满足更多需求,多线程爬虫、主题爬虫也应运而生。常用的搜索引擎,如百度和 360 搜索等,通常是通过爬虫来获取网页链接来提供搜索服务的。

(3) 设备数据采集。设备数据采集指的是通过传感器、摄像头和其他智能终端自动采集信号、图片或者视频来获取数据的方式。

设备数据采集根据设备本身通信基础能力的不同可以分为面向不具备数据通信能力的设备(哑设备)的附加传感器类采集、面向具备数据通信能力设备的数据接口采集、面向采用专有协议工业控制系统的定制化采集及面向采用开放协议设备的边缘软件开发工具仓（software development kit,SDK）采集四类。

面向不具备数据通信能力的设备,通常依托安装附加传感器实现设备信息的实时采集及上传。

面向具备数据通信能力的设备,数据接口的开放性成为数据采集的关键,越来越多的具备通信能力的设备通过预留专用接口实现与上位机、PLC 等设备的通信连接,如 ABB 机器人在专用 ABB 标准通信外还支持总线通信及数据通信。

面向采用专有协议的工业控制系统,数据采集受制于协议定制化内容。

面向采用开放协议的设备,可以基于边缘 SDK 实现设备数据的快速采集。对于采用开放协议或具有通信协议支持的 RTOS（实时操作系统,real-time operating system）、Linux 等操作系统的智能设备,设备端部署边缘 SDK 实现工业协议的自动转换,通过消息队列遥测传输（message queuing telemetry transport,MQTT）协议、超文本传输协议（HTTP）等通用协议实现与平台的快速数据交换。

工业数据主要是机器设备数据、工业信息化数据和产业链相关数据。从数据采集的类型上看,不仅要涵盖基础的数据类型,还将逐步包括半结构化的用户行为数据、网状的社交关系数据、文本或音频类型的用户意见和反馈数据、设备和传感器采集的周期性数据、网络爬虫获取的互联网数据等。

图 5-7 所示的物联网工业数据采集系统的属于物联网终端传感器系统的一种,涉及网络数据采集技术和设备数据采集技术,通过装在机器上的无线模块,采集指定机器 PLC 工作信息,上传到主机,主机处理数据后上传到云服务器,用户可在手机、计算机上查看机器工作信息,并可以有限度地设置机器工作参数。

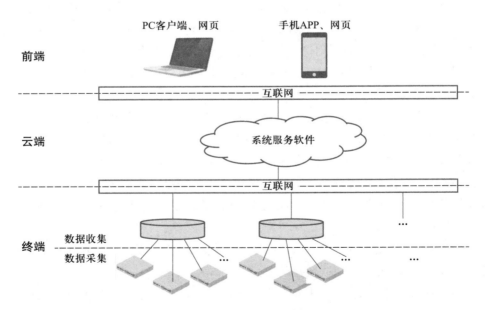

图 5-7　物联网工业数据采集系统

例如,对燃气轮机的数据采集,通过分析来自系统内的振动和温度的恒定大数据流,为燃气轮机故障诊断和预警提供支撑。对天气数据及风力涡轮机运行数据进行采集并交叉分析,从而对风力涡轮机的布局进行改善,由此增加了风力涡轮机的电力输出水平并延长了其服务寿命。

2. 数据存储技术

数据存储是现代信息产业架构中不可或缺的底层基座。经过百余年的发展,存储技术已经呈现出非常多的形态,且仍在不断完善和创新,以适应日益增长和不断变化的数据存储需求。数据存储系统主要为了解决存储海量、异构、多源的结构化、半结构化和非结构化数据,并提供数据安全保护和容灾能力。

现有数据存储系统从底层到上层由存储介质、组网方式、存储类型和协议、存储架构、连接方式五个部分组成,五个组件互相配合,形成各类不同的存储产品。数据存储系统技术架构如图5-8所示。

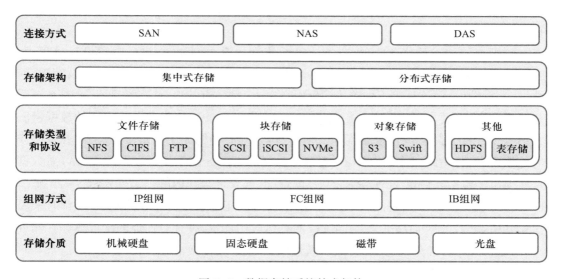

图 5-8　数据存储系统技术架构

(1)存储介质。存储介质包括机械硬盘、固态硬盘、磁带、光盘等,其中最常见的是机械硬盘和固态硬盘。依据存储介质不同,存储系统可分为磁盘存储、全闪存储、混闪存储、磁带库、光盘库等。各种数据依据其大小、使用频率不同被直接存储在各类存储介质上。

(2)组网方式。按组网方式,存储系统可分为IP组网存储、FC(fiber channel,光纤通道)组网存储、IB(infiniband,无限带宽)组网存储等。通过组网,存储系统可以实现数据通信及资源共享。

(3)存储类型和协议。按存储类型,存储系统可分为文件存储、块存储、对象存储、其他存储等。文件存储是指构建文件系统后,通过互通的网络将其提供给服务器或应用软件使用,支持数据文件读写和文件共享服务的存储设备。块存储是指将物理存储介质上的物理空间按照固定大小的块组成逻辑盘,并直接映射给服务器使用的存储设备。对象存储是指采用扁平化结构,将文件和元数据包装成对象,抽象成网络 URL,并通过 HTTP 直接访问的存储设备。

(4) 存储架构。按存储系统架构,存储系统可分为集中式存储和分布式存储。集中式存储具有较强的纵向扩展(scale-up)能力和一定的横向扩展(scale-out)能力。分布式存储将商用服务器上的存储介质虚拟化成统一的存储资源池来提供存储服务,具有高扩展性、低成本、易运维、与云紧密结合等特点。

(5) 连接方式。按连接方式,存储系统可分为存储区域网络(storage area network,SAN)、网络附接存储(network attached storage,NAS)、直接附接存储(direct attached storage,DAS),不同的连接方式决定了主机与存储设备进行交互的方式。SAN 是通过光纤通道交换机、以太网交换机等连接设备将磁盘阵列与相关服务器连接起来的高速专用存储网络。NAS 是一种专业的网络文件存储及文件备份设备,对不同主机和应用服务器提供文件访问服务。DAS 是将存储设备通过小型计算机系统接口(small computer system interface,SCSI)或光纤通道直接连接到一台主机上,主机管理它本身的文件系统,不能实现与其他主机的资源共享。

数据存储技术的优化,可以支撑生产效率的提升。例如,在集成电路设计过程中,工程师需要不断地测试、验证和迭代方案,进行高频度、大规模的仿真测试,涉及编码、前端设计、后端设计、流片等不同阶段,其数据存储模型各有特点,读写类型不一,对系统读写速率、带宽等要求也不尽相同。数据显示,平均每设计一款集成电路生成的数据量已经超过 100 TB。随着设计复杂度与日俱增,传统存储架构无法满足多任务、高并发协作的性能要求,且运维成本居高不下,管理工作耗时费力。电子设计自动化(EDA)对数据存储提出了包括多协议支持、灵活扩展、高性能、强安全等在内的一系列要求。为了解决 EDA 软件使用过程中出现的一系列问题,例如高性能分布式文件存储问题,设计时采用存算分离架构,根据 EDA 流程不同阶段的具体应用场景,有针对性地匹配计算和存储资源,通过计算和存储单独的横向扩展,满足中大规模 EDA 集群并行访问数据的需求。同时具有高性能纠删码、快照、配额、整池扩容等企业级高级数据服务特性,满足集成电路设计行业快速发展的需要。数据存储技术的优化,使存储平台高效满足 EDA 多任务并发协作等应用场景,提升了整体设计效率。

3. 数据计算技术

在充足计算能力的支持下,企业可以进一步完成数据价值的挖掘,并结合具体业务实现数据增值。

按照时效性,数据计算可划分为离线计算与实时计算。批处理计算是实现离线计算的技术,流处理计算是实现实时计算的技术。此外,为解决计算、存储图数据等问题,图计算技术应运而生。大数据时代背景下,数据体量大、增速快,分布式技术与各类数据计算技术相融合,有效匹配了大规模数据的处理需求。

(1) 批处理计算技术。批处理计算是对静态数据进行批量计算,是一种基本的数据处理模式,以批处理计算引擎为核心的大数据产品成为大数据时代的重要基础设施。批处理模式中使用的数据集通常是持久化存储的有限集合。批处理适合需要访问全量数据才能完成的计算工作,常用于报表统计、业务清算、计费应用等场景。用复杂的计算逻辑处理大批量的数据会消耗大量的时间,因此批处理计算不适合对处理时间要求比较高的场合。

Hadoop 是由 Apache 基金会开发的分布式系统基础架构。用户无须了解底层技术细节,即可通过一种简单的编程模式开发分布式程序,处理大规模的静态数据集。市场上大多数的分布式批处理平台是基于不同版本的 Hadoop 搭建而成的。

大规模生产转型为大规模定制的互联网工厂,其大数据架构的最底层由各个独立工厂作为数据产生的源头。在这些数据源之上,建立起一个企业级的大数据平台,完成大规模数据的集成、存储、处理分析、可视化展示等任务。其中,大数据处理框架 Spark 提供了一个全面、统一的框架,以匹配海量数据的批处理需求。

(2) 流处理计算技术。流计算的产生源于对数据加工时效性的严苛要求。当数据的价值会随时间流逝而降低时,就必须在数据产生后尽可能快地对其进行处理。区别于数据的批处理模式,流处理模式无须对整个数据集执行操作,而是对进入流处理系统的每个数据项执行操作。在实时流处理场景下,数据不停地产生、传输,进入计算系统,由计算系统反馈计算结果。流计算技术适用的场景有实时监控、风控预警、构建实时数仓、实时大屏、实时报表等。

早期流计算开源框架的典型工具是 Storm,虽然它是逐条处理的典型流计算模式,但并不能满足"有且仅有一次(exactly-once)"的处理机制。同期的 Spark 在流计算方面先后推出了 Spark Streaming 和 Structured Streaming,以微批处理的思想实现流处理计算。而近年来出现的 Apache Flink,则使用了流处理的思想来实现批处理,很好地实现了流批融合的计算,国内如阿里巴巴、腾讯、百度、字节跳动,国外如优步(Uber)、来福车(Lyft)、奈飞(Netflix)等公司都是 Flink 的使用者。随着技术架构的演进,流批融合计算正在成为趋势,并不断向更实时、更高效的计算推进,以支撑更丰富的大数据处理需求。

(3) 图计算技术。图计算是针对大规模图结构数据进行处理的数据计算技术。图是一种由顶点和边构成的数据结构,顶点表示对象,边表示对象之间的关系,可抽象成用图描述的数据即为图数据。获取数据之间的关联性,是数据价值挖掘的重要思路,图数据结构很好地描述了这种关联性。大数据时代,许多数据以大规模图或网络的形式呈现,即使非图结构的数据,也常常会被转换为图模型后进行分析。图计算技术解决了传统的计算模式下关联查询效率低、成本高等问题,在问题域中对关系进行了完整的刻画,具有丰富、高效和敏捷的数据分析能力,多应用于设备关系分析、精准推荐等场景。

4. 数据应用技术

数据应用技术的目标是发掘数据资源的内蕴价值。在拥有充足的存储计算能力以及高质量可用数据的情况下,如何将数据中蕴含的价值充分挖掘并同相关的具体业务结合以实现数据的增值成为关键。用以发掘数据价值的数据分析应用技术,包括以商业智能工具为代表的简单统计分析与可视化展现技术,以机器学习、深度学习为基础的挖掘分析建模技术等,这些技术帮助用户发掘数据价值并进一步将分析结果和模型应用于实际业务场景中。大数据应用主要用到的技术有数据分析与挖掘、数据可视化和数据检索。

(1) 数据分析与挖掘。数据应用技术的核心是数据的分析和挖掘,进而获取更多深入、有价值的信息。数据挖掘与分析的常用方法主要有分类、聚类、关联和预测等方法。分类方法属于预测性方法,通常用来预测一个未知类别的用户属于哪个类别。聚类即"物以类聚",按照不同的对象,划分若干不同的类别。聚类方法的核心是类别划分的依据,经过处理后的同一类别的对象相似度较高,不同类别的对象则具有较低的相似度。关联是某种事物的发生会触发其他事物发生的一种联系,通过关联的支持度和可信度来描述。预测方法通过对历史数据的统计和学习得到预测模型(通过机器学习建立),再利用此模型对未来的输入、输出值进行预测。预测方法多采用统计学技术,如回归分析和时间序列分析等。

例如,汽车制造企业将大数据的分析与挖掘应用到了电动车产品的创新及优化过程中,厂商通过辅助驾驶系统采集车辆行驶时的各种信息,包括车辆的加速度、刹车情况、电池状况及驾驶时的实时视频等。通过对这些驾驶状况和用户行为信息的分析挖掘,工程师可了解客户的驾驶习惯,从而对产品进行改进优化。

案例 5-7:
数据可视化的行业应用

(2) 数据可视化。大数据时代,数据量、数据类别和数据复杂程度都出现了井喷式的增长,数据本身或数据分析及挖掘的结果如果仅靠文字描述,往往有失直观、精确,且容易造成信息量的损失。数据可视化所要解决的问题就是如何将数据或数据经分析挖掘后产生的信息通过图表、动态图等形式有效地呈现给用户,从而减少用户阅读与思考的时间,以便用户更好地作出决策。随着大数据时代的到来,可视化产品已经不再满足于对数据进行简单展现,实时性、交互性以及更丰富的展现形式成为数据可视化发展的重点。

例如,在工厂可视化场景中,以地图的形式可视化展现各项生产运行指标,包括整个供应链中的生产执行情况、设备参数、设备运行情况、订单执行情况等数据。对整个生产过程进行可视化建模,实现动态展示货物实时流转等信息,管理人员可实时掌握该工厂各生产线的订单、设备、负荷、质量、异常报警、客户评价等生产运行情况,使生产控制及管理更优化,降低各项资源的配置成本。通过将用户的需求直接传达到平台,再驱动生产线,生产线可根据用户需求进行判断选择,甚至排产、计划,实现用户需求与生产的零距离。

(3) 数据检索。数据检索技术解决的问题是如何从海量的数据中寻找用户关心的内容。随着信息量的快速增长,让用户逐条浏览一个数据平台产生的所有信息是低效且不现实的,搜索引擎成为大数据能否真正服务于用户的关键。对于结构化数据,用关系型数据库对数据进行管理可以为数据检索提供有力的支持。对非结构化数据,全文检索技术成为技术发展的重点。经过近几年的发展,全文检索技术从最初的字符串匹配逐步演进到能对超大文本、语音、图像、视频等进行检索。

国外电子商务企业提出的"预测式发货",将数据检索与数据分析与挖掘结合,通过用户历史下单、操作数据和搜索内容预测客户需求,在客户下单之前发货至附近仓库,从而极大地提升了配送效率和仓储效能,保证了良好的用户体验。

5.3.3 大数据技术发展趋势

大数据技术自诞生以来主要经历了三个发展阶段。

大数据萌芽阶段(20 世纪 90 年代末至 21 世纪初)。这一阶段,大数据只是作为一个概念或假设,少数学者对其进行了研究和讨论,对数据的收集、处理、存储没有进一步探索。1997 年,美国国家航空航天局在数据可视化的研究中首次使用了"大数据"的概念。2000 年前后,互联网网页数量爆发式增长,每天新增约 700 万个网页,到 2000 年底全球网页数达到 40 亿,谷歌等公司率先建立了覆盖数十亿网页的索引库,开始提供较为精确的搜索服务,大大提升了人们使用互联网的效率,这是大数据应用的起点。

大数据发展阶段(21 世纪初至 2012 年)。2003—2006 年,谷歌公司的"三驾马车"——分布式文件系统 GFS、分布式计算框架 MapReduce 和数据库 BigTable 为技术界提供了一种以分布式方式组织海量数据存储与计算的新思路,以较低的成本实现了之前技术无法达到的数据处理规模,可以认为是大数据技术的源头。受此启发,专门开发大数据维护技术的独立项目 Hadoop 诞生。Hadoop 是一个分布式系统的软件框架,在此之上,用户可以使用简单的编程模型,跨计算机集群对庞大的数据集进行处理。Hadoop 的分布式文件系统 HDFS 和大数据计算引擎 MapReduce 这两个组件分别负责海量数据的存储和处理。开源的 Hadoop 推动了大数据的蓬勃发展,一系列建立在 Hadoop 基础之上、用于大规模数据挖掘和分析的工具产品相继出现,大数据技术生态逐渐形成。

大数据应用阶段(2013 年至今)。随着大数据基础技术的成熟,学术界及企业界纷纷开始转向应用研究。2013 年,大数据技术开始向商业、科技、医疗、教育、经济、交通、物流及社会的各个领域渗透。2014—2016 年,善于处理图数据的 GraphX、Gemini 等图计算框架相继诞生。随后,对于庞杂的不同类型的数据进行统一存储使用的需求催生了数据湖的概念。2017—2019 年,数据湖代表性产品 Delta Lake、Hudi、Iceberg 发布。2020 年,一体化数据平台、湖仓一体概念推出,大数据技术栈走向深度融合,数据存算效率提升,成本逐渐得到控制。在政策支持、技术推动、资本助力和数字化转型需求推动下,大数据应用百花齐放,不断向纵深发展,孕育了众多新兴业态,在金融、商业、工业等领域的诸多细分行业都实现了产业落地。

随着大数据技术在各领域的持续应用,各方面的需求推动着大数据技术不断演进。在基础存算技术架构方面,对于更高资源利用率的需求推动存算分离架构出现;在数据计算分析模型方面,越来越多的图结构数据处理分析需求推动图分析技术产业进一步发展;在数据对外共享流通方面,数据对外流通和数据安全、隐私保护的需求催生了隐私计算技术。大数据技术呈现出以下三个发展趋势。

(1)存算分离架构成为主流架构。大数据技术自诞生以来始终沿袭着基于 Hadoop 或者 MPP 的分布式框架,利用可扩展的特性,通过资源的水平扩展来适应更大的数据量和更高的计算需求,并形成了具备存储、计算、处理、分析等能力的完整平台。以往为了应对网络速度不足、数据在各节点间交换时间较长等问题,大数据分布式框架设计采用存储与计算耦合的方式,使数据在自身存储的节点上完成计算,以降低交互。存储与计算耦合导致两者无法独立扩展。在存储与计算耦合的情况下,当两者其一出现瓶颈时,资源的横向扩展必然导致存储或计算能力的冗余,无疑造成了难以避免的额外成本。以完整产品形式提供服务的大数据平台在应对弹性扩展、功能迭代、成本控制等特性需求时,无论是开发新版本还是集成混搭其他工具,总会引发需求延迟满足、性能持续降低、额外新增成本等其他问题。存算分离的概念将存储和计算两个数据生命周期中的关键环节剥离开,形成两个独立的资源集合。当两类资源之一紧缺或富余时,只需对该类资源进行获取或回收,使用具备特定资源配比的专用节点进行弹性扩展或收缩,即可在资源需求差异化的场景中实现资源的合理配置。

(2) 图分析成为数据分析新方向。传统数据分析方法难以应对图结构数据中关联关系的分析需求。以社交网络、用户行为、网页链接关系等为代表的数据,往往需要通过“图”的形态以最原始、最直观的方式展现其关联性。在图的形式下,自然而然地存在着连通性、中心度、社区关系等一系列蕴含的关联关系。这类依赖于对图结构本身进行挖掘、分析的需求难以通过分类、聚类、关联和预测等传统数据分析和挖掘方法实现,而需要能够对图结构本身进行存储、计算、分析、挖掘等技术合力完成。专注于图结构数据的图分析技术成为数据分析技术的新方向。其中,以对图模型数据进行存储和查询的图数据库,对图模型数据应用图分析算法的图计算引擎,对图模型数据进行抽象以研究、展示实体间关系的知识图谱三项技术为主。通过组合使用图数据库、图计算引擎和知识图谱,使用者可以对图结构中实体点间存在的未知关系进行探索和发掘,充分获取其中蕴含的依赖图结构等关联关系。

(3) 隐私计算实现数据联合计算。在数据安全事件频发的形势下,在不同组织间进行安全可控的数据流通始终缺乏有效的技术保障。随着相关法律的逐步完善,数据的对外流通面临更加严格的规范限制,合规问题进一步对多个组织间的数据流通产生制约。基于隐私计算的数据流通技术成为实现数据联合计算的主要思路。作为在保护数据本身不对外泄露的前提下实现数据融合的一类信息技术,隐私计算为实现安全合规的数据流通带来了可能。

案例 5-8:
大数据产
业发展
趋势

5.3.4　大数据技术在工业中的应用

工业大数据即工业数据的总和,除具备大数据基本特征外,还具有准确性要求高、数据间关联性强的特点。工业大数据在 2012 年随着工业 4.0 的概念而出现,2015 年德国工程院等机构提出了“工业 4.0 参考架构”,其中明确了工业 4.0 的主要特征是“数据驱动”,这也意味着大数据的落地是工业 3.0 到工业 4.0 转化的必然趋势。随着大数据相关技术逐步融入工业领域的升级转型,工业大数据采集、汇聚、流通、分析、应用的质量不断提高,工业大数据的数据获取量更大、数据存储管理更便捷、数据分析产出更智能。工业大数据是智能制造等新兴领域发展的关键,用数据辅助自动决策或人为决策可以极大地减少决策控制过程中的不确定性和不透明性,减少失误的发生,保障生产的稳定。

工业大数据是实现工业企业从制造向服务转型的关键支撑技术。对自动化设备数据、仿真数据、业务数据和外部环境数据等数据进行有效的利用,将提升企业对行业形势的分析和决策能力。工业大数据的主要应用领域包括质量监控、决策支撑、设备管理、产业链协同、流程管理和节能减排。

(1)质量监控。工业场景的自动化过程伴随着海量数据的生成。传感器采集的数据可以用来辅助检测设备的运行情况与故障,并自动生成应对措施(比如改变参数、更换材料或发出警报等)。这种功能不仅适用于加工零部件,也可用于已完工的产品。图 5-9 所示是利用工业摄像机检测手机质量,这一检测过程就是利用大量的图像数据来训练图像识别模型。工业摄像机将能够检测产品的大小、颜色、结构、几何形状等特性参数,确定产品的正确性或对其进行纠偏。润滑度、磨损度和生锈情况等也会纳入工业摄像机的操作机制中,并为企业的资源规划系统供给数据。服装厂的生产车间可通过使用摄像头对服装生产情况进行扫描,收集生产数据并通过数据分析与挖掘识别潜在风险,并对产品的质量进行自动化监控,从而大大降低服装的返厂率。

图 5-9   利用工业摄像机检测手机质量

(2)决策支撑。工业生产过程中需要制定大量的决策,如工艺选择、供应商选择和厂区选址等。这些决策对业务的成败至关重要,大数据的支撑将大大增加决策的准确度。以风电企业为例,风能开发强烈依赖于环境,环境数据也是重要的数据。环境数据可以分为风资源数据、地理信息数据和气象数据。数据类型比较丰富,包括结构化、半结构化和非结构化数据。风力资源数据来源于测风塔和激光雷达,地理信息数据包括测绘地图、卫星遥感图像、地质属性等。通过对这些数据进行采集和分析并进行仿真建模,可对风力发电机的选址进行评估,降低风电的成本,并大幅提升不稳定资源利用的可靠性和经济性,从而增强风电的市场竞争力。

(3)设备管理。在传统的设备健康管理过程中通常采用的是反应性维护,即当检测到加工设备某一组件失效时,才采取停机维修或更换等措施。原则上来说,这种维护策略能保证加工设备的使用时间最大化。由于其本质是一种被动性维护策略,加工设备的某一组件在失效过程中有可能产生对整个加工设备的损坏,或是对产品质量产生较大影响。基于大数据的预测性维护通过采集生产过程中的数据,监测加工过程中的各种数据和参数变化,利用已经构建好的退化模型,可对当前设备所处健康状态进行预测。当预测结果显示失效快要发生时,则停机进行维护。相较于传统的维护策略,预测性维护具有明显的优势。一方面,其能通过历史规律数据预测故障的发生,在故障真正发生之前予以维护,避免失效的发生;另一方面,其不需要频繁的检测,而是利用预测的剩余寿命时间给出最优的维护时间。

(4) 产业链协同。在互联网与大数据环境下,分散化制造对产业链的协同制造需求日益加剧,企业的生产要素和生产过程必将进行战略性重组,从而引发企业内和跨企业业务过程的集成、重构、优化与革新。围绕跨生命周期业务过程集成与优化方面的研究主要集中在异质业务过程匹配与共享、跨企业业务过程整合与改进、企业间业务过程的外包机制等方面。分散化制造场景中大数据技术的应用主要是通过机器学习等智能化技术对分散化制造过程中的供应链数据进行分析和建模,这能有效地保障分散化制造场景下的供应链安全和效率。

(5) 流程管理。大规模的制造业往往涉及复杂的生产流程。在生产流程中,上下工序之间,人员、机器、原料、方法、环境等各环节之间有着密切的关联。许多质量问题在下道工序被发现,而问题的源头却是上一道工序。有些问题看似与机器、工艺相关,其实是特定产品对质量要求高导致的,而不是生产中出现异常。要提高产品质量,就要尽快找到导致质量问题的原因;要找到原因,就要用数据支撑生产过程的可追溯性。在设备出现故障时,可能涉及流水线上的很多设备,为了把问题分析清楚,需要寻找故障的源头,通常会按照时间顺序梳理事件,故障的源头是最先出现问题的地方。通过对流程中产生的数据,如各个生产环节的操作方式、物料、机器状态、控制参数等进行分析和挖掘,将有助于对生产流程进行优化,提升产品质量,并达到降本增效的目的。

(6) 节能减排。大数据在节能减排中发挥的作用极为显著,尤其是煤炭、建材、钢铁等高耗能产业。以钢铁产业为例,长期以来,企业形成了生产为主、能源为辅的管理理念。能源管理较为粗放,表现为对能效指标体系缺乏系统支撑,对节能潜力点挖掘不足,数据采集、流通、分析手段缺乏等。如图 5-10 所示的钢铁行业能耗监测管理平台通过收集能效相关数据,如燃气流量、电流、电压、烟尘、燃烧率等,在原始数据的基础上计算各种能源环保指标数据,包括峰、平、谷用电比,介质平衡率,介质单耗,单位能耗,总能耗,综合能耗等,并对指标设定阈值,进行实时监控,可以使能耗产出比尽量降低。

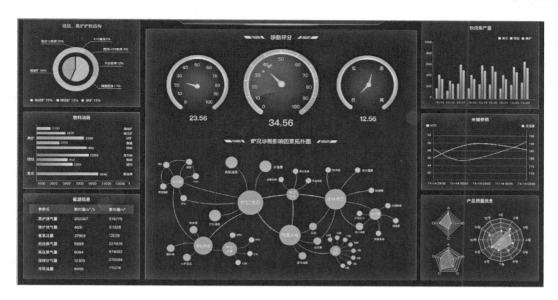

图 5-10 钢铁行业能耗监测管理平台

思 考 题

5-1 何谓云计算？云计算有哪些关键代表性技术？

5-2 何谓边缘计算？其主要应用场景有哪些？

5-3 什么是虚拟化技术和虚拟化管理技术？

5-4 云网边技术在工业中的应用优势有哪些？

5-5 什么是大数据？其主要特征是什么？

5-6 大数据技术主要包含哪几种？它们相互之间的关系是什么？

5-7 什么是数据分析与挖掘技术？常用的方法有哪些？

5-8 大数据技术未来发展的趋势如何？有哪些重点发展方向？

第6章

网络信息安全与区块链技术

6.1 概　述

随着网络技术的发展和应用领域的日益扩大,国内外网络安全形势愈发严峻复杂,网络与信息安全技术作为提升安全供给能力的根本保障和重要源泉,是加强网络安全防御综合能力的有力武器。现阶段正是数字经济蓬勃发展的重要时期,持续深入开展网络与信息安全技术研究,对提升整体网络安全防护水平和产业支撑能力,推进制造强国和网络强国建设具有非常重大的战略意义。

区块链技术作为一种"去中心化"的分布式数据库技术,从根本上改变了中心化的信用创造方式,保障了数据的真实可靠,解决了互不信任的问题,为提升信息安全能力提供了新技术、新思路。区块链技术运用基于共识的算法,在机器之间建立"信任"网络,通过分布式的数据库形式,使得经过验证的信息一旦添加到区块链上,就会永久存储,不能被篡改。

本章将介绍传统网络与信息安全技术和区块链技术的定义与技术原理,详细梳理网络与信息安全的发展演变历史和发展趋势,阐述风险预判技术、基础防护技术、响应修复技术等网络与信息安全技术和密码学、共识算法等区块链关键技术,并通过描述各类技术在工业中的应用,介绍工业安全的典型应用场景。

6.2 网络信息安全技术

6.2.1 定义与技术原理

网络信息安全技术是指保护网络系统中的硬件、软件及数据等,不因无意或者恶意的原因遭到破坏、更改或者泄露,使系统连续、可靠、正常运行,确保网络服务不中断的技术手段。网络信息安全技术可确保相关信息的保密性、完整性、可用性、可控性和可审查性。

　　网络信息安全技术相关联的三大要素包括安全资产、安全威胁与安全措施,如图6-1所示。安全资产是安全技术保护的主体,包括基础信息通信技术资产,以及云计算、工业互联网等新的信息通信技术形态。安全威胁是安全技术对抗的对象,包括恶意代码、拒绝服务攻击、病毒等由攻击行为诱发的外部威胁,以及由底层系统设计缺陷而引发的协议、软硬件的已知或未知漏洞等内生脆弱性。安全措施是安全技术应用的具体化形式,通过加强底层系统设计安全,并采用隔离、过滤、检测等附加的安全防御手段对抗攻击行为,提高信息系统安全水平。

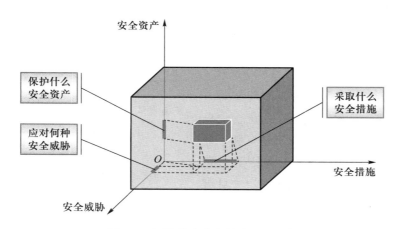

图 6-1　网络信息安全技术关联要素

　　全球范围内网络安全事件多发频发,网络安全新问题不断出现,如伊朗“震网”事件导致其核设施严重受损,美国燃油管道运营商遭勒索病毒攻击导致输油管道被迫关闭,丰田公司供应商遭受网络攻击致其日本工厂全面停产。可以看出,网络信息安全问题已威胁到国家政治、经济和国防等各个领域,网络安全的重要性和紧迫性更加突出。

　　以钢铁行业为例,网络信息安全技术在钢铁行业的合理有效应用可以抵御来自内外部的网络攻击,起到很重要的保障作用。如设备保障方面,涉及无人行车、各工序工业机器人等智能装备,温度、电力等各类智能仪表以及其他类型智能设备;网络保障方面,包括生产现场网络安全、企业内跨基地网络安全、跨企业通信安全等;数据保护方面,包括边缘数据采集与传输安全,企业相关客户信息保护,企业内外部重要数据、敏感数据安全等。不断突破、创新安全技术,采用先进的网络信息安全技术手段,可应对日趋复杂多样的网络攻击,降低可能带来的经济损失、人员伤亡等,最大限度保障钢铁行业平稳高效运行。

6.2.2　网络信息安全关键技术

　　网络安全防护是一个持续动态的过程,需要考虑采取哪些安全防护技术,统筹做好事前、事中和事后的全过程全生命周期的安全技术保障。网络信息安全关键技术具体可分为安全防护技术、风险检测技术以及响应修复技术三大类。

1. 安全防护技术

所谓网络安全基础防护,是通过身份认证、访问控制、入侵检测等安全防护技术实现身份鉴别、网络边界安全防护、对网络攻击持续监控和检测,及时察觉正在发生的入侵事件,提升网络安全基础防御能力。

(1) 身份认证技术。用户访问系统资源时应该具备合法性,而检测合法性的第一道关口即是验证用户身份是否真实有效,即身份认证。身份认证是在使用网络系统的主客体互相鉴别确认身份后,对其赋予恰当的标志、标签和证书等,确认该用户的身份是否真实、合法和唯一的过程,如图 6-2 所示。

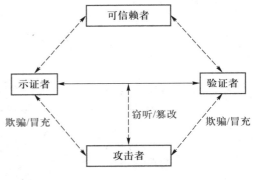

图 6-2　身份认证过程

身份认证技术的作用主要体现在两方面:一是防止攻击者轻易进入系统进行信息收集或者进行各类攻击尝试;二是有利于确保系统的可用性不受破坏。这是因为信息系统的资源都是有限的,非授权用户一旦进入系统将消耗系统资源,而系统资源被耗尽将会导致用户无法获得相应的服务。

防火墙是一款应用身份认证与访问控制技术的典型产品,它设置在不同网络(如可信任的企业内部网和不可信的公共网)或网络安全域之间,通过执行访问控制策略确保系统的网络安全,防止发生不可预测的、具有潜在破坏性的入侵。防火墙是内外部网络通信安全防护的主要途径,能够根据制定的访问规则对流经它的信息进行监控和审查,过滤、屏蔽和阻拦有威胁的数据包,只允许经过授权的数据包通过,从而保护内部网络不受外界的非法访问和攻击。

(2) 访问控制技术。访问控制是针对越权使用资源的防御措施,是网络安全防范和保护的主要策略。作为网络安全中身份认证之后的第二道防线,访问控制的主要任务是保护网络资源不被非法使用和访问,是维护网络系统安全、保护网络资源的重要手段。访问控制包括三个要素:主体、客体和控制策略。主体是指一个提出请求或要求的实体,可以是某个用户,也可以是用户启动的进程、服务和设备。客体是接受其他实体访问的被动实体,可以被操作的信息、资源、对象都可以被认为是客体。控制策略是主体对客体的访问规则集,也就是客体对主体的允许权限。

访问控制的实施一般包括两个步骤:首先要鉴别主体的合法身份,然后根据当前系统的访问控制规则授予用户相应的访问权限。主体向访问控制实施部件提交访问请求;访问控制实施部件收到主体的访问请求后,将该请求提交给访问控制决策部件;访问控制决策部件依据请求中的主体、客体和访问规则判断是否允许授权。如果依据当前访问控制规则允许该授权,则将决策结果返回访问控制实施部件,访问控制实施部件向客体提出访问请求,主体执行对客体的授权访问。如果拒绝该授权,则访问控制实施部件拒绝主体提交的访问请求,主体不执行对请求客体的操作。访问控制实施过程如图6-3所示。

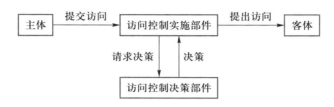

图6-3 访问控制实施过程

企业的网络基础设施日益复杂,安全边界逐渐模糊,已经不存在单一的、易识别的、明确的安全边界。针对企业办公网、生产网和监控网中移动设备的安全接入和数据防泄露等安全问题,零信任访问控制系统可解决终端安全、链路安全、网络安全和数据安全问题。基于零信任安全理念和软件定义边界安全模型构建的安全访问控制系统,以身份认证为基石,提供业务安全访问,具备动态访问控制和持续信任评估等功能,为企业网络构建无边界的安全防护体系。

案例6-1:
长扬科技
零信任
案例

（3）入侵检测技术。入侵检测技术通过对计算机网络或系统中的若干关键点收集信息并加以分析,从而发现网络或系统中是否有违反安全策略的行为和被攻击的迹象。图6-4所示为基于网络的入侵检测系统。

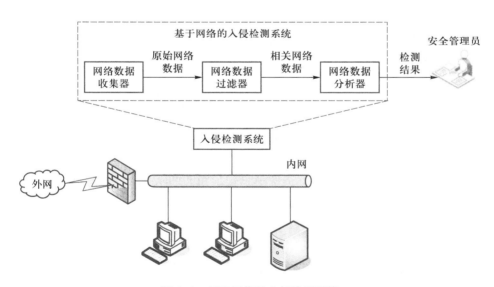

图6-4 基于网络的入侵检测系统

入侵检测技术执行的任务包括:
监视、分析用户及系统活动;
系统构造和弱点的审计;

识别已知入侵的活动模式并向相关人士报警;

异常行为模式的统计分析;

评估重要系统和数据文件的完整性;

操作系统的审计跟踪管理;

识别用户违反安全策略的行为。

2. 风险检测技术

所谓风险检测,是在网络安全风险来临前,通过渗透测试、漏洞挖掘、态势感知等技术措施实现对网络资产的识别,发现运营环境中的安全风险,预先采取技术措施,主动维护关键资产,从而最大限度降低可能带来的安全损失。

(1) 渗透测试技术。渗透测试是指模拟黑客采用的攻击方法,对被测试目标系统的网络、主机、应用及数据是否存在安全问题进行检测的过程。渗透测试的主要目的是发现系统的脆弱性,评估系统是否安全,从攻击者角度发现、分析系统的缺陷及漏洞,找出目标系统可能面临的网络安全威胁。相关人员应定期有针对性地开展渗透测试工作,通过使用漏洞检测与攻击技术,发现目标计算机网络系统中最脆弱的安全环节,从而能够直观地知道其网络所面临的安全问题。图 6-5 所示为渗透测试流程。

图 6-5　渗透测试流程

从社会工程学的角度出发,首先需要从目标公司的网站、文件等类型的信息中,获取与采集各种有渗透价值的信息,比如获取服务器种类、系统平台以及各种相关信息等,从而实现对目标信息的扫描和处理。然后,还需要对目标公司的服务器端口进行扫描,以更加明确公司计算机系统中存在的诸多漏洞,结合公司发布的一些漏洞报告,可以推测出可能存在的漏洞,以实现有针对性的网络攻击,快速找到渗透的重点。最后根据相应的实际情况选择不同的渗透测试技术对目标网络或系统进行渗透攻击,从而有效获得目标系统的控制权,达到渗透测试的目的。

(2) 漏洞挖掘技术。漏洞挖掘技术是发现网络安全风险隐患的关键技术。在了解漏洞挖掘技术之前,必须先了解什么是漏洞。任何系统和软件的运行都会假定一个安全域,在该域内的任何操作都被认为是安全可控的,一旦超出该域或违反了安全策略,系统或软件的运行就是不可控的、未知的。漏洞则是由安全域切换到非安全域的触发点,即在计算机的安全域存在因设计不周而导致的系统或软件缺陷,从而可以使攻击者在非授权的情况下访问或者破坏系统。

漏洞挖掘技术已经从人工发现阶段发展到了依靠自动分析工具辅助的半自动化阶段,可以综合应用各种技术和工具,尽可能找出软件和系统中的潜在漏洞。漏洞挖掘技术研究的最终目标是实现在无人工干预或尽可能少人工干预的情况下,对目标对象系统所有潜在漏洞进行自动、快速、有效和准确的发现。

(3) 态势感知技术。随着计算机和通信技术的迅速发展,多层面的网络安全威胁和安全风险也在不断增加,网络攻击行为向着分布化、规模化、复杂化等趋势发展,仅仅依靠单一的风险预判技术和网络安全防护技术,已不能满足网络安全需求。态势感知技术是在大规模网络环境中,对能够引起网络态势发生变化的安全要素进行获取、理解、显示并据此预测未来网络安全发展趋势的能力。态势感知技术以大数据为基础,从全局视角提升对安全威胁的发现识别、理解分析、响应处置等能力。态势感知技术有助于及时发现网络中的异常事件,实时掌握网络安全状况,将亡羊补牢的事中、事后处理转向事前自动评估预测,降低网络安全风险,提高网络安全防护能力。

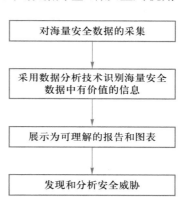

图 6-6　态势感知技术原理

态势感知技术能够综合各方面的安全因素,从整体上动态反映网络安全状况,并对网络安全的发展趋势进行预测和预警。态势感知技术以海量安全数据为基础,采用数据分析等技术提取安全数据中有效信息并进行展示,最终实现对安全威胁的发现识别、理解分析、响应处置,如图6-6所示。

3. 响应修复技术

响应修复技术在网络安全事件发生后,通过应用安全编排自动化与响应、网络安全审计、防病毒等适当的安全技术,对网络安全事件进行分析、阻断、溯源,并对系统进行修复加固,生产运营系统等可快速恢复正常运转。

(1) 安全编排自动化与响应技术。随着网络安全攻防对抗的日趋激烈,企业和组织要在假定遭受网络攻击的前提下,构建集阻止、检测、响应和预防于一体的全新安全防护体系。这种场景下往往需要设置某些编排机制,自动实现多个设备或者服务间的协调,来完成一系列的快速安全防护与事件响应,即安全编排自动化与响应(security orchestration automation and response,SOAR)技术。

2015 年,SOAR 概念被首次提出,定义为安全运维分析与报告。随着 SOAR 技术市场的逐步成熟,2019 年后,SOAR 技术的发展方向主要包括威胁检测和响应、威胁调查和响应以及威胁情报管理。该技术的功能是使企业和组织的安全团队能够收集监控数据和安全警报,并能够部分自动化地分析和处理事件,帮助安全人员根据预定义的工作流程,确定优先级,并标准化地推动网络安全事件响应活动。

（2）网络安全审计技术。在网络安全防护和管理工作中,除了通过设备和配置实现安全防护,各种操作行为的安全审计也不可忽视。网络安全审计技术相当于为网络开启"监视系统",完成设定时间段内的操作行为存档以备分析取证。更为重要的是,统计和分析系统中积累的历史数据,能够为管理者提供真实、准确的网络安全情况,为未来网络安全建设规划提供依据。

网络安全审计技术主要应用在企事业单位的网络环境中,为了保障网络和数据不受来自内外网的入侵和破坏,运用各种技术手段,实时收集和监控网络环境中所有组成部分的状态和安全事件,集中报警、分析、处理。不同的网络、应用安全要求不同,对安全审计的要求也存在差别,需要结合网络特点和实际需求进行有针对性的规划和应用。

（3）防病毒技术。防病毒技术是指用户主动性地防范计算机等电子设备不受病毒入侵,从而避免用户资料泄露、设备程序被破坏等而采取的技术措施。掌握计算机及手机病毒防范技术,有利于更有效地做好病毒安全防范,消除安全威胁和隐患。

用户要想检测计算机是否感染病毒,最简单易行的方法就是使用杀毒软件对包括特定的内存、磁盘文件、引导区和网络等在内的一系列属性进行全面的检测。杀毒软件使用最多的查杀方式是病毒标记法。该方法首先对新病毒加以分析,将其编成病毒码并加入资料库中;然后检测文件、扇区和内存,利用标记即病毒常用代码的特征,查找已知病毒与病毒资料库中的数据,通过对比分析即可判断是否中毒。

incaseformat 病毒曾在国内流行,涉及医疗、教育等多个行业,且主要感染财务管理相关应用系统的主机。据悉,该病毒感染用户主机后,通过 U 盘自我复制,可感染其他计算机,导致计算机中磁盘文件被删除,给用户造成极大损失。针对突发的 incaseformat 病毒,用户可以采取主机排查、数据恢复、病毒清理这三个步骤进行病毒的有效查杀。其中,主机排查主要指排查主机 Windows 目录下是否存在可疑文件并及时删除;数据恢复主要指使用常见的数据恢复软件恢复被删除数据;病毒清理主要指使用主流杀毒软件或手工方式进行病毒查杀。

6.2.3　网络信息安全技术发展趋势

网络信息安全技术的发展经历了通信安全、计算机安全、信息系统安全、信息安全保障和网络空间安全保障等五个阶段。

通信安全阶段始于 20 世纪中期前后。这一阶段安全技术的核心任务是通过密码技术确保通信保密,解决电话、电报、传真等信息交换过程中可能存在的截获、监听和篡改等安全问题。1949 年,香农发表的《保密通信的信息理论》奠定了密码技术的信息论理论基础。

计算机安全阶段始于 20 世纪 80 年代。半导体和集成电路技术的飞速发展,极大推动了计算机软、硬件的发展,计算机和网络技术的应用进入了实用化和规模化阶段。这一阶段安全技术的核心是确保计算机系统中的软、硬件及信息在处理、存储、传输中的保密性、完整性和可用性。

信息系统安全阶段始于 20 世纪 90 年代。由于互联网技术的飞速发展,无论是企业内部还是外部信息都得到了极大的开放,由此产生的网络信息安全问题跨越了时间和空间,信息安全的焦点从传统的保密性、完整性和可用性三个原则衍生为可控性、不可否认性和真实性。

信息安全保障阶段始于 20 世纪 90 年代后期。人们逐渐意识到对信息安全的认识不能仅停留在保护框架之下,还需要提升信息系统的安全检测和响应能力。在这一阶段,信息安全转化为从整体角度系统化考虑信息保障建设,不仅要关注系统自身的漏洞,还需要从业务的全生命周期着手开展信息安全保障建设。

随着网络信息安全技术的不断发展,网络信息安全已经从信息安全保障阶段进入网络空间安全保障阶段。在此阶段,以软件定义网络/网络功能虚拟化为代表的网络/网元虚拟化促进网络能力的开放化,导致攻击面高度集中,安全漏洞充分暴露。智能终端进入稳健发展期,终端、网络和应用层面形成特有的安全威胁,移动互联网终端成为安全防护的重点。

随着网络安全威胁的不断变化,传统的边界防护理念和技术手段已无法应对日益复杂和严峻的安全形势,网络信息安全技术正逐步向智能化、集成化、主动化、按需化的方向发展。

(1) 智能化。网络漏洞数量的快速递增与网络安全人员的短缺,激发了以机器代替人工开展自动化风险识别的需求。借助人工智能、大数据分析等新兴技术,安全风险精确预警与准确处置水平将大大提高。美国阿肯色州大学开发的基于人工智能的新工具,可以根据电力公司的运营环境,自动执行安全风险评估流程。美国康奈尔大学与保险公司合作开发的基于人工智能的网络安全工具,可有效识别海量数据和区块链系统的安全漏洞,并及时采取安全防护措施。此外,网络安全防护模式也逐步从传统的事件响应向持续智能响应转变,通过持续构建全面的预测、基础防护、响应和恢复能力,抵御不断演变的网络安全威胁。

(2) 集成化。网络信息安全技术逐步趋向集成化,涌现出杀毒软件与防火墙的集成、虚拟网与防火墙的集成、入侵检测系统与防火墙的集成,以及安全网关、主机安全防护系统、网络监控系统等技术的集成等一系列安全集成类技术产品。此外,统一威胁安全管理可以将各种安全威胁进行整体安全防护管理,已成为业界普遍认可的集多种网络安全防护技术于一体的集成化安全解决方案,不仅能大量降低运维成本,还能最大限度保障网络信息安全,比较典型的有网络安全平台、统一威胁管理工具和日志审计分析系统等。

(3) 主动化。数字化发展为新型未知网络安全威胁的产生和蛰伏提供了新场景,网络信息安全技术只有通过不断的自我升级,才能有效应对复杂多变的网络安全威胁。如预测性恶意软件防御技术基于攻击行为分析预测进化方向,可实现主动式安全防御;以拟态防御、可信计算等为代表的内生安全技术,可在源头处切断未知网络攻击威胁,彻底扭转网络安全被动防御局面;欺骗防御借由虚拟化技术伪装成诱饵目标系统,实现对潜伏攻击者的主动诱捕。

（4）按需化。按需化是网络信息安全技术从全面到专精的必然产物。面向不同关键基础设施类型、不同业务应用性质、不同安全威胁表征等高度异构化的安全保障需求，亟需实现对不同安全等级、不同事件类别、不同应用场景安全事件的自动化防御和响应。按需化的安全能力供给不仅能促进对已有安全能力的有机整合，还能大幅减少不同安全技术产品耦合所需的人力和时间投入，解放网络安全人力，缓解网络安全人才短缺的现状，在面对高级别网络安全威胁时有助于形成网络安全防护合力。

6.2.4　网络信息安全技术在工业中的应用

　　网络信息安全技术在工业领域的合理有效应用可以在很大程度上抵御来自内外部的网络攻击，保障工业设备、控制系统、网络、应用以及数据的安全。在工业安全领域应用较为广泛的产品设备包括工业防火墙、工业主机安全防护产品、工业安全监测与态势感知产品以及工控安全审计产品。其中，工业防火墙可有效确保工业网络边界安全；工业主机安全防护产品以主机加固技术为基础，防病毒技术为重要补充，确保工业主机处于安全可靠环境中；工业安全监测与态势感知产品的部署可及时有效发现安全隐患与问题，防患于未然；工控安全审计产品可对工业控制系统中的事件进行跟踪记录和相关分析，快速识别工控网络中存在的异常行为。

　　1. 工业网络边界安全防护

　　由传统工业控制系统发展到工业互联网，工业控制网络不再封闭可信，且涉及多种网络边界，为防止来自互联网等外界的入侵，须在网络边界采取可靠的安全防御措施。为适应复杂的工业环境，工业网络边界安全防护需要针对工业控制网络和互联网的隔离防护部署不同的防火墙，以支持常见工业协议的深度解析，并满足高可靠性和低时延需求。

　　工业防火墙是典型的工业网络边界安全防护产品，在软件层面，融合白名单、身份认证、访问控制等多种技术；在硬件层面，具有全封闭、无风扇、硬件加密等匹配工业环境的特点。工业防火墙根据部署位置的不同，可以大致分为机架式和导轨式两种，前者一般部署于工厂机房，用于隔离工厂与管理网或其他工厂的网络；后者大部分部署在生产现场，主要采用导轨式架构设计，内部组件之间采用嵌入式计算机主板，其内部设计更加封闭与严实。

　　传统防火墙经历了四代的迭代更新。

　　第一代包过滤防火墙涉及包过滤和代理两种不同技术类型，实现了根据数据包头部信息的静态包过滤。

　　第二代动态包过滤防火墙通过动态设置包过滤规则，避免了静态包过滤的配置困难等问题。

　　第三代全状态检测防火墙采用状态检测技术，在包过滤的同时检查数据包之间的关联性。

　　第四代深度包检测防火墙内嵌入侵检测和攻击防范功能，能深入检查信息包流。

工业防火墙基于传统防火墙,在硬件架构和解析能力上有所改进,功能上更加匹配工业属性,满足工业级防尘、抗电磁、抗振、无风扇、全封闭设计等要求,能够实现工业协议深度解析、包过滤、端口扫描防护、安全审计、恶意代码防护、漏洞防护、访问权限限定等功能。

2. 工业主机安全防护

对于工业主机,工业组态软件的高稳定性使得工业主机无法及时更新系统补丁。工业主机安全防护可以采取主机加固技术,从提高主机操作系统本身的安全性出发,采取关闭无关端口、进行最小权限的账号认证、设置强制访问控制等措施。总体来说,工业主机安全防护需以主机加固技术为基础,防病毒技术为重要补充,并根据自身需要综合、灵活运用防护技术来提高安全防护水平。

工业主机防护主要包含单机版和网络版两种:单机版针对隔离情况下孤立的工业主机进行安全防护;网络版针对联网情况下的工业主机进行安全防护、集中安全风险分析和配置管理。工业主机安全防护具备以下六个特点:

(1) 工业主机生命周期长且硬件资源受限;

(2) 工业主机不会随意增加应用软件;

(3) 病毒库不能定期升级;

(4) 普通杀毒软件容易误杀关键进程;

(5) 查毒、杀毒造成工业软件处理延时;

(6) 病毒极易通过移动存储介质进行传播。

工业主机安全防护大体经历五个阶段,通过对功能的不断完善升级已基本满足安全需求。

第一阶段:具备白名单的基础功能,如 USB 外设防护、非法外联探测等。

第二阶段:基于操作系统的稳定性进行了顶层代码重构,提高系统的兼容性和稳定性。

第三阶段:完善白名单机制,新增端口管理和身份鉴别功能。

第四阶段:完善人机交互界面,增强产品的易用性,新增进程保护、恶意文件检查等功能。

第五阶段:全面支持 Linux 操作系统、国产化操作系统,新增主机加固、敏感动作防护、组态管理等功能。

国外工业主机安全防护主要分为传统杀毒软件、网络安全防护以及新兴终端安全防护三大类。传统杀毒软件类依然占据较大市场,新兴终端安全防护类基于白名单、人工智能等技术,已经得到市场认可并快速占领市场。

国内工业主机安全防护主要有病毒查杀(黑名单)、终端防护平台、终端检测与响应、工业卫士(白名单)四种方案。病毒查杀用防病毒软件的扫描引擎调用病毒特征库;终端防护平台部署在终端上,检测和阻止来自应用程序的恶意活动;终端检测与响应通过云端威胁警报、机器学习、异常行为分析、攻击指示等方式,主动发现来自内外部的安全威胁；工业卫士主要采用白名单技术，专注于安全防护层面。

国内新能源汽车制造相关企业曾遭受勒索病毒侵袭，生产线的几台上位机频繁出现蓝屏死机现象，并迅速蔓延至整个生产园区内大部分上位机，导致生产线被迫停止生产。为避免上位机再次感染病毒，安全服务人员在上位机上安装了工业主机防护软件，该软件基于轻量级"应用程序白名单"技术，能够智能学习并自动生成工业主机操作系统及专用工业软件正常行为模式的"白名单"防护基线，放行正常的操作系统进程及专用工业软件，主动阻断未知程序、木马病毒、恶意软件、攻击脚本等运行，为工业主机创建安全稳定的运行环境，实现了上位机从启动、加载到持续运行全过程的安全保障，很大程度上避免了勒索病毒的入侵，确保生产线车间的正常运转。

案例 6-2:
奇安信安
全防护软
件案例

3. 工业安全监测与态势感知

工业安全监测与态势感知技术针对工业互联网终端设备、工业控制系统、网络、云平台、工业 APP 等核心要素，采用深度包检测技术，逐层解析还原网络及应用层协议，包括工控专用协议和通用协议，最终实现访问日志合成、工业设备资产检测、工控漏洞及安全事件的识别；对核心要素的数量变化、安全事件、威胁等级、威胁源分布等进行综合分析，实现安全要素信息的集中获取、分析挖掘和综合呈现。

工业安全监测与态势感知技术在传统在线监测、蜜罐仿真、网络流量分析等技术的基础上，加强对工业协议与设备的识别能力，对工业领域存在的安全事件进行监测预警、处置溯源、安全态势分析等。工业安全监测与态势感知技术从全局视角提升用户对安全威胁的发现识别、理解分析和响应处置的能力，可视化呈现安全态势，帮助用户感知隐患和威胁，最终提高行业、企业以及用户的安全态势决策能力。

由于石油天然气管道工控系统地域分布广和项目分期建设等原因，用户缺乏对系统资产全面、清晰的了解和对工控系统基本的威胁监测手段，在发生病毒入侵等网络攻击时不能实时发现、实时响应。从用户角度看，工控系统是个黑盒子，需要一台"X 光机"来"透视"工控系统运行异常和关键操作。部署在企业生产管理层、过程监控层和现场控制层的工业安全监测与态势感知平台，可实现安全数据汇集、集中运维管控、全局风险评估、系统联动处置、多维大屏展示等功能，将收集的网络安全数据进行直观的可视化展现，使用户清晰地了解网络安全态势，实现对网络安全风险的全局管控。

4. 工控安全审计

随着工业化与信息化的深度融合，来自信息网络的安全威胁正对工业控制系统造成极大的安全威胁，通用安全审计已不能满足安全需求，工控安全审计由此诞生。工控安全审计指的是通过对工控系统网络中实际通信流量的采集，并基于对工控协议通信报文的深度解析，采用实时动态分析、数据流监控、网络行为审计等技术，对工业控制网络中特定安全事件采用相匹配的安全措施。工控安全审计能够快速识别工控网络中存在的异常行为，实时检测针对工业协议的网络攻击、用户误操作和违规操作、非法设备接入以及蠕虫、病毒等恶意软件的传播行为，并实时报警，详细记录包括指令级的工控协议通信记录在内的所有网络通信行为，为工控系统安全事件的调查提供坚实的基础。

工控安全审计产品的结构一般分为两种：一种是一体化设备，将数据采集和分析功能集成在一台硬件中，统一完成审计分析功能；另一种由采集端和分析端两部分组成，采集端主要提供数据采集的功能，将采集的网络数据发送给分析端，由分析端进一步处理和分析，采取相应的响应措施，并支持采集端分布式部署。

核电工控系统普遍存在运行初期缺乏安全考量、运行后期缺乏安全更新和维护的情况，一些不合规的工控操作行为也可能带来潜在安全隐患。在核电站 TXP 系统的过程控制层与操作监视层间部署的工控安全审计系统，通过对核电控制网络的数据包进行实时旁路数据采集，对数据包的内容进行识别和解析，与用户配置的安全审计策略进行匹配，实现网络的实时监控和分析，能够检测和发现各种异常数据、网络异常行为、非法入侵等安全风险，完成离散控制系统的工控安全审计，对不合规的工控操作和网络中存在的安全风险，以实时报警的形式提示企业和用户，帮助企业和用户快速做出响应，保障核电网络的安全运行。

6.3　区块链技术

6.3.1　定义与技术原理

区块链技术是以"去中心化"的方式，由多方共同维护，通过共识算法实现数据一致存储、难以篡改、防止抵赖的数据管理技术。区块链系统利用块（block）—链（chain）式数据结构验证和存储数据，利用分布式共识算法集体产生和更新数据，利用密码学保证数据的传输和使用安全，利用智能合约来编程和操作数据。

区块链技术根据其节点的加入是否需要许可及对网络访问权限的不同可以划分为许可链（permissioned blockchain）与非许可链（permissionless blockchain）。最早出现的比特币和以太坊都是典型的非许可链架构。区块链技术日益发展，与实体经济的结合更加紧密，对数据隐私安全的需求更加突出。于是，更加贴近实际生产需求的许可链应运而生，如超级账本（hyperledger）。在许可链中，可通过设置权限来保证整个区块链网络的安全，也保留了非许可区块链原有的技术特性。如图 6-7 所示，将订单交易、物流等信息通过广播同步到区块链网络，根据共识算法选择一个节点记账并将记账信息发送给区块链其他节点，其他节点验证成功后将信息加入各自的账本。

区块链的去中心化、信息透明、难以篡改等特征能够在数字经济发展时期推动数据要素流通，提高网络安全的防护能力，促进平台建设，降低信任成本，赋能实体经济，助力智能制造。

以工业互联网为例，制造业数字化转型的不断深化，对工业互联网中平台数据互通共享、安全保障体系等均提出了更高要求。工业互联网发展中所面临的问题和挑战逐渐凸显，如设备安全可靠性问题突出，上下游供应链信息不透明，跨行业、跨领域数据孤岛现象等。区块链成为工业全要素、全产业链、全价值链连接的枢纽,实现了工业互联网设备、人才、企业、资金之间的互通互信。

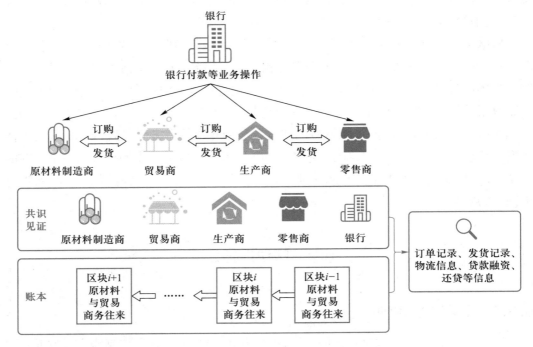

图 6-7　区块链示意图

6.3.2　区块链关键技术

区块链技术是一种综合性技术,其技术组成按区块链发展成熟度可分为核心技术、扩展技术、配套技术三类,如图 6-8 所示。

核心技术是指一个完整的区块链系统必须包含的技术,包括密码算法、对等网络、共识算法、智能合约、数据存储。

扩展技术是指进一步扩展区块链服务能力的相关技术,包括协同治理、可扩展性、互操作性、安全隐私。

配套技术是指提升区块链系统安全性、优化使用体验等相关技术,包括系统管理、操作运维和基础设施。

1. 核心技术

作为典型的区块链开源项目之一,以太坊于 2014 年诞生,奠定了区块链系统的五大核心技术,包括密码算法、对等网络、共识算法、智能合约和数据存储。

(1) 密码算法。密码算法用于解决信息加密、数字签名和登录认证等问题,通过技术的方式保证参与方的权属和验证。针对交易发起人进行身份验证,回答了区块链系统"我是'我'"的问题;各节点接收到交易后,利用密码算法验证交易,保障交易的合法性;区块

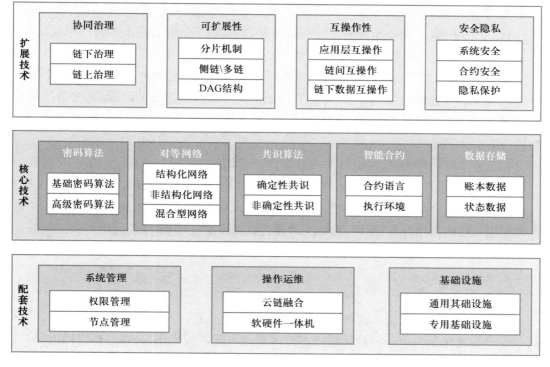

图 6-8 区块链技术架构图

之间通过密码算法环环相扣、紧密相连,从而形成一条难以被篡改的数据链条,保证区块链系统"难篡改"的特性。

(2) 对等网络。对等网络技术用于解决区块链技术应用中各节点通信和交互的问题。对等网络,又称点对点网络,是无中心服务器、依靠各个节点交换信息的网络体系。区块链采用对等网络的架构,通过去中心化的方式将交易信息同步至各个节点。节点通过网络通信协议连接到相邻节点后,数据收发模块完成与其他节点的数据交换、事务广播、消息共识以及数据同步等任务。

(3) 共识算法。共识算法用于解决系统中不同节点数据如何就区块链信息达成全网一致性和正确性的问题。区块链系统中的数据由所有节点独立存储,在共识算法的协调下,以"去中心化"的形式使所有记账节点之间达成共识。共识层同步各节点的账本,从而实现节点选举、数据一致性验证和数据同步控制等功能。数据同步和一致性协调使区块链系统具有信息透明、数据共享的特性。

(4) 智能合约。智能合约用于解决区块链中多方共同记录程序和进行运算的问题,使得区块链可以支持更多现实世界的业务。智能合约就像一个可以被信任的人,其业务逻辑以代码的形式实现、编译并部署,能够根据既定规则自动触发执行交易,最大限度地减少人工干预。通过将智能合约代码部署在区块链系统上,智能合约可以在一种完全公开、透明和不可篡改的环境中运行,交易双方不再需要特定的企业来担任中间商或者担保机构。

(5) 数据存储。数据存储技术用于解决分布式系统的数据存储、备份、容错和一致性等问题。区块链数据分为账本数据和状态数据两类,账本数据为链上交易的原始信息,状态数据为交易执行结果的总结。

借助区块链的共识算法、智能合约和数据存储等技术,工业企业在各环节所产生的各类数据可以被企业自身充分分析,将有助于提高企业各生产环节的效率,实现产品从设计、生产、销售、使用到回收的全生命周期数据互联,提高设备使用可靠性,降低能耗、物耗与维护费用等。

在工业实际场景中,区块链分布式数据存储、智能合约、时间戳技术与工业互联网融合发展,有利于推动数据资源向生产要素的形态演进,保障工业互联网数据可信。基于区块链技术的工业品可信追溯系统就充分利用了区块链可溯源技术的特点,在数据所有方和使用方之间搭建可信、透明、可追溯的数据权属证据链,把工业品从生产到流通的全流程数据通过网络和区块链技术进行非人工干预,登记、存储、记录信息至安全可信任的分布式数据库上。

2. 扩展技术

随着区块链技术应用广度和深度的不断拓展,行业对区块链技术的要求逐渐提高。行业需求的变化催生了一系列扩展技术对区块链系统进行优化,具体包括协同治理、可扩展性、互操作性、安全隐私四个方面。

(1) 协同治理。协同治理发展缓慢,依然存在难点。区块链治理是指创建、修改、更新系统规则的决策过程,但是作为一种去中心化的账本系统,相较于传统的中心化系统,以协同治理技术实现区块链中多参与方之间地位平等的合作模式,存在一定难度。

(2) 可扩展性。广义的可扩展性包括性能可扩展和功能可扩展两方面,性能可扩展专注于通过横向扩展提升交易吞吐量,功能可扩展专注于通过横向扩展增强区块链服务能力。以支付为例,支付平台 Visa 以平均 2 000 笔/秒、峰值 56 000 笔/秒的交易速度对区块链性能提出了更高的要求。而区块链系统受限于共识算法、对等网络、密码算法等约束,单机性能存在上限,可扩展性就成为进一步提升区块链处理能力的关键技术。

(3) 互操作性。互操作性技术发展迅速。互操作性是指区块链系统与其他系统或组成部分之间交换信息,并对交换的信息加以使用的能力。通俗地讲,就是指不同底层链和应用层之间进行信息的交互,实现了跨链及跨应用的数据交互。

(4) 安全隐私。在网络环境中,合约安全和隐私保护成为焦点。区块链作为去中心化的账本系统,不同节点的安全防护能力参差不齐,导致系统存在被攻击的风险;合约编写者能力参差不齐,加之缺乏便捷、有效的合约自动审计方案,导致合约安全事故频发,已成为区块链安全的重灾区;区块链去中心化、准匿名的特性,加之缺乏有效的监管手段,导致链系统存在被滥用的风险。随着链上数据的不断丰富,应用场景的不断拓展,数据流通过程中的隐私问题日益凸显。

随着工业互联网与区块链融合程度的加深,核心技术已不能满足工业互联网的需求,拓展技术的应用有助于打通多主体间数据与价值传递的壁垒。在工业实际场景中,一个重要的方向是区域性协作平台的搭建,通过将区域性区块链平台与政务平台进行打通,链上拥有和储存了更加丰富的政务信息和企业信息,例如企业的资质、信用、纳税、财务报告、用工情况、资源消耗等。为解决可信认证、交易执行、清洗核验、分布式数据存储与数据分析、记录与追溯、用户隐私保护、用户分级等问题,可拓展性提升多主体参与时的性能;互操作性打通不同业务主体的数据壁垒;安全隐私通过授权访问、零知识证明等方法实现关键信息不泄露,且能让潜在合作伙伴或相关方及时了解和获取所需要的信息。

3. 配套技术

区块链作为一种软件系统,其实际应用过程中还需要配套技术来帮助提升系统安全性,优化使用体验,加速区块链发展进程,具体包括系统管理、操作运维和基础设施三个方面。

(1) 系统管理。系统管理是对区块链的体系结构中其他部分进行管理,主要包含权限管理和节点管理两类。对于许可链而言,权限管理是区块链技术的关键部分,尤其对数据访问有更多要求。区块链技术作为一种综合多种技术、去中心化的复杂系统,实际使用过程中面临系统安全、合规安全等问题。

(2) 操作运维。操作运维负责降低区块链的使用门槛。区块链系统融合了密码算法、对等网络、共识算法、智能合约等多种技术,导致其部署运维难度大,存在使用门槛较高的问题。

(3) 基础设施。区块链的基础设施可以分为通用基础设施和专用基础设施两类。通用基础设施是指区块链系统和传统互联网服务使用过程中都需要的软硬件资源,具有通用性,如通信网络、云平台等;专用基础设施是指特需的软硬件资源,如统一的链资源管理系统、数字身份管理系统、区块链即服务等。随着基础设施的不断完善,用户可以更便捷地根据业务需求来使用区块链服务。系统管理、操作运维和基础设施等配套技术,为工业互联网中数据共享和业务协同提供了低成本、高收益的解决方案。

在工业实际场景中,部分厂商已开始探索配套技术的落地。系统管理方面,通过设立代理节点、强化网络身份认证体系、网络限流,促进了区块链系统稳定合规发展。在操作运维方面,通过云计算技术赋能区块链部署环节,实现了"云链融合",简化了操作运维,完成对链系统的自动化部署与便捷运维;在基础设施方面,通过软硬件一体机,大大降低了链系统运维部署的难度与工作量,依靠云资源优势,将区块链服务集成到云中,提供开箱即用的区块链服务。

6.3.3 区块链技术发展趋势

区块链技术经历了技术验证阶段的区块链 1.0 时代、平台发展阶段的区块链 2.0 时代,目前正处于产业应用阶段的区块链 3.0 时代。

(1) 技术验证阶段(区块链 1.0,2008—2013 年)。比特币的发布开启了以技术验证为特征的区块链 1.0 时代。2008 年,中本聪发表了《比特币:一种点对点的电子现金系统》,

提出了一种去中心化的数据库技术,颠覆了传统数据库的中心化控制架构,以开放、扁平、平等的方式来解决数字世界中的共识和互信难题。2009 年 1 月 8 日,按照中本聪的设计,比特币正式上线运行,世界上首个区块链系统由此诞生,第一个序号为 0 的创世区块诞生,随后几天出现了序号为 1 的区块,并与序号为 0 的创世区块相连接形成了链,标志着块状链式结构的区块链诞生。

(2) 平台发展阶段(区块链 2.0,2014—2017 年)。承载着成为全球性可编程、开放式网络的愿景,伴随着图灵完备的智能合约系统的出现,区块链进入以平台发展为特征的 2.0 时代。区块链作为一个可编程的分布式信用基础设施来支撑智能合约的应用,提供了强大的合约编程环境,运行各种商业与非商业环境下的复杂逻辑,最终形成区块链强大的生态系统。各式各样的协议和与钱包相关的项目(瑞波币、SoinSpark)、开发平台和 API、基于区块链技术的存储通信与计算(Storj、IPFS)、去中心化应用(decentralized application,DAPP)、去中心化自治组织(decentralized autonomous organization,DAO)、分布式自治系统(distributed autonomous corporation,DAC)、去中心化社会(decentralized society,DS)吸引越来越多的金融机构、初创公司和研究团体加入区块链技术的探索行列,推动区块链技术的迅猛发展。资产管理实现高透明、可穿透的数字化转型,形成信任的链式传递,加速数字资产的线上高效转移。

(3) 产业应用阶段(区块链 3.0,2018 年至今)。区块链技术正在为数字经济时代多主体可信协作提供信任基石。2018 年开始,随着区块链技术的进一步发展,区块链的应用拓展到金融领域之外,为各行业创造去中心化的"可编程社会"。区块链 3.0 为多企业主体在交互协作、互信和安全认证方面提供了机器信任的基石,并降低了总体业务的维护成本。部分资本密集、技术密集型产业开始探索区块链技术在经济社会内创新应用的可能,区块链成为价值互联网的内核,能够对于互联网中每一个代表价值的信息和字节进行产权确认、计量和存储。它不仅能够记录金融业的交易,而且能够记录任何有价值的、以代码形式表达的事物,其应用能够扩展到任何有需求的行业领域。

随着科技的发展,区块链技术不断融合创新,逐渐成为能够提供可信存证、多方协同以及价值传递的新一代基础设施。区块链技术呈现出了两方面的发展趋势:一个是区块链技术自身的优化,打造可信安全的区块链信任基础设施;另一个是区块链技术与其他技术的融合创新,拓宽了区块链技术的应用范围。

(1) 区块链技术自身的优化。区块链技术自身的优化包括共识算法优化、智能合约优化、密码算法优化等。

① 共识算法优化。共识算法经历了从信任简单环境逐步转向竞争、非信任的复杂环境,实现了拜占庭容错的系统同步机制,并从开始的能源密集型共识算法逐步跃迁至节能高效的共识算法。基于权益证明的共识算法快速发展,得到了业界的广泛重视。共识算法仍是技术的发展热点,针对单一共识算法的局限性,逐步衍生出并行分片、混合共识、分层网络等研究方向,旨在提高区块链平台的处理效率与系统性能。

② 智能合约优化。智能合约依托虚拟机技术,是区块链平台共同计算、共同验证的核心构件。智能合约正向高安全性、泛通用性、强确定性的方向演进,例如依托 C、C++、Rust、Go 等系统级语言,编译成 wasm 字节码格式,具有更好的通用性;Facebook 提出的 Libra 项目,选择自行设计新型的智能合约语言以及虚拟机,吸取以太坊虚拟机的经验教训,舍弃部分图灵完备功能,提供了高安全性、强正确性的解决方案。

③ 密码算法优化。行业持续关注多维度的研究方向来保障区块链系统的安全性。密码算法优化可以从密码算法、通信协议安全、工程实现、使用规范等层面进行。密码算法涉及哈希算法、非对称密码、签名算法等,也包括用于某些智能合约中的复杂密码算法。通信协议安全主要防范攻击者利用网络协议漏洞进行日食攻击和路由攻击。工程实现主要是解决智能合约编写过程中存在的系统漏洞,以及区块链系统自身源代码存在的接口漏洞等。使用规范主要涉及用户私钥的管理、存储和使用安全等。

(2) 区块链技术与其他技术的融合创新。区块链技术与新一代信息技术深度融合,打造创新应用新范式:

推动区块链技术与云计算融合创新,降低区块链技术落地门槛,加速打造数字化信任基座;

推动区块链技术与隐私计算等可验证技术融合创新,保障数据流通与价值传递过程的信任与安全;

推动区块链技术与 5G 通信技术融合创新,实现快速、安全的点对点通信,打通区块链技术最后一公里;

推动区块链技术与人工智能融合创新,促进多方高效协同,深度挖掘数据价值,打破"数据孤岛"格局,促进跨机构间数据的流动、共享及使用;

推动区块链技术与物联网融合创新,实现物理世界与数字世界的锚定,提升上链数据的真实性和可靠性。

6.3.4 区块链技术在工业中的应用

区块链技术为工业互联网发展注入新动能,为工业互联网数据交换、共享、确权、确责以及海量设备接入、认证与安全管控等方面注入新动力。区块链技术赋予数据难以篡改的特性,进而保障数据传输和信息交互的可信和透明,有效提升各制造环节生产要素优化配置的能力,加强不同制造主体之间的协作共享,以低成本建立互信的"机器共识"和"算法透明",加速重构现有的业务逻辑和商业模式。

1. 基于区块链技术的工业设备管理

如图 6-9 所示,基于区块链技术的设备管理包括设备身份管理、访问控制管理以及生产流程管理。设备身份管理是设备端向远程的服务端证明自己身份的方法,确保端侧动作都由该设备或者该设备的操作者发出。访问控制管理是构建稳定可靠的工业互联网和内外访问控制的重要手段,实现网络内、设备间可信可控互连。生产流程管理是生产过程可信追溯的重要方式,实现事前确权划责、事中留痕、事后审计追责。

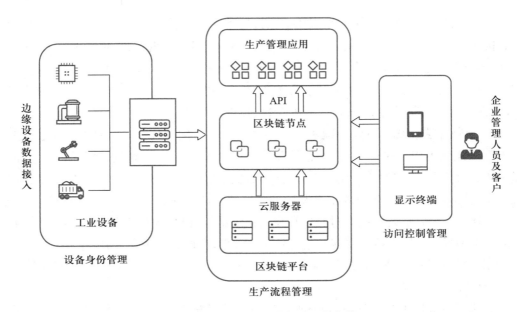

图 6-9　基于区块链技术的工业设备管理

（1）设备身份管理。基于区块链的设备身份管理系统，以区块链智能合约共识执行的方式获取和验证设备身份，并且建立从个人实体身份到所拥有的设备身份之间的映射关系，以授权模式使得设备端也能够验证请求方是否具有访问权限，从而实现设备端与使用者之间双向可信安全的可追溯验证。

（2）访问控制管理。访问控制管理是指利用区块链技术将访问者对设备访问权限的策略写入，并通过智能合约对这些策略进行管理。访问权限由设备所有者通过调用设备管理智能合约定义并发布在区块链上，合规用户可以在任何时间查询当前持有者在对某个设备执行何种操作。

（3）生产流程管理。生产流程管理是指通过设备数字化、智能化改造，将各类生产工艺参数、质量检测数据采集、汇总至边缘网关，实现边缘数据的上云与存储，由区块链实现对数据的记录，构建产品供应链历史记录，实现数据真实性校验。

运用区块链技术，可以解决工业互联网领域与设备相关的信息安全问题。由于涉及与工业体系、现有系统和设备的深度融合改造，改造工作量大、成本高、周期长，相较于单纯软件层面的研发和对接而言难度更大，其意义及可行性已在国际各大权威行业协会组织及知名企业间得到认可并达成共识。例如，电气与电子工程师协会（IEEE）在 2019 年召开的工程与技术国际会议（ICEET）上发布了《区块链对工业 4.0 的影响》的论文，文中阐述了区块链在工业互联网中对设备身份认证、设备权限管理、设备数据采集等方面的价值和意义。

近些年，以分布式数字身份为切入点，基于区块链技术的设备管理方案逐渐落地，尤其是以代表产业数字化转型的工业互联网为主要应用场景，以网络标识这一数字化关键资源为突破口的工业互联网标识项目，推动了区块链技术赋能工业互联网的应用发展。

国内部分工业企业已开展基于区块链技术的工业互联网标识平台建设,充分发挥区块链技术在促进数据安全共享、优化业务流程、降低运营成本等方面的作用。该类平台上线后,企业信息及标识信息上传至区块链上进行分布式存储,确保上链数据不可篡改,提高安全性,为用户提供了多方相互信任、诚实经营的环境,保证了工业互联网各企业间信息共享的安全性,助推工业企业之间产业链协同。平台使用区块链身份认证体系,对每笔上链交易进行确权,每个数据的修改、查询、更新等操作步步留痕、不可篡改、易追溯。

2. 基于区块链技术的供应链管理

基于区块链技术的供应链管理包括供应链可视化和工业企业供应链金融。供应链可视化是利用信息技术,采集、传递、存储、分析、处理供应链中的订单、物流以及库存等相关指标信息,按照供应链的需求,以图形化的方式展现出来,有效提高整条供应链的透明度和可控性,从而大大降低供应链风险。工业企业供应链金融是将供应链上的核心企业以及与其相关的上下游企业看作一个整体,以核心企业为依托,以真实贸易为前提,运用自偿性贸易融资的方式,为供应链上下游企业提供的综合性金融产品和服务。

区块链技术在工业企业供应链可视化领域的应用,是通过各参与方维护同一套多节点、分布式且具有访问控制能力的区块链产业协作平台来实现的。协作平台记录消费者、供货方、物流服务商等状态信息,以实现可信、安全和可追溯的数据录入,以及基于身份认证机制的访问控制下的数据共享,如图 6-10 所示。各参与方可基于智能合约按需实现订单等信息的全生命周期查询功能,在数据拥有方开放访问权限的情况下,通过调用智能合约接口,以身份可验证、访问可控的方式来实现可信可控的参与方之间的数据交换。

案例 6-3:华为云基于区块链的物流管理

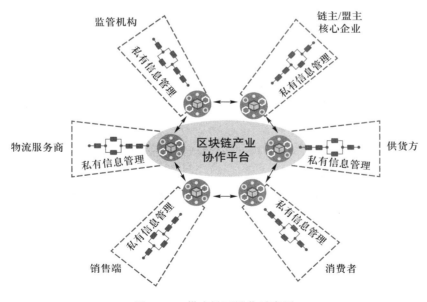

图 6-10 供应链可视化示意图

　　区块链技术在工业企业供应链金融领域的应用,则是利用区块链技术的不可篡改、不可抵赖、可溯源等特性对交易真实性、交易自由性进行增强,为制造业核心企业的整个生态链引入更低成本的流动性。

　　区块链技术使得工业企业内部的生产、管理、供应链协同,沉淀出可信的业务信息,优化了传统工业互联网的供应链管理流程。一方面,区块链技术实现了信息资源共享,解决了供应链中各主体地理位置分散、难以交互的问题,降低了不同主体的协同门槛和复杂度,从而实现多参与方网络的高透明度、高协同度;另一方面,基于产业体系内部的可信业务信息,金融业务可以嵌入式开展业务,形成产业、金融协同新模式。金融机构通过参与以区块链为多方共治技术基础的工业区块链平台,实现账本共享,在获得授权的情况下,直接获取产业运作的真实过程数据,在对业务运作充分了解的基础上,更加主动地向目标客户提供多样化,甚至定制化的金融服务。

案例 6-4
供应链金
融服务

　　电力企业基于区块链技术构建绿电交易系统,推动绿电交易机制创新,实现绿电生产、交易、使用全过程的可视、可控、可追溯。该系统融合了区块链智能合约、身份认证、分级访问控制、密码算法等技术,构建了链上链下全业务系统协同贯通的服务模式。电力企业通过区块链服务网关形式为用户提供轻量级安全接入、交易、存证、溯源等服务,构建了基于区块链技术的绿电消纳交易平台,为政府监管机构、绿电消纳责任主体提供透明高效、快速便捷的市场服务,提高了供应链协同效率,积极服务于"碳达峰、碳中和"目标的实现。

<h2 style="text-align:center">思 考 题</h2>

6-1　什么是网络与信息安全技术? 与其相关联的三大要素是什么?

6-2　简要介绍网络与信息安全技术的发展历史。

6-3　网络与信息安全技术发展趋势怎样? 未来有哪些重点发展方向?

6-4　简述网络与信息安全技术在工业中的应用。

6-5　何谓区块链? 许可链和非许可链有哪些主要区别?

6-6　区块链具备哪些技术特征?

6-7　作为"不可篡改账本",区块链如何保障信息安全?

6-8　概述区块链技术的发展过程。

6-9　展望区块链技术的发展趋势,未来哪些方面可能会成为发展重点。

6-10　区块链技术在哪些方面可有效赋能工业互联网? 如何赋能?

智能化技术

7.1 概　　述

　　智能化技术是基于重大变化的信息新环境和发展新目标的新一代人工智能(人工智能 2.0)。其中,信息新环境是指互联网与移动终端的普及、传感网的渗透、大数据的涌现和网上社区的兴起;新目标是指智慧医疗、智能家居、智能驾驶等从宏观到微观的各类智能化新需求。新一代人工智能使传统方法难以实现的系统建模和优化成为可能,不仅能够赋能数字化网络化技术,带来赋能技术性能升级和体系变革,还能引发社会经济各领域的深层次智能化变革,带来生产、生活与社会治理模式的全面跃迁,引领真正意义上的第四次工业革命,构建面向未来的智能社会。图 7-1 展示了人工智能 2.0 的技术体系和在不同行业的应用。

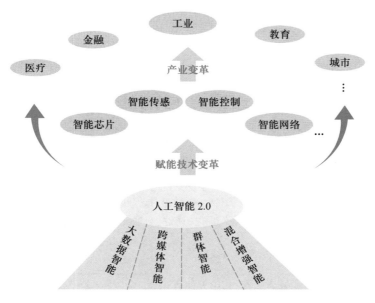

图 7-1　智能技术体系及其在不同行业的应用

人工智能 2.0 技术是整个智能化技术的核心,其在数字化和网络化技术的基础上,将数字化网络化阶段积累的大量信息与数据充分挖掘并全面利用,充分发挥数据价值,与之前的分析模式相比,人工智能 2.0 的变革意义主要体现在以下三个方面。

(1) 强化系统建模与数据分析能力。传统数据分析方法高度依赖人的经验认识和科学理论的发展水平,只能解决机制相对简单清晰或是在人类现有理论边界内的问题。人工智能 2.0 能够自动构建分析模型,发现并学习数据中的复杂模式,在识别、预测等方面达到并超过人类水平。

(2) 强化认知与学习能力。人类擅长常识的总结和因果逻辑推理,从数据中获取知识,这便是"认知"。人工智能 2.0 在一定程度上弥补了人工智能 1.0 "认知"能力的缺失,由原本的"授之以鱼"转变成"授之以渔",能使机器具备常识总结和因果逻辑推理的能力,显著提升知识作为核心要素的边际生产力。

(3) 强化人机交互的协作能力。人工智能 2.0 将不同传感源输入处理中心,提升机器听觉、机器嗅觉、机器触觉和情绪理解等功能,使系统逐步增加"情感元素",人与机器智能的各自优势得以充分挖掘并相互启发地增长,两者相互适应,协同工作。

人工智能 2.0 的技术特征表现在四个方面:

一是从传统知识表达技术到大数据驱动知识学习,再转向大数据驱动和知识指导相结合的方式;

二是从分类型处理多媒体数据(如视觉、听觉、文字等)迈向跨媒体认知、学习和推理的新水平;

三是从聚焦研究"个体智能"到基于互联网络的群体智能,形成能够组织、激发群体智能的技术与平台;

四是从追求"智能机器"到高水平的人机协同融合,再走向混合型增强智能的新计算形态。

综上,以人工智能 2.0 为核心的智能化技术包括大数据智能、跨媒体智能、群体智能和混合增强智能四个主要技术方向,见表 7-1。

表 7-1   以人工智能 2.0 为核心的智能化技术组成

智能化技术	主要内涵	代表应用
大数据智能	利用学习过程中积累的知识,不断优化和提升自身的理解水平,实现大数据驱动的知识学习	AlphaGo、基于大数据的天气预报与舆情分析
跨媒体智能	综合理解文本、图像、语音、视频、地理信息或其他类型数据及其相关属性	机器自动将图片转换成描述性文字,根据文字生产图片
群体智能	通过聚集群体的智慧解决问题	普林斯顿大学视网膜神经结构的群体标注
混合增强智能	以人类本身为基础,利用人的意识进行机械系统操作,实现人机协同	各种穿戴设备、智能驾驶系统、外骨骼设备、人机协同手术系统

此外,智能化技术还带来了数字化网络化等赋能技术变革。以人工智能 2.0 为核心的智能化技术具有极强的融合能力,与集成电路、数字传感、数字控制、网络通信等数字化网络化技术融合,实现技术性能的增强和体系化变革。比如,人工智能与集成电路融合形成的人工智能集成电路能够处理各类视频、图片等非结构化数据,使智能手机拥有美颜功能、自动驾驶汽车能进行路况识别等。人工智能与传统控制结合形成智能控制技术,使机器人系统、生产制造系统、交通控制系统等能够适应复杂多变的环境,在无人干预的情况下完全自主驱动系统实现预定目标。人工智能与网络通信技术融合,能够解决网络资源利用率低、业务匹配性差等问题,实现无线资源的智能调度,驱动资源与需求的实时匹配。

智能化技术与工业、农业等实体经济融合,带来各个产业的智能化变革。虽然人工智能 2.0 还处在发展初期,但已经开始持续释放能量,融入制造、金融、医疗、城市等各产业领域,形成各类智能化新需求、新模式。更重要的是,人工智能 2.0 与制造技术深度融合形成的智能制造技术将成为引领第四次工业革命的核心驱动技术。

7.2 大数据智能

7.2.1 定义与技术原理

大数据的特征决定了其价值释放必须和人工智能结合。大数据具有规模性(volume)、高速性(velocity)、多样性(variety)、价值性(value)4V 特征,为人类获得深刻、全面的洞察能力提供了前所未有的潜力。但既有的技术架构和路线,如基于规则、经验和统计的数据建模分析方法已经无法迁移到大数据建模分析环节中,因此大数据对人们的数据驾驭能力也提出了新的挑战。在探索过程中,人工智能技术被广泛使用,逐渐形成一系列以深度学习、迁移学习和强化学习为核心的智能数据建模分析方法。因此,大数据智能是大数据和人工智能技术融合的产物,利用人工智能技术实现海量数据的价值释放,其关键是利用深度学习等人工智能算法构建大数据分析模型。

下面以车流量预测案例说明实现大数据智能的基本流程。

(1) 数据采集和存储是利用人工智能技术释放大数据价值的第一步,主要是将不同来源、类型的数据采集到目标数据库。对于车流量预测,需要采集和存储不同历史时刻、不同位置的车流量数据、天气数据、城市特殊事件数据等,涉及文件日志的采集、数据库日志的采集、关系型数据库的接入等。在大数据采集和存储过程中,出现的诸如 Storm、MapReduce、Hadoop 等新型工具实现数据高速传输、迁移、创建、删除、查询、导入、导出等功能。事实上,数据采集之前需要进行大量的分析工作以明确需要采集何种数据,限于本书篇幅和研究重点,假设已经明确预测所需要的数据。

(2) 数据预处理是对采集来的数据进行清洗、标准化,这是下一步分析的准备工作。

一般情况下,采集的数据往往很"脏"、不满足分析的要求,例如某个时间点位置数据缺失、异常、重复、格式不统一等,需要进行数据清洗和标准化。由于数据的质量对后续建模的质量有很大的影响,数据预处理环节往往工作量最大。

(3) 数据建模分析是在对数据进行深度观察的基础上,构建数学模型,输入已经处理好的数据,不断调整模型参数,使分析结果尽可能和目标接近的过程。业界针对不同的数据任务已经提出一系列基于神经网络的大数据分析模型。针对车流量预测这个任务,时间特征更重要,例如早上上班时间和车流量高峰比较相关,循环神经网络(recurrent neural network,RNN)算法、长短期记忆(long short-term memory,LSTM)网络算法更适合解决时间序列大数据问题,因此可以尝试利用长短期记忆网络构建车流量预测模型并不断迭代优化。

(4)模型应用指的是将上一步已经构建好的智能模型部署到实际系统,以实现模型推理决策的过程。在数据分析过程中,将已经构建好的模型融入现有业务系统,如城市交通大数据平台接入城市交通、天气、特殊事件等实时数据,模型即可实时推理并返回车流量预测结果。

事实上,大数据智能已经广泛应用在各个领域。在交通领域,比如基于历史数据构建预测模型实现车流量实时预测;在工业领域,比如基于历史运行数据及维修数据等建立设备的智能运行模型,实现设备故障时间预测;在消费领域,比如基于搜索历史、购买记录、流行热点等数据构建消费者画像,实现精准推送。

7.2.2 大数据智能关键技术

深度学习是大数据智能的核心技术。随着技术的不断发展,深度学习(deep learning,DL)、迁移学习(transfer learning,TL)、强化学习(reinforcement learning,RL)、大模型(large model)等新技术逐渐出现,并用来实现对海量数据的挖掘利用。

1. 深度学习

深度学习是机器学习的一种,采用了与传统神经网络相似的分层结构,包括输入层、隐藏层、输出层,如图 7-2 所示。每一个隐藏层都具有一组可学习的、动态更新的参数,实现对输入数据的映射和转换。

深度学习的核心思想是通过多个隐藏层逐步提取高层次的抽象特征,最终完成复杂的学习任务,其主要通过输入数据前向传递和误差反向传播实现特征学习和预测。具体来说,深度学习模型将目标值或标签与输入数据进行比较,通过计算损失函数得到误差值。然后,深度学习模型反向更新网络参数,以最小化误差和损失,这使得每一层所学习的特征更加准确地描述真实目标。这个迭代过程在整个数据集上重复执行,直到收敛。简言之,深度学习通过神经网络实现分层特征提取,结合误差反向传播迭代优化,实现模型自动化学习。

深度学习的关键是特征提取。在高维空间中,每一维度都对应一个特征(很少有实际含义),而神经网络通过分层逐步提取和组合这些特征,生成更高阶的抽象特征,从而

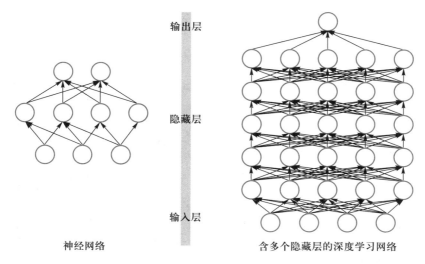

图 7-2 传统的神经网络和深度神经网络

有效地解决了高维数据不易分类和处理的问题。因此,相比传统机器学习算法,这种分层特征提取方式更适合处理高维输入数据。

常见的深度学习模型包括全卷积网络(fully convolutional network,FCN)、卷积神经网络(convolutional neural network,CNN)、循环神经网络(RNN)等,这些模型在不同领域取得了很好的效果。而为了让模型更好地适应各种场景,深度学习也发展出了许多变体,并衍生出各种经典网络结构,如 AlexNet、VGG、ResNet 等。下面以卷积神经网络和循环神经网络为例展开详细介绍。

卷积神经网络是一类广泛用于计算机视觉领域的神经网络模型,也是深度学习发展至今最受欢迎的模型之一。卷积神经网络的主要特点是引入了卷积层和池化层这两种特殊的神经网络层,每一个卷积层可以看作一组滤波器/卷积核,通过对输入图像进行卷积,可以提取出不同位置上的局部特征。而池化层则用来降低卷积层输出的特征维度,常见的方式有最大池化、平均池化等。图 7-3 所展示的是一种典型卷积神经网络的基本结构。

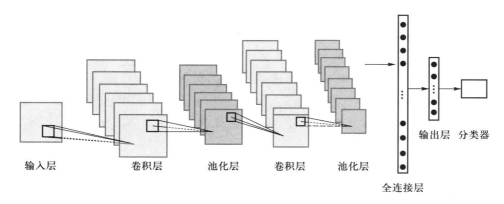

图 7-3 典型卷积神经网络的基本结构示意图

例如,在某汽车目标检测任务中,利用卷积神经网络实现对车辆的检测。在模型构
建环节,输入层主要将汽车图像数据转化
为数学语言,并对汽车图像维度进行定义;
中间层是卷积神经网络的核心内容,主要
通过卷积函数、激活函数以及池化函数等
对汽车的形状、颜色、位置等特征进行提取
并降维;输出层主要由全连接层与分类器
构成,用于输出对车辆的检测结果(包含置
信度与边界框)。在模型训练环节,利用包
含数百张图像的小标记数据集进行模型训
练,输出结果如图 7-4 所示。

图 7-4   汽车目标检测示意图

相比之下,循环神经网络主要是用来
处理序列数据的,例如预测句子的下一个
单词是什么(一个句子中前后单词并不是独立的)。循环神经网络会对前面的信息进行
记忆,保存在网络中,并应用于当前输出的计算中,即隐藏层之间的节点是连接的,并且
隐藏层的输入不仅包含输入层的输出,还包含上一时刻隐藏层的输出,这也是为何循环
神经网络能够很好地处理序列数据(尤其是自然语言)的核心原因。图 7-5 所示为一种
典型循环神经网络的基本结构。

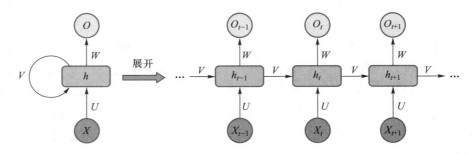

图 7-5   典型循环神经网络的基本结构示意图

例如,在某影评情感分类任务中,利用循环神经网络实现对电影评价文本数据的情
感倾向分类。在模型构建环节,首先对电影评价数据进行转码、词向量转化等操作,将文
本转换为数学语言;然后利用嵌入式构建词嵌入矩阵,并利用循环神经网络作为基本网
络单元,对循环神经网络最后节点的输出进行逻辑回归(即二分类),进而得到其情感分
类结果。在模型训练环节,利用包含正负面电影评论各数千条的数据集进行训练,模型
分类准确度可达 95%。

深度学习在计算机视觉、自然语言处理、音频处理等众多领域得到广泛应用,并表现
出巨大发展潜力。例如,在计算机视觉领域,深度学习可用于目标检测、图像分割、人脸
识别等;在自然语言处理方面,则可以用于语言翻译、情感分析、文本摘要等。在具体的

行业应用上,深度学习广泛应用于工业、医疗、交通等领域。以工业领域为例,深度学习可应用于复杂产品的质量检测、设备的复杂控制、生产安全等环节。以复杂质量(缺陷)检测场景来说,由于器件形状复杂、光源不稳定等原因,传统基于颜色、形状等模式识别的算法检测往往精度比较低,达不到要求。利用深度学习构建高精度预训练模型,能够在环境频繁变化条件下检测出更微小、更复杂的产品缺陷,提升检测效率。如图 7-6 所示的晶圆表面微小缺陷检测过程中,面临着数据量不足、问题复杂度高、计算实时性要求高等业务挑战。以深度学习算法为主、传统机器视觉为辅的混合型方案,融合目标检测、分类、回归、识别算法,实现对晶圆过显、污染、残留和擦伤等缺陷的识别,检测精度达到99% 以上,能够为企业降低 50% 的生产成本。

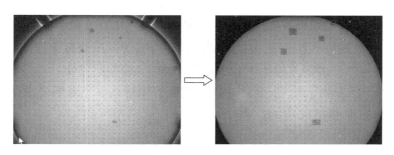

图 7-6　晶圆表面微小缺陷检测场景

2. 迁移学习

迁移学习是将已经在一个任务上训练好的模型应用于另一个相关但不同的任务中的方法,通过利用以往任务中学出的"知识",如数据特征和模型参数等,来加速新领域模型的生成并提高其性能。迁移学习可以大大减少所需的数据和计算资源,并且在一些具体应用场景下获得更好的表现。具体操作是在源域(训练数据集)上训练一个模型,然后在目标域(测试数据集)上进行微调或者重新训练模型,以获得更好的性能。根据不同的迁移内容,迁移学习方法可以分为四类。

(1) 基于样本的迁移学习方法(instance-based transfer learning),是指采用一种特定的权值调整策略,从源域中选择部分样本作为目标域训练集的补充,并为这些选择的样本分配适当权值。

(2) 基于特征的迁移学习方法(feature-based transfer learning)是指把样本从源域和目标域映射到新的数据空间。若源域和目标域的特征原来不在一个空间,则需要把它们变换到一个空间中。

(3) 基于模型的迁移学习方法(model-based transfer learning)是指迁移已经训练好的模型参数,该类方法往往和深度学习结合,直接迁移神经网络的结构。

(4) 基于关系的迁移学习方法(relation-based transfer learning)主要是指利用领域间相似的关系进行类比迁移。比如老师上课、学生听课就可以类比为公司开会的场景,这种类比就是一种关系的迁移。

迁移学习的意义体现在以下三个方面。

(1) 解决数据难题。在一些新的场景或任务中,数据量较小或难以获得大量高质量标注数据,这时可以利用已有的大规模数据进行预训练,并对预训练好的模型进行微调,从而快速、有效地解决少样本学习问题,体现时效性优势。比如一个公司的两个 APP 业务,用户群体交叉很大,当 A 业务的用户首次访问 B 业务时,基于迁移学习可以解决冷启动问题。

(2) 解决模型构建难题。大数据对存储和计算要求高,绝大多数普通用户缺少强计算资源,迁移学习可通过基于普适模型的微调,快速构建个性化模型来缓解基础设施资源不足的问题。

(3) 提高模型泛化能力。模型可通过同时学习多个任务、共享特征表示、任务之间知识转移和交互来提升在每个任务上的效果。例如在自然语言处理中,词向量可以在不同的任务上共享,如文本分类、命名实体识别和情感分析等。虽然每个任务有其独特的目标和损失函数,但基于多任务的迁移学习能够显著提高模型泛化能力。

迁移学习广泛应用于消费、金融、医疗、工业等领域。以工业装备故障诊断为例介绍迁移学习在工业领域的应用。由于某些特殊装备故障出现频率非常低,数据量少,但每次出现都可能带来巨大损失,因此必须进行诊断和预测。研究者尝试利用源域数据(具有较多带标签样本的普通装备数据集)和迁移学习算法,构建目标域(特殊装备数据集,只有少量甚至没有带标签的样本数据)的智能故障诊断模型,精确识别出特殊装备的故障,如图 7-7 所示。

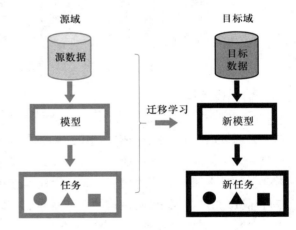

图 7-7　迁移学习

此外,迁移学习也常与其他算法结合来解决业务痛点问题。例如,在微电网故障诊断场景中,由于故障频次极少,导致高质量的故障数据集难以收集,面临故障类型不平衡、数据稀疏等问题。如图 7-8 所示,某机构通过将迁移学习与长短期记忆(LSTM)网络相结合的方法,对不同结构的微电网进行故障诊断。首先,提取微电网故障特征组成特征向量作为网络输入;其次,利用源域数据样本对长短期记忆网络模型进行预训练,并保存相关参数;再次,采用迁移学习方法将预训练模型中的参数迁移至域自适应网络;最后,根据有标签数据(源域数据)和目标域数据对模型进行微调迁移训练,将单一微电网故障诊断模型迁移至其他不同结构微电网的故障诊断中。测试结果表明,该方法诊断精度有明显提高。

3. 强化学习

强化学习是用于描述和解决个体/智能体(agent)在与环境的交互过程中,通过学习

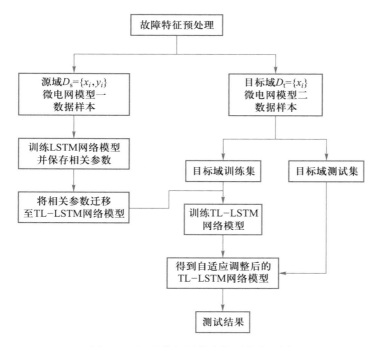

图 7-8　识别微电网故障类型的流程图

策略达成回报最大化或实现特定目标的方法,可以简单理解为智能体在一个复杂不确定的环境中如何使其获得的回报最大化。在围棋比赛中击败世界冠军的 AlphaGo 程序就是一个非常成功的强化学习应用案例。具体来说,智能体就是能够采取一系列行动并且期望获得较高收益或者达到某一目标的个体,比如学习如何下围棋的 AlphaGo。而与个体相关且除个体外的其余部分都统一称作环境(environment),比如面前的棋盘以及对手。整个下围棋的过程可以分割成不同的时刻(time step)。在每个时刻,环境和个体都会产生相应的交互。个体可以采取一定的动作(action),这样的行动是施加在环境中的。环境在接受个体的动作后,会向个体反馈环境目前的状态(state)以及由于上一个动作而产生的奖励(reward)。图 7-9 展示了强化学习的基本逻辑。

　　基于以上分析,可以抽象出强化学习的核心,即如果智能体采取某个动作后得到环境的正面奖励信号,那么智能体以后会更倾向于采取这种动作。智能体的目标是找到在每个状态下最优的策略,以获得最大的奖励期望值。

　　常见的强化学习根据学习过程中是否掌握了完整的环境模型可以分为基于模型的强化学习和非基于模型的强化学习两类方法。其中,基于模型的强化学习通过学习环境动态转移函数来进行决策;而非基于模型的强化学习则不去学习和理解环境,直接从经验数据中学习。

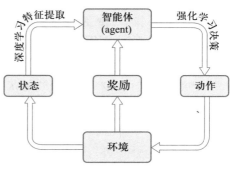

图 7-9　强化学习的基本逻辑

近年来,深度强化学习以神经网络为基础,结合强化学习算法,已成为该领域重要的研究方向。深度强化学习利用深度学习模型来拟合强化学习中的奖励函数,可以解决强化学习在复杂环境下无法工作的问题。

强化学习的应用非常广泛,包括机器人自主控制、游戏 AI、风险管理、交易系统和自然语言处理等领域。下面重点讲述强化学习在工业经营管理、机器人、无人驾驶三大典型场景中的应用。

(1)工业经营管理场景。强化学习已被广泛应用于能源管理、供应链管理等场景。例如,谷歌公司使用深度强化学习对其数据中心调度优化升级,降低能源消耗。阿里巴巴公司在物流和供应链管理中应用强化学习对物流车辆路径进行优化,提升配送效率。

(2)机器人场景。机器人可以利用强化学习实现控制优化、路径规划和导航等。以非线性高自由度混合系统双足式机器人系统为例,由于其系统复杂,每一次踏步都会受到地面冲击力等干扰,很难实现平衡,研究人员用强化学习的方法来训练机器人,通过反复尝试后,机器人获得大量和环境交互的数据,从而学会用稳定步态行走,稳健性较强。

(3)无人驾驶场景。强化学习在无人驾驶领域应用广泛,可以辅助完成的任务包括控制优化、路径规划、轨迹优化等。以控制优化为例,强化学习可以根据汽车当前的状态、目标、场景等信息和先前学习到的知识,合理地生成控制命令以满足要求。国内很多公司开发的无人驾驶技术中大多采用了强化学习算法来优化决策过程。

7.2.3　大数据智能发展趋势

大数据智能的核心技术是神经网络,可以说,大数据智能的发展史大半是神经网络的演进历史。

1958 年,计算机学家弗兰克·罗森布拉特(Frank Rosenblatt)提出了一种具有三层网络特性的神经网络结构,称为"感知器",这个感知器可能是世界上第一个真正意义上的人工神经网络。感知器提出之后的20世纪60年代就掀起了神经网络研究的第一次热潮。很多人都认为只要使用成千上万的神经元,就能解决一切问题。

1969 年,人工智能创始人之一的马文·李·明斯基(Marvin Lee Minsky)和西摩·佩珀特(Seymour Papert)出版了一本名为《感知器》的书,书中指出简单神经网络只能运用于线性问题的求解,能够求解非线性问题的网络应具有隐藏层,但从理论上还不能证明将感知器模型扩展到多层网络是有意义的。由于明斯基在学术界的地位和影响,其悲观论点极大地影响了当时的人工神经网络研究。

1982 年,美国加州理工学院的优秀物理学家约翰·约瑟夫·霍普菲尔德(John Joseph Hopfield)提出了霍普菲尔德神经网络。霍普菲尔德神经网络引用了物理力学的分析方法,把网络作为一种动态系统并研究这种网络动态系统的稳定性。

1986 年,戴维·鲁姆哈特(David Rumelhart)、杰弗里·欣顿(Geoffrey Hinton)、罗纳德·威廉斯(Ronald Williams)发展了 BP 算法(多层感知器的误差反向传播算法),深度神经网络模型基本上都是在这个网络的基础上发展出来的,然而受到数据量、计算能力等各方面限制,浅层神经网络的研究虽然一直在持续,但没有取得任何突破性成果或应用成效。

直到 2006 年,欣顿教授一年之内连续发表三篇关于深度学习的重磅论文,其中,以在《科学》发表的论文《用神经网络降低数据的维度》(Reducing the Dimensionality of Data with Neural Networks)为代表,文章提出了"深度学习"算法,证明了基于数据驱动建模分析的方法是完全可行的。正是因为这篇文章,深度学习开始改变整个人工智能理论的格局,驱动人工智能向 2.0 阶段迈进。自深度学习算法提出后,谷歌研究院和微软研究院的研究者先后将深度学习应用到语音识别的研究,使错误率下降了 20%~30%。2016 年,谷歌公司基于深度学习开发的 AlphaGo 以 4∶1 的比分战胜了国际顶尖围棋高手李世石(图 7–10),深度学习的热度一时无二。在战胜李世石之后,AlphaGo 一路披荆斩棘,所向无敌,接连迎战中、日、韩数十位围棋高手,连续 60 局无一败绩,表现出了无与伦比的计算、学习和推理能力。

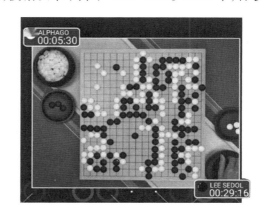

图 7–10 基于深度学习的 AlphaGo 与李世石对弈

大数据智能的技术体系不断演进,如图 7–11 所示,人工智能 2.0 真正由理论、实验初步走向实用,开始改变人们的工作与生活。

大数据智能有以下几个发展方向。

(1)减少数据依赖样本的少样本学习。少样本学习通过复用其他领域的知识结构,

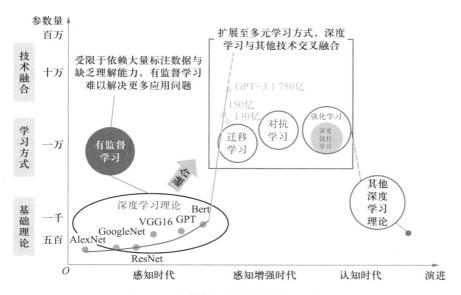

图 7–11 大数据智能的技术体系与演进

使用少量数据对新领域进行训练,在工业和医疗等图像相关场景初步实现同步应用。比如,阿丘科技公司通过数据生成,对单类缺陷仅需 30~50 个样本即可进行建模;上海微识医疗科技公司(Wision A.I.)开发的内窥镜影像辅助诊断人工智能技术仅基于 2 000 多张内窥镜图片的训练就能完成临床测试;宝鸡机床集团的 BM8-H 机床基于迁移学习实现模型在不同机床的复用。

(2) 理论体系创新。以欣顿为代表的业内专家持续推动理论体系创新。其中,胶囊网络作为创新热点,试图解决数据依赖与不可解释问题。然而,历史上胶囊网络的三个版本更新大相径庭,尚未形成稳定的新形态架构,仍处于探索阶段。

(3) 与其他技术分支融合创新。人工智能头部企业已经开始探索深度学习、强化学习与知识图谱等技术的融合创新。知识图谱试图在不颠覆深度学习理论的基础上,弥补小样本训练与理解能力不足的技术天花板。面向垂直领域的专业知识图谱加速发展,比如在药物研发领域,亚马逊公司与制药企业合作,通过重定位知识图谱预测药物与疾病靶点结合的可能性,缩短药物研发周期并降低成本。该技术已用于新冠病毒药物的研发。

(4) 人工智能大模型潜力释放。以 ChatGPT 为代表的生成式预训练大模型,其核心功能是进行自然语言交互,实现智能聊天问答。ChatGPT 的核心优势在于能够对用户实际意图进行深度理解,同时具备较强的上下文衔接能力以及对知识、逻辑的理解能力。例如,能够根据需求解释代码、修改代码,甚至生成代码。ChatGPT 因其高度智能化、灵活化的特点,将在智能助理、自动化客服、智能机器人、聊天机器人等领域实现深度应用。

7.3 跨媒体智能

7.3.1 定义与技术原理

人类通过视觉、听觉等感官对世界进行感知并通过语言表达,这是人类智能的源头。跨媒体智能就是要借鉴生物感知的信息表达和处理机制,对外部世界蕴含的复杂结构进行高效表达和理解,从视、听等感知通道把外部世界转换为内部模型,从而实现智能感知和认知。哼歌识曲、人脸识别等常见的功能正属于跨媒体智能的范畴。

跨媒体智能目前还没有较为统一的定义。总体来看,跨媒体智能是将多媒体计算与人工智能结合,开展文字、图像、视频、音频、文档等多媒体内容理解与生成的理论、方法和技术。其主要目的是借鉴人脑的跨媒体特性,跨越视觉、听觉等不同感官进行信息感知和认知外部世界,实现多媒体信息的智能处理。

通过跨媒体计算,人工智能不仅能够实现对图像、语音、视频、文本等各类数据的识别处理,还有望打破单一数据的局限性,实现各类数据的语义贯通,多维度感知周围世界的几乎所有信息,甚至在没有先验知识的情况下,主动寻找知识关联,扩充自身知识体系,从而打开通往通用智能之门。

7.3.2 跨媒体智能关键技术

跨媒体智能技术就是要让人工智能能够综合理解文本、图像、语音、视频或其他类型数据及其相关属性,为科研、生产、生活提供诸多便利。总体来看,跨媒体智能技术包含两个方面:一是对视频、音频、语言等内容进行感知并分析挖掘其中隐含的知识,即计算机视觉、语音识别等核心感知技术;二是需要在感知的基础上建立知识表征,通过构建基于文本的知识体系,实现各种知识的关联、推理与演化,即知识图谱等认知技术。

1. 计算机视觉

计算机视觉是让计算机和系统能够从图像、视频等视觉输入中获取有用信息的理论与技术。简单来说,就是让机器和系统拥有"看"的能力。

计算机视觉有两个主流的实现路径。

一是传统图像处理技术。先对图像、视频中需要识别的物体进行特征提取,如果在某张图像中找到了已提取到的绝大多数特征,那可以判定该图像包含同样的目标。简单来说,如果想要识别一张图像里的螺栓,就利用图像的颜色、边缘等信息去描述什么是螺栓,比如白色背景里黑色的小物体就是螺栓。然而,此类技术路线里,从每张图像中选择重要特征是必要的步骤,随着类别数量的增加,特征提取变得越来越麻烦。要确定哪些特征最能描述不同的目标类别,取决于工程师的判断和长期试错。

二是基于深度学习的现代计算机视觉处理技术。由于深度学习引入了端到端学习的概念,即向计算机提供的图像数据集中的每张图像均已标注目标类别,所以深度学习模型基于给定数据训练得到,其中神经网络发现图像类别中的底层模式,并自动提取出目标类别最具描述性和最显著的特征。简单来说,同样是识别图像里的螺栓,不需要再由人工提取螺栓的特征,而是把标注有螺栓的图像输入系统进行训练,系统便能自动提取相关特征。此类技术在识别效率和性能方面远超传统方法。

计算机视觉主要应用于以下领域。

(1)人脸识别。人脸识别是人工智能与计算机视觉领域中最热门、最成熟的应用。在交通领域,很多城市的火车站已经安装了人脸识别通行设备,进行人、证对比过检,部分城市的地铁站也可以通过人脸识别的方式进站、出站;在智慧社区方面,可以用于人脸识别闸机;在零售行业,可以用于"刷脸支付"。

(2)视频/图像监控分析。计算机视觉可以对人、车、物等视频内容信息进行快速检索、查询。这项技术最大的受益领域是公共安全领域,视频/图像监控分析系统可在繁杂的监控视频中搜寻案件线索。在人群流动量大的交通枢纽,该技术也被广泛用于人群分析、防控预警等。图 7-12 所示是基于计算机视觉对道路交通的监控分析。

(3)智能摄影、摄像。很多照相 APP 都具有美颜效果,可以自动检测出画面中的人脸,并对人脸轮廓、皮肤颜色进行调整,使人脸变得更漂亮。其中便大量应用了计算机视觉技术。

(4)工业视觉检测。计算机视觉在工业领域的应用被称为机器视觉。在工厂里,机

案例 7-1:
2D/3D视觉
技术应用

图 7-12 基于计算机视觉的道路交通监控分析

器视觉系统广泛地用于工业品表面质量检测、安全监控、物料分拣、AGV 视觉导航等领域。例如,我国三一重工公司在桩机结构件装配场景采用 2D/3D 双视觉定位技术,辅以智能纠偏算法,解决了由于振动、光线等原因造成的视觉定位零点漂移,装配精度可达 0.2 mm 以内,实现装配线柔性的进一步提升。

(5) 自动/辅助驾驶。自动/辅助驾驶已经成为当前计算机视觉技术最具需求和前景的应用之一,如进行道路与车道识别、行人检测及防碰撞等场景。虽然现在还并没有车型能够实现真正意义上的自动驾驶,但部分汽车制造企业的部分车型已经可以在低于 60 km/h 车速并满足一定要求的道路条件下,实现驾驶员完全脱离车辆操控。

(6) 医疗影像诊断。医疗数据中有超过 90% 的数据来自医疗影像。计算机视觉技术可以应用在病变检测、病理分类、病灶检测分割等领域,极大提升医务工作者的诊断效率与准确率。

2. 语音识别

语音识别是将人类的语音信息通过计算机自动处理转化成计算机可读输入信息(如按键、二进制编码或字符序列)的过程。语音识别的本质是一种基于语音特征参数的模式识别,包括特征提取、模式匹配等基本步骤。待识别语音经过话筒变换成电信号后进入识别系统的输入端,经过预处理,对输入的语音信号进行分析,提取出所需的特征。系统在识别过程中,将提取到的特征与系统中存储的语音模板特征进行比较,根据一定的搜索和匹配策略,找出与待识别语音最优匹配的模板,然后根据相关文字定义便可给出系统的识别结果。

当前,智能语音已经全面融入人们的生活中,语音识别主要有如下应用。

(1) 人机交互。语音识别可用于智能音箱、声控智能玩具、智能家电等领域。例如,为人熟知的语音系统 Siri(图 7-13),在用户下达语音指令后,不仅能对手机设备进行相应的操作,还支持对智能家电进行远程控制。

(2) 语音转录。在会议记录场景中,人工记录费时费力,语音识别技术则可以实时将语音内容转换成文字。比如,科大讯飞的语音转写产品,可以将数小时内的音频文件转

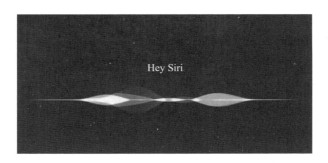

图 7-13 语音识别系统 Siri

换成文本。此外,语音识别技术还可用于游戏娱乐中,在游戏时双手可能无法打字,语音输入可以将语音转换成文字,让用户在进行游戏娱乐的同时,也可直观地看到聊天内容。

(3)语音输入。智能的语音输入可摆脱生僻字和拼音障碍,为用户节省输入时间,提升输入体验。比如,目前主流输入法均具有语音输入功能,即便不识字的老人也可以通过该功能在手机、计算机中快速输入想要交流的内容。

3. 知识图谱

知识图谱是结构化的语义知识库。其以结构化的形式描述客观世界中的概念、实体及其关系,本质上是一种语义网络。简单来说,知识图谱就是把所有不同种类的信息连接在一起而得到的一个关系网络。例如,在一个社交网络图谱中可以有不同的人与公司,人和人之间的关系可以是"朋友",也可以是"同事",人和公司之间的关系则可以是"现任职"或者"曾任职"。

在实际应用过程中,首先从最原始的数据出发,采用自动或者半自动的技术手段从数据库、网页等不同渠道抽取数据,按照知识表示等相关技术将其转换成计算机可以识别的对象或者关系,并存入知识库中。然后,通过融合不同对象或关系,形成知识图谱。面对新的问题,利用知识图谱中已经存在的事实或者语料,运用机器学习等各种算法,推理出相应答案,并自动产生新的知识,补充缺失的事实,完善知识图谱。

知识图谱体现了信息和知识的关联,为各类搜索引擎提供了丰富的结构化结果,可以通过搜索直接得到答案。而除了通用搜索引擎之外,在一些特定领域中,知识图谱也发挥着重要作用。

(1)供应链风险管理。知识图谱可以记录和追踪供应链中每个产品或服务的来源、流向和状态,可帮助企业识别可能受到影响的实体,比如哪些工厂受到零件延迟的影响,也可以利用知识推理来挖掘潜在的关系,发现供应商、商品、客户或其他实体存在的潜在风险等。例如,华为公司通过汇集学术论文、在线百科、开源知识库、气象信息、媒体信息、产品知识、物流知识、采购知识、制造知识、交通信息、贸易信息等信息资源,构建华为公司供应链知识图谱,通过企业语义网(关系网)实现供应链风险管理与零部件选型。

（2）生产辅助决策。以油气领域为例,知识图谱为油气勘探开发和安全环保生产提供决策辅助。知识图谱凭借对多源异构数据关联性挖掘和知识体系信息化搭建等能力,在数字化程度较高、数据类型复杂的油气领域搭建认知网络,将领域知识与实时数据结合,为油气勘探、开发生产、综合研究、生产管理提供智能化分析手段,帮助决策者从海量的数据中洞悉规律,提升效率和管理水平,如图 7-14 所示。

（3）政府管理和安全。知识图谱通过整理、分析不同来源的结构化和非结构化数据,为政府相关人员提供决策支持。例如,数据决策公司帕兰提尔(Palantir)将多源异构信息进行整合,如电子表格、电话录音、文档、传感器数据、动态视频等,构建了针对人员、装备、事件等的大规模知识图谱,为政府决策提供服务。

（4）聊天机器人。具有问答功能的产品,例如 Siri、微软小冰、公子小白、天猫精灵、小米音箱等,背后均有大规模知识图谱的支持。知识图谱使得机器与用户的问答不再是传统的按模板形式的固定式问答,机器可以记录并关联用户提供过的知识信息,在多类别的知识融合后能进行简单的推理问答,如图 7-15 所示。

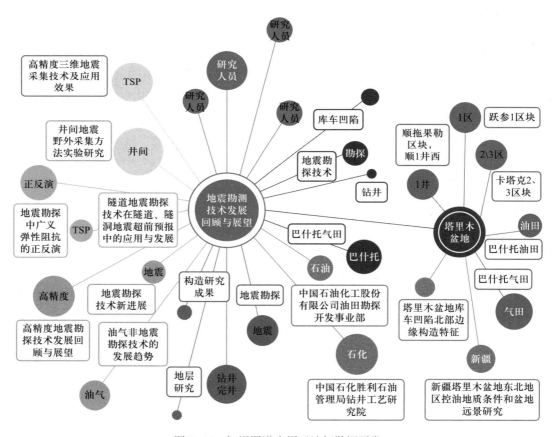

图 7-14 知识图谱应用于油气勘探开发

图 7–15　与公子小白的对话示例

7.3.3 跨媒体智能发展趋势

以计算机视觉、语音识别为代表的跨媒体智能从 20 世纪五六十年代兴起,经过半个多世纪,总体历经四个大的技术阶段。

第一阶段,早期理论研究时期(20 世纪 40 年代末—60 年代末)。这一时期,人们开始尝试赋予计算机系统视觉、听觉等各种重要的感知能力。同时,相关学科的涉及面比较宽泛,不光依赖于计算机科学知识,还涉及生物学、数学、神经科学等多个领域。1952年,贝尔实验室研制了第一个可识别十个英文数字的语音识别系统。1959 年,神经生理学家戴维·休布尔(David Hubel)等通过猫的视觉实验,首次发现了视觉初级皮层神经元对于移动边缘刺激敏感,发现了视功能柱结构,为视觉神经研究奠定了基础。同年,拉塞尔·A. 基尔希(Russell A.Kirsch)和他的同学研制了一台可以把图片转换为被二进制机器所理解的灰度值的仪器——这是第一台数字图像扫描仪,使处理数字图像开始成为可能。

第二阶段,模板匹配时期(约 20 世纪 70 年代—80 年代)。以语音识别为例,20 世纪70 年代,语音识别主要集中在小词汇量、孤立词识别方面,使用的方法也主要是简单的模板匹配方法,即首先提取语音信号的特征构建模板,然后将测试语音模板与参考模板参数进行一一比较和匹配,取距离最近的样本所对应的词标注为该语音信号的发音。该方法对解决孤立词识别是有效的,但对于大词汇量、非特定的连续语音识别就无能为力了。计算机视觉方面,1977 年戴维·C. 马尔(David C. Marr)在麻省理工学院的人工智能实验室提出了计算机视觉理论,该理论成为 20 世纪 80 年代计算机视觉的重要理论框架,使计算机视觉有了明确的体系,促进了计算机视觉的发展。

第三阶段,统计机器学习技术时期(20 世纪 80 年代—20 世纪末)。利用机器学习与人工神经网络进行语音识别,不仅能够实现简单词语、数字的识别,还能实现连续语音的识别和基于大量词语的识别。这一时期也是计算机视觉的第一段黄金时期,1982 年,马尔发表了论文《愿景:对人类表现和视觉信息处理的计算研究》,介绍了一种视觉框架,其中检测边缘、曲线、角度等的低级算法被用作对视觉数据进行高级理解的基础。同年,《视觉》一书的出版,标志着计算机视觉成为了一门独立学科。1999 年,戴维·洛(David Lowe)发表《基于局部尺度不变特征(SIFT 特征)的物体识别》,标志着研究人员开始停止通过创建三维模型重建对象,而转向基于特征的对象识别。

第四阶段,基于深度学习的端到端时期(21 世纪初至今)。深度学习技术对图像、语音、视频等各类多媒体信息的处理产生了深远影响。在语音识别方面,2007 年谷歌公司开发的基于深度学习的语音识别系统支持 30 多种语言。语音识别已经达到了非常高的准确率,在某些数据集上甚至超过了人类的识别能力,并且已经应用到各种电子产品中,为人们的日常生活带来许多便利。在计算机视觉方面,基于深度学习的视觉技术大行其道,各类视觉相关任务的识别精度都得到了大幅提升,人脸识别的准确率已超过 98%,早已超越人类能力,基本达到了机器的极限水平。

跨媒体智能技术的发展方向可以归纳为以下三个方面。

1. 计算机视觉:更会看

(1)"看得更多",从二维到三维。三维视觉与三维模型重建借助三维传感器精准获取空间点的三维坐标信息,通过智能算法进行三维立体成像,不易受到外界环境、复杂光线的影响,技术更加稳定,能够解决以往二维信息全面性和安全性较差的问题。

(2)"看得更好",从一般到增强。基于深度学习的图像视频增强技术将克服数据质量参差不齐等问题,对后续视觉任务效果提升有明显促进作用。

(3)"看得更懂",从看见到看懂。基于深度学习的物体识别将从"通用识别"向"特定领域物体的识别"发展。"特定领域"可以提供更加明确和具体的先验信息,实现对于图像、视频内容的智能化理解,有效提高识别的精度和效率,更加具有实用性。

2. 语音识别:更会听

(1)可靠性提高。人类语言在日常生活的随意性和不确定性是语音识别技术的一大难题,例如多人或者嘈杂的环境下,语音识别技术基于深度学习或小样本学习实现智能化识别,以达到更好的识别效果。

(2)完善模型。声学模型和语音模型都过于局限,须通过改进系统建模方法,提高算法效率以实现词汇量无限制和多种语言混合。

(3)语义情感判断提升。实现人机交互的更高水平,在识别语音的基础上实现语义的解释。基于机器学习智能判断语音情感,更好地判断语音含义。

(4)微型化。语音识别系统与微电子技术的融合是未来发展的关键,将系统固化到微小的芯片上,可以降低成本,便于推广及使用。

3. 知识图谱:更智能

(1)创新的知识图谱形态。当前,知识图谱多以单一语言和符号表示,未来有望构建多模态知识图谱,比如涵盖图片、视频和音频等视觉或听觉形式的数据,进一步拓展图谱的应用场景和领域。

（2）更复杂的知识推理。突破对象的二元关系,实现多元关系中复杂信息的知识推理。

（3）不断降低成本。现有知识图谱很大程度上依赖人工参与构建,成本高昂,实现半自动或全自动化构建、更新知识图谱是未来的重要发展方向。

7.4 群体智能

7.4.1 定义与技术原理

群体智能是在某种基于互联网的组织结构下,被激励执行计算任务的大量独立个体共同作用所产生的超越个体智能局限性的智能形态。就像个体智能不高的蚂蚁和蜜蜂,能够通过群体构成复杂的巢穴和类社会系统,鸟类、鱼类为适应空气或海水进行群体迁移,这些简单个体按照一定规则进行的活动,表现出了超越个体智能限制的集体智能,都是群体智能的典型实例。常见的网约车订单分配、自动导向车（AGV）路径规划等功能也属于群体智能的范畴。

群体智能的提出来源于著名科学家钱学森先生在 20 世纪 90 年代曾提出的综合集成研讨厅体系。该体系强调专家群体以人机结合的方式进行协同研讨,共同对复杂巨系统的挑战性问题进行研究。群体智能实质上正是综合集成研讨厅在人工智能新时代的拓展和深化,为人工智能领域发展提供了动力。其主要作用在于以下两个方面。

（1）群体智能方法能够推动人工智能的理论技术创新。以互联网及移动通信为纽带,人类群体、物联网和大数据已经实现了广泛和深度的互联。而通过模仿自然界更多、更复杂的群体智能行为去研发新型、高效的群体智能优化算法在人工智能研究中十分重要,使得群体智能成为新一代人工智能的重要发展方向。

（2）群体智能方法能够为整个信息社会的应用创新、体制创新、管理创新和商业创新等提供核心竞争力。群体智能具备更少的感知限制、更大的作业范围、更强的完成任务能力三个优点,将辐射从技术研发到商业运营整个创新过程的所有组织及组织间关系网络。比如网约车平台,基于群体智能技术的司机组队与订单协同分配的任务调度系统,可以让司机通过组队合作进行协同决策,使供需方得到较平稳的匹配结果,从侧面提高网约车群体的整体运力,进而实现高效的订单分配。

7.4.2 群体智能关键技术

在人工智能时代,人类与机器是相互影响的。机器通过大数据分析产生智能结果之后返回给人类并影响人类活动,人类在此基础上形成反馈并进一步修正和优化机器智能,从而达到大规模个体智能的融合与增强,实现群体智能的释放。因此,群体智能的关键技术包括群体智能感知计算、联邦学习、众包计算等。

1. 群体智能感知计算

群体智能感知计算又称群智感知计算,是将普通用户的移动设备作为基本感知单元,通过移动互联网进行有意识或无意识的协作,实现感知任务分发与感知数据收集,完成大规模的、复杂的社会感知任务。与传统的传感网络针对特定区域部署专业的感知节点(固定感知)不同,群体智能感知计算基于在物联网、移动互联网中广泛分布的普通用户及其智能设备(如手机、可穿戴设备、车载设备等)完成移动感知,具有泛在分布、灵活移动、低成本、自维护等优势。

数据收集作为群体智能感知计算的核心,如何更快速、有效地获取大规模数据信息成为群体智能感知计算的主要研究目标。如图 7-16 所示,群体智能感知计算系统的典型构架包括感知参与者、网络层和终端用户三部分。其中,感知参与者是指参与感知的群体用户,这些用户以及相关智能设备依照感知任务请求执行数据采集与提供任务;网络层的核心功能是执行数据处理与计算并对其进行传输;终端用户主要执行发布任务、收取任务以及处理结果任务。整个系统的工作流程为:终端用户通过网络下发任务给感知参与者,感知参与者从中选择任务并通过网络传输反馈感知数据,网络层对数据进行存储、传输、计算及处理,将最终处理结果反馈给终端用户。

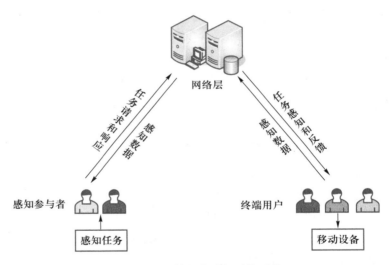

图 7-16　群体智能感知计算系统

群体智能感知计算在智能制造、城市计算、军事国防等领域均有重要应用前景,下面介绍一些前期探索性研究应用。

(1) 智能制造。新一代智能制造技术的关键特征之一是人、机、物等要素的有机连接与融合,群体智能感知计算能够推动人、机、物高效协同,自主组织,增强学习,深度融合,可重塑设计、研发、制造、服务等产品全生命周期的各环节。制造业群体智能空间模型关注制造业中人、机、物(AGV、机械臂等)、环境等多维因素之间的复杂关联关系,探索异构群智能体之间的协同模式与制造效率、质量的交互作用机理,能够以极低的成本实现大规模和细粒度的感知计算,从而解决大规模感知成本高这个关键难题。近年来,群体智能感知计算受到了国内外学术界和工业界的广泛关注。图 7-17 所示为工厂中 AGV 利用群体智能协同工作的场景。

案例 7-2:
5G重载双
AGV联动
应用

图 7-17　AGV 利用群体智能协同工作的场景

（2）城市计算。城市计算通过不断感知、汇聚和挖掘多源异构大数据来解决现代城市所面临的复杂问题。在智能物联网和移动互联网发展的背景下,人、机、物群智能体协同融合完成城市复杂任务成为城市计算的重要发展方向。城市具有典型的时空特征,在城市群体智能任务平台中,大量发布的任务之间往往具有时空关联性,进而在数据分布上出现相似的规律。然而,很多新的群体智能任务会因参与者较少或数据收集困难等原因导致数据缺失。时空关联下的跨任务群体智能知识迁移可以解决这类问题,其解决方法是通过挖掘和利用既有任务实体的群体智能知识,实现跨任务的知识迁移,从而提升群体智能任务的服务质量。

目前,城市计算已在企业中成功应用。例如,京东公司基于城市计算理论体系基础,依托京东云的技术支撑,构建京东智能城市操作系统,多年以来在北京、上海、苏州、南通等多地开展实践,先后建成雄安新区块数据平台(图 7-18)、上海普陀区城市运行中心、南通市域治理现代化指挥中心等智能城市样板项目。京东智能城市操作系统将城市中人的移动数据、交通流、空气质量、气象数据、兴趣点、能耗数据等万千复杂数据抽象为时空大数据类型,包括时间、空间和属性都不变的静态数据,空间不变时间变的数据以及时间、空间都变的数据,再结合多种独特的时空索引方式对数据进行管理,最终形成了一个开放的、组件化的、标准化的集采集、存储、管理、挖掘、分析、可视化于一体的智能城市大数据人工智能平台。

2. 联邦学习

联邦学习又名联邦机器学习、联合学习。联邦学习是一种分布式机器学习技术,其核心思想是通过在多个拥有本地数据的数据源之间进行分布式模型训练,在不需要交换本地个体或样本数据的前提下,仅通过交换模型参数或中间结果的方式,构建基于虚拟

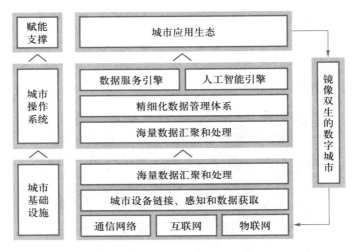

图 7-18　雄安新区块数据平台

融合数据下的全局模型,从而实现数据隐私保护和数据共享计算的平衡,即"数据可用不可见""数据不动模型动"的应用新范式。

联邦学习能够有效帮助企业在满足用户隐私保护、数据安全和政府法规的要求下,进行数据使用和机器学习建模。作为一种机器学习框架,联邦学习能够让各个企业在自有数据不出本地的条件下,利用联邦系统通过基于加密机制的参数交换方式,在不违反数据隐私法规的情况下,建立一个虚拟的共有模型。举例来说,现有两个不同的企业 A 和 B,企业 A 拥有用户特征数据,企业 B 拥有产品特征数据和标注数据,这些原始数据的使用权只获得了企业各自用户的许可。假设两家企业需要各自建立一个进行分类或预测的任务模型,而由于数据不完整或者数据不充分,不足以建立好的模型,或无法建立模型。

联邦学习技术示意图如图 7-19 所示,基于联邦学习构建的虚拟模型能够将多个企业的数据聚合在一起。在建立虚拟模型的过程中,数据本身不移动,也不会泄露隐私和影响数据合规,使建好的模型在各自的区域能够仅为本地的目标服务。在联邦机制下,各个参与者的身份和地位相同,联邦系统帮助大家建立了共建共享的策略,联邦学习之名因此而来。

2016 年,联邦学习被首次提出,并用于解决数据孤岛问题。而后,联邦迁移学习的概念被提出,并出现了联邦学习开源平台 FATE(federated AI technology enabler),推动联邦学习技术在行业中的落地。联邦学习的应用场景包括小微企业信贷风控、保险联邦建模、计算机视觉联邦、医学应用等。

(1) 小微企业信贷风控。金融机构进行小微企业的信贷风控,所需数据除央行征信数据之外,还需要工商、税务、舆情、资产等多方面的数据。但是这些数据的拥有方通常是政府的不同部门、不同的企业,数据难以实现互通。金融机构将联邦学习技术与小微企业信贷风控问题相结合,不仅能够解决机构之间数据孤岛的问题,便于挖掘数据当中

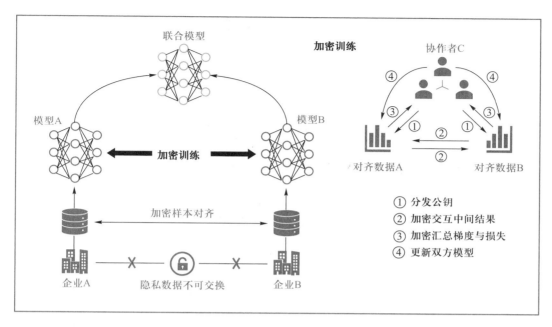

图 7-19 联邦学习技术

的价值,而且在此过程中也可以保护用户的隐私安全。金融机构能够利用联邦学习训练出更加有效的风控模型来助力解决小微企业融资困境。例如,微众银行针对中小微企业信贷评审数据不充分、不全面、历史信息沉淀不足等问题,通过联邦学习,在确保数据安全以及数据提供方隐私保护的情况下,融汇企业经营数据、税务数据、工商数据、支付数据等多源信息,基于多特征体系联合建模,提升信贷预测准确率,降低坏账率。

(2) 保险联邦建模。保险行业的核心是风险管控,风险和数据是分不开的,数据越多,风险越低。保险公司不仅要丰富自身结构化场景数据,更需要加强保险公司间以及保险公司与其他行业间的数据交流。联邦学习能够将多方隐私计算、区块链等技术有机结合,打破数据壁垒、实现数据融合,最终有效解决联合风控、保险产品定价等问题,提高保险业务的风控准确程度。例如,中国人寿财险公司建设了隐私计算平台,该平台基于多方安全计算、联邦学习技术构建混合引擎,实现业务应用自动选择对应的引擎算法,并能够为保障数据交易中的隐私安全提供解决方案。

(3) 计算机视觉联邦。计算机视觉应用领域面临着数据安全与隐私保护难、传输成本高等问题。联邦学习技术能够在数据不出本地的情况下进行加密计算,将计算所得模型参数上传至云端联合建模。联邦学习具有数据隔离、无损、对等以及共同获益等特性,使参与的各数据联邦都可获得比"只基于原本独立数据库"所创建的更完善的模型,且数据绝对保密,这对于计算机视觉应用领域尤为重要。联邦学习在计算机视觉领域的应用(即视觉联邦)已经初步实现落地实施。例如,深圳某建筑工地用视觉联邦技术来探测危险和影响施工的一些现象,包括明火、抽烟和不戴安全帽的现象;微众银行和极视角科技公司协作开发了一个机器学习工程平台(图 7-20),以支持联邦学习所涉及的计算机视觉

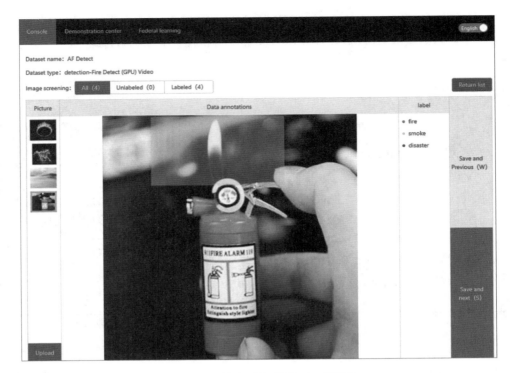

图 7-20　联邦视觉机器学习工程平台

应用程序的开发。目前,已有三家大型企业使用该平台开发了基于计算机视觉的火灾风险防范解决方案,并应用于工厂中。另外,联邦学习在仓储管理场景也有所应用。由不同的仓库组成的线性联邦,可监测各地方仓储的状况,为风控模型和物流的决策提供保障。

(4) 医学应用。医疗数据(电子病历、医学影像等)往往分散在各处,因其敏感性而很难被共享。例如,研究者试图使用智能手表收集到的个人实时心跳数据,再结合电子病历训练模型,在数月前预测脑卒中风险。但是智能手表厂商和医院的病历记录都以隐私理由拒绝数据公开。联邦学习可以确保敏感的病人数据保留在当地机构或个人消费者手中,在联邦学习过程中不泄露给模型训练者。除此之外,如果只使用某一特定人群的数据训练,那么模型就可能针对特定人群的健康情况出现过拟合现象。联邦学习能够对多个医疗场所数据进行汇总,以便对更多电子病例数据集进行训练,从而提高算法精度。目前,联邦学习已经在医学领域进行实际运用。例如,微众银行和腾讯公司的天眼实验室合作构建了一个脑卒中发病风险预测模型。通过使用来自就诊数量排名前 5 的医院的真实就诊数据进行验证,该模型和集中训练模型表现几乎一致,在脑卒中预测模型中的准确率达到 80%,仅比集中训练模型准确率低 1%。联邦学习显著提升了不同医院的独立模型效果。同时,对于其中两家脑卒中确诊病例数量较少的医院,联邦学习分别提升其准确率 10% 和 20% 以上。

3. 众包计算

众包计算通过人、机、物的结合为解决计算机难以独立完成的任务提供了新思路。

众包的思想是利用互联网来汇聚群体智慧解决实际问题,包括两方面:一是通过将互联网群体充当计算的组成部分,完成包括数据收集、清洗、语义注释,甚至分布式训练模型等在内的工作,帮助企业快速构建数据集与算法模型,具有速度更快、质量更高、保密性更强等优势;二是基于互联网群体,通过人工智能技术对群体行为进行训练,以增强已有模型的性能。简单来说,任务的发起者将任务发布在互联网上供参与者选择,两者再通过众包平台进行信息交互。

众包计算拓展了群体智能的应用范围,促进了人类智能与机器智能的融合,已被应用于数据集构建、智能家居、自动驾驶等领域。

(1)数据集构建。用于机器学习的数据集中的数据量通常十分庞大,对其进行数据收集及针对训练任务的人工标注需要耗费大量人工成本。众包计算能够将工作量分为大量简单子任务,然后通过网络平台分配给大量普通网民完成,从而大幅提升数据集构建效率。例如,2009年,来自全球167个国家和地区近5万名工作者以众包的方式,通过三年合作努力,完成了日后触发人工智能领域发展浪潮的伟大数据集 ImageNet,如图 7-21 所示。该数据集规模巨大,包含 1 400 多万幅图片的标注,标注错误率极低。ImageNet 发布十余年以来,已成为淬炼图像处理算法不断升级的试金石。

(2)智能家居。众包计算通过对家居的指定唤醒语音收集、数字串朗读等语音质量打分,根据反馈信息定时优化模型。例如,家具、建材企业依托互联网家装网站等线上平台实现家具、建材、设计集采众包一站式服务。家具、家电、建材、装修等企业与家具行业协会共同发起成立了智能家居产业联盟,旨在整合提升产业链优势资源,促进区域家居产业的转型升级。

图 7-21　ImageNet 图片标注

（3）自动驾驶。自动驾驶高精度地图作为高级别自动驾驶不可或缺的关键技术，与自动驾驶感知、决策、定位等核心技术密切关联，是无人驾驶技术落地应用的关键基础与核心技术。目前，高精度地图更新以专业采集车为主，通过覆盖式获取所在区域的高精度数据，经过后处理实现，但是这种基于专业采集车集中更新地图的方式不仅成本较高，而且更新频率较低（一般以年或月为单位），难以满足自动驾驶地图的更新需求，并且地图更新不及时，会直接影响自动驾驶车辆的安全性。众包计算能够实现利用上千万车辆群体采集道路信息，并将道路信息反馈给数据平台，实现地图的实时更新，大大提升了高精度地图更新效率和更新频率。例如，百度智能云数据众包率先推出了针对自动驾驶行业的"私有化标注平台 + 基地标注团队"的人工智能数据整体解决方案（图 7-22），帮助平台服务型企业建设完整的数据基础服务，上海国际汽车城就是其中的典型代表。

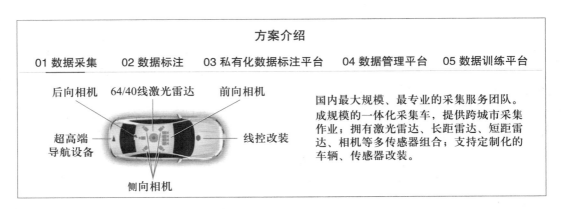

图 7-22　百度数据众包平台的智能驾驶数据解决方案

随着移动设备的发展，相关研究提出了移动众包的概念，即通过移动设备的移动性和上下文感知优势来获取数据，并将群体智能融入移动计算中。基于众包的软件开发模式将在更多领域得到广泛的应用。

7.4.3　群体智能技术趋势

"群体智能"一词最早在 1989 年由杰拉尔多·贝尼（Gerardo Beni）等针对计算机屏幕上细胞机器人的自组织现象所提出。自 1991 年意大利学者马克·多里戈（Marco Dorigo）提出蚁群优化（ant colony optimization，ACO）理论开始，群体智能作为一个理论被正式提出，并逐渐吸引了大批学者的关注，从而掀起了研究高潮。1995 年，詹姆斯·肯尼迪（James Kennedy）和拉塞尔·埃伯拉特（Russeu Eberhart）提出了粒子群优化（particle swarm optimization，PSO）算法。PSO 算法由于其概念简单、易于实现等特性，在神经网络训练、参数识别、模型优化、交通事故探测等方面得到广泛应用。简单设想：一群鸟进行觅食，而远处有一片玉米地，所有的鸟都不知道玉米地到底在哪里，但是它们知道自己当前的位置距离玉米地有多远。那么找到玉米地的最佳、最简单的策略就是搜寻距离玉米地最近的鸟群的周围区域。PSO 算法就是从这种群体觅食的行为中得到了启示,从而构建的一种优化模型。

此后,业界迅速展开对群体智能的研究,但大部分工作都是围绕以上智能算法及相关衍生算法展开的,主要针对各类规划决策和优化问题,如在特定约束条件下,寻找运动体从初始点到目标点满足某种性能指标时的最优运动轨迹。2012 年,中国科学院李未院士提出从研究因特网上客观存在的"海量信息系统"转为研究基于人、机、物融合的"群体智能系统",并在群体智能系统的计算机理、行为分析与软件方法研究方面取得了一系列原创性成果。

随着人工智能技术的不断演进,群体智能的技术也发生了进一步创新演变,诞生了联邦学习、众包计算等各类技术。群体智能有以下几个重要的发展方向。

(1)人、机、物融合群体智能计算。人、机、物融合群体智能计算通过异构群智能体协作融合实现个体智能和群体认知能力的增强,在智慧城市、智能制造等领域具有广泛的应用前景,但在人、机、物群体智能协同机理,异构群智能体自组织协同,分布式增强学习机制等方面还面临诸多新挑战。未来,一方面须探索从自然群体智能系统协作机理到人工群体智能系统的模型参照与技术演进,特别要关注多样化生物组成的自然生态群落与人、机、物异构群智能体协作之间的内在逻辑关联与映射机制构建;另一方面则要探索多智能体环境下的分布式学习模型,综合利用协作、共享、迁移、竞争、对抗等方式实现异构多智能体强化学习与智能演进。

(2)数据安全与交互效率提升。对于联邦学习的关注,首先是安全性,即对隐私和数据的保护能力。其次是交互效率,由于联邦学习一般是不同机构之间的合作,需要跨公网进行消息交互,而交互效率会直接影响模型训练所需的时间、在线预测的延迟等。针对安全性,一般需要借助密码学方法(例如,安全多方计算),这不仅带来了计算成本,也会显著增加通信成本。在特定的应用场景中,选择最佳的数据安全与交互效率折中方案才能满足实际需求。为了实现安全和效率的平衡合理性,联邦学习需要与其他安全技术进行深度融合、协同发展。例如,联邦学习将会与多方安全计算技术、可信执行环境等进行融合发展。此外,受大数据产业驱动,联邦学习会进一步向支持海量数据计算发展。为了应对海量数据,除了多种安全技术手段的融合,通过硬件加速(如 GPU、FPGA 和 ASIC 加速)和软硬件协同优化来提高效率也是必然的发展趋势。

(3)5G 时代下移动众包大发展。由于移动众包对于数据处理方式的不同,研究人员从程序员和从业者的角度提出广义集中式和分散式两种移动众包架构。广义集中式移动众包架构分为移动感知采集层、网络连接层、数据处理层及终端用户层,整个数据处理过程统一集中在云服务器上进行。相反地,分散式移动众包架构的所有计算与通信都由对等体的相应节点在本地进行,使得位置信息与计算过程相关,分布式的特点使其具有低时延、高宽带的特性,在应对突发灾害等紧急情况时具有明显优势。5G 时代互联网的大范围、高吞吐量与计算能力使移动众包更具优势,成为未来众包模式发展的方向。

7.5　混合增强智能

7.5.1　定义与技术原理

混合增强智能是将人的作用或人的认知模型引入人工智能系统，通过计算机和人类之间的优势合作而形成混合智能的形态。混合增强智能驱动的管理系统旨在使人类智能和机器智能互相取长补短，构建人、机融合共生的合作机制，形成一种新的"1+1>2"的增强型智能管理。人工智能会使人类社会发展面临许多不确定性，不可避免地带来相应的社会和伦理问题。解决上述人工智能发展带来的问题，一个重要方向是发展混合增强智能，而这项技术也正不断融入各个行业。

比如在教育领域，人工智能可以使教育成为一个可追溯、可视的过程。未来的教育必然是个性化的，学生通过与在线学习系统的交互，形成一种新的智能学习方式。在线学习混合增强智能系统可以根据学生的知识结构、智力水平、知识掌握程度，对学生进行个性化的教学和辅导。在产业发展决策和风险管理中，由先进的人工智能、信息与通信技术、社交网络和商业网络结合形成的混合增强智能形态，可创造一个动态的人机交互环境，大大提高现代企业的风险管理能力、价值创造能力和竞争优势。在医疗领域，将医生的临床诊断过程融入具有强大存储、搜索与推理能力的医疗人工智能系统中形成的混合增强智能，可让人工智能作出更好、更快的诊断，甚至实现某种程度的独立诊断。

简而言之，混合增强智能有助于实现像人一样与环境自然交互和学习的"平滑性"机器智能，解决认知的"不可穿透性"问题，提升机器理解并适应真实世界环境、完成复杂时空关联任务的能力。

7.5.2　混合增强智能关键技术

混合增强智能可以分为两类基本形式：一类是将人的作用引入智能系统中，形成人在回路的混合智能范式；另一类是将认知模型嵌入机器学习系统中，形成基于认知计算的混合智能。比如，在产业风险管理、医疗诊断、刑事司法中应用人工智能系统时，需要引入人类监督，允许人参与验证，以最佳的方式利用人的知识和智慧，最优地平衡人的智力和计算机的计算能力，以达到混合增强智能的效果。混合增强智能包括人机交互、认知计算、平行控制与管理等关键技术。

1. 人机交互

人机交互是一门研究系统与用户之间交互关系的学科，具体是指人与计算机之间使用某种对话语言，以一定的交互方式，完成人与计算机之间信息交换的过程。其中，系统可以是各式各样的硬件机器，也可以是计算机的系统和软件。此外，人机交互界面也是必不可少的，它通常是指交互过程中用户可见的部分，用户能够通过人机交互界面与系统交流，并进行操作。小如收音机的播放按键，大至飞机上的仪表板，甚至是发电厂的控制室。

人机交互技术主要包括计算机硬件和软件的设计,用户与计算机之间的交互方式和界面设计等方面。其中,用户与计算机之间的交互方式是最核心的技术,它是实现用户和机器进行交互的技术底座,主要包括五类交互技术。

(1) 基于传统硬件设备的交互技术。鼠标、键盘、手柄等是人机交互过程中常见的交互工具,用户可以通过鼠标或键盘选中图像中的某个点或区域,完成对该点或区域处虚拟物体的缩放、拖拽等操作。这类方法简单、易于操作,但需要外部输入设备的支持,不能为用户提供自然的交互体验,降低了与系统交互的沉浸感。

(2) 基于语音识别的交互技术。语言是人类最直接的沟通交流方式。语言交互信息量大,效率高。因此,语音识别也成为了最重要的人机交互方式之一。近年来,人工智能的发展及计算机处理能力的增强,使得语音识别技术日趋成熟并被广泛应用于智能终端上。例如,手机、计算机等设备的语音助手支持自然语言输入,通过语音识别获取指令,根据用户需求返回最匹配的结果,实现自然的人机交互,很大程度上提升了用户的工作效率。

(3) 基于触控的交互技术。基于触控的交互技术是一种以人手为主的输入方式,它较传统的键盘、鼠标输入更为人性化。智能移动设备的普及使得基于触控的交互技术发展迅速,同时更容易被用户认可。近年来,基于触控的交互技术从单点触控发展到多点触控,实现了从单一手指点击到多点或多用户交互的转变,用户可以使用双手进行单点触控,也可以通过识别不同的手势实现单击、双击等操作。

(4) 基于动作识别的交互技术。基于动作识别的交互技术通过对动作捕获系统获得的关键部位的位置进行计算、处理,分析出用户的动作行为并将其转化为输入指令,实现用户与系统之间的交互。例如,微软公司的 Hololens 采用深度摄像头获取用户的手势信息,通过手部追踪技术操作交互界面上的虚拟物体。这类交互方式不但降低了人机交互的成本,而且更符合人类的自然习惯,较传统的交互方式更为自然、直观,是目前人机交互领域关注的热点。

(5) 基于眼动追踪的交互技术。基于眼动追踪的交互技术通过捕获人眼在注视不同方向时眼部周围的细微变化,分析确定人眼的注视点,并将其转化为电信号发送给计算机,实现人与计算机之间的互动,这一过程中无须手动输入。基于眼动追踪技术的设备专门配备了追踪用户眼球动作的传感器,以实现通过跟踪眼睛控制计算机的目的。

人机交互为了响应技术革新以及随之而来的用户新需求而不断演进。其主要应用场景包括以下几个方面。

(1) 自然用户界面。自然用户界面是一类无形的用户界面,相对于传统的图像用户界面,只需用户通过自然的交互方式如语音、手势、触摸等方式与系统进行互动。自然用户界面重点关注的是传统的人类能力(如触摸、视觉、言语、手写、手势)和更重要、更高层次的用户界面的交互过程(如认知、创造力和探索),具有简单易学、交互自然和基于直觉操作的优点,能够支持新用户在短时间内学会并适应用户界面,并为用户提供愉悦的使用体验。例如,三一重工集团应用免编程自学习机器人,通过力学和视觉技术,让工人有

案例 7-3:
装配过程
人机协作
应用

身临其境的作业感觉,实现装配人机协同。

(2)自然人机交互。自然人机交互是指在对人的认知和行为能力充分理解和建模的基础之上,利用人的日常技能与系统进行交互的过程,在这种交互方式中,机器具有意图感知能力。自然人机交互与图像识别、语音识别、自然语言处理等人工智能技术也有着密切的联系,包括笔/手势互动、情感认知计算等重要研究方向。笔/手势交互在人工智能方法的支持下,可以实现更智能、更自然的交互效果。中国科学院软件研究所人机交互研究团队在笔/触控交互方面进行了深入研究,其理论成果包括笔式界面范式、笔式用户模型、笔式用户界面描述语言、草图用户界面等,应用成果包括笔式电子教学系统、笔式体育训练系统等,已成功应用在教学、体育等领域并起到了重要作用。在手写笔迹识别方面,基于全卷积多层双向递归网络的墨水(ink)识别新方法,研发了基于卷积神经网络(CNN)手写识别模型的高性能压缩及加速技术,实现了基于云计算平台的云端手写识别。

(3)情感认知计算。情感认知计算即赋予计算系统情感智能,使计算机能够"察言观色",这将极大提高计算机系统与用户之间的协同工作效率。情感认知与理解能力的实现离不开人工智能技术的支撑。例如,针对人脸自发表情实时跟踪与识别过程中存在的环境复杂度高、面部信息不完整等具有挑战性的问题,中国科学院软件研究所借助内嵌三维头部数据库的三维头部模型而研发的人脸情感识别系统,在非限制用户无意识动作的情况下可实现人脸表情的稳定、准确跟踪与识别。

基于人工智能和人机交互深度融合的典型应用也在教育、医疗等关键领域不断涌现。其中,在神经系统疾病的辅助诊断方面成果丰富。基于人机交互、医学、心理学等学科理论基础,融合前沿人工智能方法和技术,对笔/触控、步态、伸展等运动建立多通道交互模型,从用户语音、书写、手机触控等日常交互行为中提取关键特征,实现神经系统疾病的早期预警和辅助诊断;相关系统软件作为脑血管神经疾病的常规检测工具,应用在了国家脑血管神经疾病的流行病学调查中;帮助医生诊断帕金森病的人工智能辅助诊断技术,将原本需要30分钟甚至更久的帕金森病诊断过程,提速到只需要3分钟就能完成。

案例7-4:
人工智能
辅助医疗
诊断

除此之外,脑机接口是多学科融合的新型人机结合技术,具体是指人的大脑与外部设备之间能够建立直接连接,实现人脑与设备的信息交换,在医疗、军事上都有重要的应用前景。在医学领域,它能够帮助医生进行诊断,可以通过脑机接口系统实时监测病人状态,还可以帮助丧失行动能力的人进行正常的生活。在军事领域,基于"感知操控""代理战士"等概念的人机结合武器无疑是重点研究方向。图7-23所示的脑机接口可以通过意念控制机械臂进行各种操作。

2. 认知计算

认知计算是指模仿人类大脑认知过程的计算方法,即让计算机像人一样思考,并

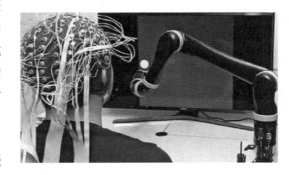

图7-23　脑机接口——使用意念控制机械臂

进行听、说、看、写等简单工作，以及辅助、理解、决策和发现等复杂工作。认知计算优势在于能够"理解"非结构化数据，包括语言、图像、视频等。典型的应用案例如认知计算识图，能够识别图中的物体（分辨植物、动物、人），人的位置甚至关系。总体来说，人脑与电脑各有所长，认知计算系统可以成为一个很好的辅助性工具，配合人类进行工作，解决人脑所不擅长的问题。

认知计算源自模拟人脑的计算机系统的人工智能技术，20 世纪 90 年代后，研究人员开始用认知计算一词，以表明该技术用于教计算机像人脑一样思考，而不只是开发一种人工系统。传统的计算技术是定量的，并着重于精度和序列等级，而认知计算则试图解决生物系统中的不精确、不确定和部分真实的问题，以实现利用计算机不同程度地模拟人的感知、记忆、学习、语言、思维和决策。随着科学技术的发展以及大数据时代的到来，如何实现类似人脑的认知与判断，发现新的关联和模式，从而作出正确的决策，显得尤为重要，这给认知计算技术的发展带来了新的机遇和挑战。

认知计算代表一种全新的计算模式，它包含信息分析、自然语言处理和机器学习领域的大量技术创新，能够助力决策者从大量非结构化数据中发现一般性规律。认知计算具备以下四大能力。

（1）理解能力。认知计算通过自然语言理解技术和处理结构化与非结构化数据的卓越能力，能与不同行业的用户进行交互，并理解和解决用户的问题。

（2）推理能力。认知计算具备智能逻辑思考能力，能够发现数据间的关联关系，并可将散落在各处的知识片段连接起来，进行推理、分析、对比、归纳、总结和论证，以获取决策的证据。

（3）学习能力。认知计算能够通过以历史数据为基础的学习能力，从大数据中快速提取关键信息，像人类一样进行学习和认知，并在交互中通过经验学习来获取反馈，从而优化模型，不断进步。

（4）个性化分析能力。认知计算能够利用文本分析与心理语言学模型对海量社交媒体数据和商业数据进行深入分析，掌握用户个性特质，构建用户的全景画像。认知计算不是信息分析、自然语言处理、机器学习等技术的简单线性组合，而是以前所未有的方式将这些技术统一起来，深刻改变了人类解决问题的方式和效率。

认知计算技术已广泛应用在金融、教育、建筑、安防、法律、医疗、零售、电商以及新闻等行业。许多科技企业已经开始尝试使用认知计算来提升企业业务水平，或者帮助其他企业转型，创造出越来越多的认知商业和认知企业成功的案例。

英特尔公司通过 RealSense 技术平台及其软件开发工具（SDK），为开发者们提供了通过认知计算技术开发应用程序的工具和资源。IBM 公司和贝勒医学院（Baylor College of Medicine）合作，在几个星期的时间内，生物学家和数据科学家使用贝勒知识集成工具包（KnIT），在 Watson 技术的基础上，准确地识别了可修改 P53 的蛋白质，最终提高了药物和其他疗法的效果。IBM 公司和软银机器人控股（SBRH）公司合作推出了基于 WatsonCCP 的智能机器人 pepper，如图 7-24 所示。该款机器人可以与人类正常沟通，可识别文字、图像和语音,通过行业定制,可以在银行、餐饮、零售、酒店、医疗接待等领域为人类提供智能化服务。

3. 平行控制与管理

平行控制与管理是为解决复杂系统管理与控制以及人机智能融合问题而提出的强有力方法。平行控制与管理系统是由某一个自然的现实系统和对应的一个或多个虚拟或理想的人工系统所组成的共同系统,其核心理论基于 ACP(人工系统 A+ 计算实验 C+ 平行执行 P)方法,以社会物理信息系统(cyber-physical-social systems,CPSS)等复

图 7-24 智能机器人 pepper

杂系统为对象,在对已有事实认识的基础上,通过先进计算,借助人工系统对复杂系统进行"实验",进而对其行为进行分析,得到虚实互动的、比现实系统性能更优的运行系统。

在 ACP 理论中,人工系统是指对实际复杂系统进行建模与重构的理想系统;计算实验是指为智能算法的应用提供支撑;平行执行是指建立人工系统和实际系统之间的联系,再通过人工系统来调节实际系统,以进一步优化控制与管理策略。社会物理信息系统是指在信息物理系统的基础上,进一步纳入社会信息、虚拟空间的人工系统信息,将研究范围扩展到社会网络系统,注重人的智力资源、计算资源与物理资源的紧密结合与协调,使得人员、组织通过网络化空间以可靠的、实时的、安全的、协作的方式操控物理实体。由于社会与人的复杂因素被引入,社会物理信息系统研究的难点是在很难甚至无法进行实验的情况下,如何定量、实时地对复杂系统问题的产生、演化和影响等要素进行建模、分析和评估的问题。

平行控制与管理的混合增强智能框架是为解决上述问题而提出的,是适用于"人在环路"的复杂系统建模、实验与决策的理论和方法。其基本思路是充分利用网络社会媒体所提供的丰富信息,运用平行控制、知识自动化以及数据驱动的建模与策略研究,突破传统方法中关于模型、实验和决策的理念,从新的人机混合、虚实结合的角度,为解决"人在环路"的复杂系统问题提供一套可计算、可实现、可比较的解决方案。

平行控制与管理的混合增强智能框架的研究内容主要包括平行智能、平行情报、平行区块链、平行学习、平行视觉、平行驾驶等。

(1)平行智能。平行智能主要面向兼具高度社会化和工程复杂性的社会物理信息系统,通过研究数据驱动的描述智能、实验驱动的预测智能和虚实互动反馈的引导智能,为不确定、多样化的复杂问题提供便捷、聚焦和收敛的解决方案。图 7-25 展示了基于平行智能的医学应用。

(2)平行情报。平行情报体系基本框架如图 7-26 所示,通过虚实互动的平行系统,结合情报工作的需要,构建具备学习和自主演化能力的人工情报系统。具体是指利用实时的移动信息感知,连接并集成社会、信息与物理空间,为各种有实际意义的人工系统的

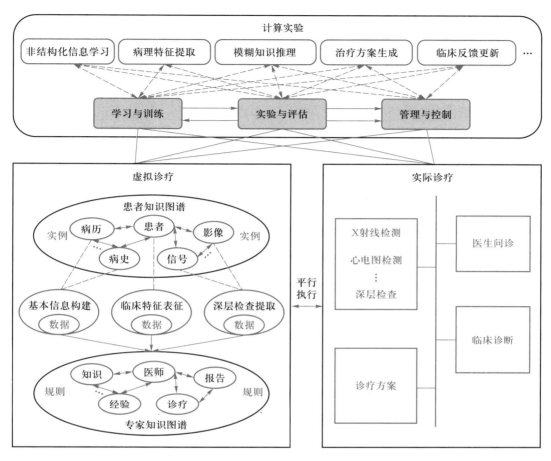

图 7-25 基于平行智能的医学应用

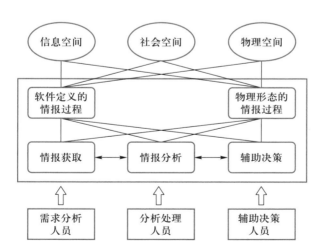

图 7-26 平行情报体系基本框架

构建提供数据支持,以获取解决特定问题所需要的、具有针对性和及时性的知识。

(3) 平行视觉。平行视觉基本框架如图 7-27 所示,是借助 ACP 体系思路提出的一种新场景构建方法,是建立在实际场景与人工场景之上的一种虚实互动的智能视觉计算方法。平行视觉通过平行情报和平行学习等方法解决传统视觉研究中数据获取、标注与认证以及模型学习与评估两方面的问题。

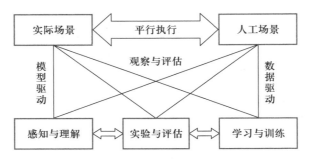

图 7-27　平行视觉基本框架

(4) 平行驾驶。平行驾驶作为平行智能的一种典型验证手段,针对智能驾驶车辆这一行业热点和技术难点,以平行的思想解决传统驾驶中存在的众多复杂问题,对专用车辆及车辆组群进行更有针对性的技术研发和产业化推广。平行驾驶示意图如图 7-28 所示。

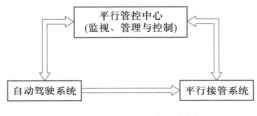

图 7-28　平行驾驶示意图

7.5.3　混合增强智能发展趋势

1959 年,美国学者从减轻人在操纵计算机时的疲劳出发,发表了被认为是人机界面领域第一篇关于人机工程学的论文。1960 年,首次提出的人机紧密共栖(human computer close symbiosis)的概念,被视为人机界面学的启蒙观点。1970 年,英国的拉夫堡大学 HUSAT 研究中心和美国施乐(Xerox)公司的帕罗奥多(Palo Alto)研究中心成立,于 1970 年到 1973 年出版了四本人机工程学专著,为人机交互界面发展指明了方向。20 世纪 80 年代,人机交互学科从人机工程学中独立出来,更加强调计算机对于人的反馈交互作用,逐渐形成独立的理论体系和实践范畴的架构,人机界面一词被人机交互所取代。

20 世纪 90 年代,研究人员开始使用“认知计算”一词,以表明该技术用于教计算机像人脑一样思考,而不只是开发一种人工系统。人机交互从人适应计算机到计算机不断地适应人的发展史经历了不同的发展阶段:由设计者本人(或本部门同事)来使用计算机到不懂计算机的普通用户可以熟练地使用计算机的手工作业阶段;多通道、多媒体的智能人机交互阶段;以虚拟现实为代表的计算机系统的拟人化阶段;以平板计算机、智能手机为代表的计算机的微型化、随身化、嵌入化阶段。2008 年,我国开始布局“视听觉信息的认知计算”等相关研究,重点包括多模态信息协同计算、自然语言(汉语)理解、脑 – 机接口、驾驶行为的认知机理和无人驾驶车辆集成验证平台等领域,该重大计划的实施将有力推动我国认知计算领域相关研究的发展。2016 年,微软亚洲研究院开展了"HI+AI:人机协同赋能未来"项目,认为人机协同,各展所长,才是人类以及人工智能的未来之路。2018 年,阿里巴巴公司推出"人机协同"智能服务解决方案,开启智能服务 2.0 时代。2019 年,"脑机混合智能"项目以及一大批与混合智能系统相关项目的研究工作开始在我国相关单位展开。混合增强智能已经成为我国人工智能国家战略的重要组成部分,在产业界和学术界的创新发展方兴未艾。

混合增强智能主要有以下几个发展方向。

(1) 多学科融合创新。随着信息技术、神经科学、材料科学等的快速发展,计算技术嵌入生物体并与之无缝融合,将成为未来计算技术的一个重要发展趋势。在此背景下,混合智能探索生物智能与人工智能的深度协作与融合,有望开拓形成一种非常重要的新型智能形态。但是,作为一个新兴的研究方向,混合智能在理论、技术等领域都亟待进一步的研究与探索。

(2) 更深度全面的交互。人机交互技术领域热点技术的应用潜力已经开始展现,比如智能手机配备的地理空间跟踪技术,应用于可穿戴式计算机、隐身技术、沉浸式游戏等的动作识别技术,应用于虚拟现实、遥控机器人及远程医疗等的触觉交互技术,应用于呼叫路由、家庭自动化及语音拨号等场合的语音识别技术,对于有语言障碍的人士的无声语音识别技术,应用于广告、网站、产品目录、杂志效用测试的眼动跟踪技术,针对有语言和行动障碍的人开发的"意念轮椅"采用的基于脑电波的人机界面技术等。人机交互解决方案供应商不断地推出各种创新技术,如指纹识别技术、侧边滑动指纹识别技术、触控与显示驱动集成技术、压力触控技术等。热点技术的应用开发既是机遇也是挑战:基于视觉的手势识别率低,实时性差,需要研究各种算法来改善识别的精度和速度;眼睛虹膜、掌纹、笔迹、步态、语音、唇读、人脸、DNA 等人类特征的研发应用也正受到关注;多通道的整合也是人机交互的热点;另外,与"无所不在的计算""云计算"等相关技术的融合也需要继续探索。

(3) 认知计算走向辅助决策。随着认知计算的发展,在应用中使用多种智能形态进行辅助决策将是未来重要的发展方向。未来的工具应该是由专家和管理者协同管理的人和机器的联合体,这就是人机协同的机制。人类所具有的知识越来越多地由后台的学习系统不断地学习到机器中,人类的工作也逐步地由机器来代替;而人类将投身于构想更美好的未来,去做更有创意的事情。

7.6　大模型技术

7.6.1　定义与技术原理

近年来,随着人工智能技术的深入发展,大模型技术应运而生,特别是 2022 年 11 月

OpenAI 公司发布 ChatGPT,在全球引起强烈反响,如同 2016 年 AlphaGo 战胜人类顶级棋手一样,学界和产业界对人工智能模型所能达到的智能化水平产生了全新认知。大模型也称基础模型,是指具有大规模参数和复杂计算结构的深度学习模型,大模型的"大"主要指模型结构容量大,结构中的参数多,用于预训练大模型的数据量大。大模型通常由深度神经网络构成,拥有数十亿甚至数千亿个以上的参数。ChatGPT 对大模型的解释更为通俗易懂:大模型本质上是一个使用海量数据训练而成的深度神经网络模型,其巨大的数据和参数规模,实现了智能的涌现,展现出类似人类的智能。

大模型主要通过不断学习和积累经验变得更加聪明。首先,大模型训练需依靠大量的基础数据,这些数据可以来自各种地方,比如网络上的各种文章、图片、视频等。然后,大模型开始训练,通过不断地优化和调整参数,逐渐提高自己的功能,变得更准确、更可靠。最后,训练好的大模型便可以用来完成各种任务。

相比于小模型,一方面,大模型的训练数据和参数不断扩大,在达到一定的临界规模后,能表现出一些未能预测的、更复杂的能力和特性,模型能够从原始训练数据中自动学习并发现新的、更高层次的特征和模式,这种能力被称为"涌现能力",这也是大模型和小模型最大的区别。另一方面,虽然大模型具有更强的表达能力和更高的准确度,但也需要更多的计算资源、数据、时间和资金来训练。比如,OpenAI 公司在 2023 年初发布 GPT-4 大模型,该模型拥有约 1.8 万亿个参数,在大约 25 000 个英伟达 A100 芯片上训练了 90~100 天,一次的训练成本约 6 300 万美元。

7.6.2　大模型关键技术

大模型包括底层架构、优化机制和基础模型等几方面的关键技术。底层架构主要是指 Transformer 算法架构;优化机制包括预训练与微调、提示工程等关键技术;基础模型是指当前形成的大语言模型、视觉大模型等主要大模型类型。

1. Transformer 算法架构

Transformer 算法架构(图 7-29)是目前几乎所有大模型的底层技术,2017 年由谷歌公司提出。Transformer 算法架构是一种用于处理序列数据的神经网络结构,就像我们处理一连串的文字、声音或者图像数据。Transformer 算法架构的主要特点是使用了自注意力机制,使得模型在处理序列时可以考虑整个序列的信息,而不仅仅是当前位置的信息。简单地说,就是将输入序列编码为一系列的向量,然后通过自注意力机制计算每个词对其他词的注意力权重,再根据这些权重合成每个词。这样,每个词都能够包含整个序列的信息,使得模型能够更好地理解序列中的依赖关系,提高处理复杂关系和信息的能力。

这个架构主要由两部分组成:编码器和解码器。编码器负责接收输入序列,并将其转换为一个新的表示形式,这样模型就能更容易地理解序列中的信息;解码器则负责根据编码器的输出生成目标序列,就像人类在学习新语言时,会尝试用这门新语言来表达自己的想法。此外,在第一个自注意力机制之后,还有一个称为"掩码"的机制,用于确保模型在解码过程中只能看到输入序列中与当前位置相关的信息,使模型在训练或推理过

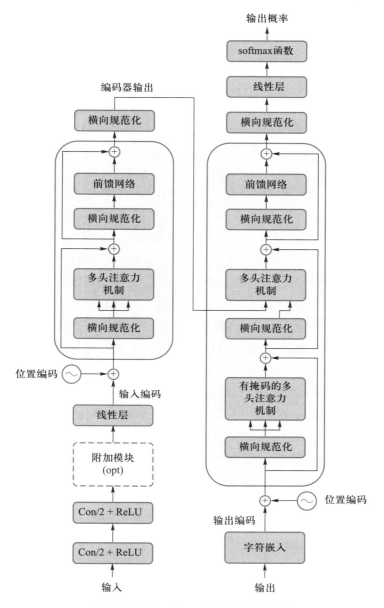

图 7-29 Transformer 模型架构示意图

程中能够忽略某些不相关的信息。

举个例子,假设有一句话:"今天天气晴朗,适合去公园玩。"传统的神经网络模型可能会逐词处理这句话,比如先处理"今天",然后处理"天气",这会导致模型无法很好地理解整个句子的意思。而 Transformer 算法架构则能够一次性考虑整个句子中的所有词,理解"天气"和"玩耍"之间的关系,从而更好地理解这句话的含义。

与传统的循环神经网络(RNN)和卷积神经网络(CNN)相比,Transformer 算法架构具有更强的表达能力和并行计算能力,使其非常适合作为训练大规模的模型,尤其是处理机器翻译、文本生成等复杂的自然语言类任务。随着研究的深入,Transformer 算法架构的应用范围已经不仅限于自然语言,而是扩展到了计算机视觉领域。此外,Transformer 算法架构还被整合到多模态学习框架中,用于处理和分析图像、文本、音频等多种类型的数据。

2. 预训练与微调技术

简单来说,预训练就是让模型在大量数据上先进行一次"热身"学习的过程。就像我们在学习新知识之前,先掌握一些基础知识和技能,然后再去深入钻研特定的领域。在深度学习中,预训练技术就是为了让模型先"见识"大量的数据,从而学会一些通用的规律和特征,为后续的特定任务学习打下坚实基础。首先,通常会使用一个非常大的语料库来进行预训练,这个语料库可能包含了数以亿计的文本数据,涵盖了各种主题和领域。然后,设计一个特定的任务来让模型进行学习,这个任务通常是自监督的,即模型需要从数据中自己发现学习的目标和规律。比如,一种常见的预训练任务是"掩码语言建模",在这个任务中,会随机选择一些文本中的词汇,用特殊的符号替换它们,让模型根据上下文去预测这些被替换掉的词汇是什么。通过这种方式,模型可以学会如何从上下文中理解词汇的含义和用法。经过大量的训练后就形成了所谓的"预训练模型"。此时模型已经具备了一定的语言处理能力,但它还没有针对任何特定任务进行训练。

接下来,当要处理一个具体的任务(比如文本分类、情感分析等)时,就可以这个预训练模型为基础,开展微调。首先,需要准备与任务相关的大量数据,例如大量带有情感标签的文本数据。然后冻结模型的预训练层,意思是前面预训练所形成模型的各层权重不会被更新,这样做是为了防止模型在微调过程中过度学习,而是专注于任务特定的信息。其次,在预训练模型的基础上,添加一些新的层,来适应特定的任务需求。最后,就可以进入微调过程,用准备好的任务数据来训练模型,在这个过程中,只有新添加层的权重会被更新,而预训练层的权重保持不变。微调完成后,若模型的性能通过了评估,便可以用于执行特定任务了。下面举例说明。

假设有一个用于英文文本理解的预训练模型 M。现在想让这个模型也能够理解中文文本。可以先将 M 模型看作一个基础模型,然后为它添加一个中文词汇表和一些适应中文语言特性的层。接着,用大量的中文文本数据来训练这个模型,它就能学会中文的语言规律,并更好地理解中文文本。

总之,预训练技术就是让模型在执行特定的任务前,先去学习大量的通用知识,建立起一个坚实的基础。而微调技术则是在预训练的基础上,针对具体任务进行进一步训练,让模型在特定任务上取得更好的性能。

3. 提示工程技术

由于大模型的复杂性和黑箱特性,往往难以直接控制其输出行为。因此,如何有效地与大模型进行交互,使其按照人们的意图执行任务,成为了一个非常重要的问题。打个比方,我们可以把大模型看作一个饱读诗书的智者,但在和智者交流时,如果不能准确表达我们的问题或想法,即便是智者也可能会"答非所问"。提示工程技术正是为了提高大模型对具体任务的适应性和表现力。简单来说,就是给大模型一些特定的指令和对应的输入输出例子。

提示工程技术的核心是根据任务需求设计合适的提示,这需要对任务进行深入的分析和理解,以便确定哪些信息对于大模型完成任务至关重要。例如,在自然语言处理任务中,可能需要提供关于句子结构、语义关系或情感倾向的提示;在图像识别任务中,可能需要提供关于物体位置、形状或颜色的提示。一个完整的提示应该包含清晰的指示、相关的上下文、有助于理解的例子、明确的输入以及期望的输出格式描述等。

下面介绍几个来自主流开源大语言模型的例子。

问 答 1

提示:xxx 是一种喜悦的心情,一个用 xxx 造句的样例是:"我今天看了电影,我很 xxx"。yyy 是一种难过的心情,请你仿照这样的格式进行造句

输出:"我听到了一个坏消息,我感到很 yyy。"

可以看到,大模型可以完美地按照我们给出的样例进行输出,假设我们不给出提示词,那么模型一定会天马行空地发挥。

问 答 2

提示:光合作用是什么?

输出:光合作用是一种生物化学反应,是绿色植物和某些细菌利用叶绿素,在光的催化作用下,将二氧化碳和水转化为葡萄糖同时放出氧气的生化过程。这个过程是地球上所有生命能量来源之一,也让地球成为了一个适宜生命生存的行星。

问 答 3

提示:请详细解释光合作用的过程,包括其发生的地点、参与的主要反应和产物。

输出:参与的主要反应:光敏剂吸收光子后,电子被传递到叶绿素分子上。叶绿素分子中的镁离子被激发成为镁离子共振态,进而将电子传递到葡萄糖分子中,生成葡萄糖。同时,水分子也被分解成氧气和二氧化碳。

光合作用的地点:光合作用的地点包括植物、藻类和一些细菌,它们都可以利用叶绿素进行光合作用。

产物:光合作用的主要产物是葡萄糖和氧气。葡萄糖是光合作用产生的最终产物,它是生物体内的重要营养物质。氧气则是光合作用的副产物,它被释放到大气中,供呼吸作用使用。

总之,光合作用是绿色植物和某些细菌利用叶绿素,在光的催化作用下,将二氧化碳和水转化为葡萄糖同时放出氧气的生化过程。这个过程是地球上所有生命能量来源之一,也让地球成为了一个适宜生命生存的行星。

可以看到,在问答 2 中,虽然模型回答了基本内容,但是如果我们采用问答 3 中更具体的方向性提问,就可以得到更丰富,更符合我们期待的回答。

4. 基础模型

总体来看,根据输入输出数据类型的不同,大模型主要可分为大语言模型、视觉大模型、多模态大模型三类。

大语言模型通常用于处理文本数据和理解自然语言,在模型的训练过程中会输入大量的文本,比如图书、文章、语句等,然后从中学习语言的规则和模式。随着时间的推移,模型不仅能知道每个单词的意思,还能理解整个句子的含义和上下文关系,并生成准确且连贯的语言表达,这使得它在各种语言任务中表现出色,比如翻译、写作、问答等。ChatGPT 就是这类模型最典型的代表,其经历了 GPT-1(1.1 亿个参数)、GPT-2(15 亿个参数)、GPT-3(1 750 亿个参数)、GPT-3.5(基于 GPT-3 进行指令调优和人类反馈强化学习(Reinforcement Learning fromHuman Feedback,RLHF)调优形成,具体参数未正式公布)和当前最新的 GPT-4(约 1.8 万亿个参数)多个版本的模型迭代,依赖的语料和模型参数量不断增加,也使模型的"聊天"能力不断进化,图 7-30所展示的是与 ChatGPT 进行问答的过程。其应用领域非常广泛,比如在企业的客服环节,ChatGPT 可以解答用户的常见问题,提供实时帮助和指导,在教育辅导方面,可以为学生提供写作、编程、数学等学习辅导。ChatGPT 还能用于内容创作,生成文章、诗歌、故事等创意内容,为作家和创作者提供灵感。

图 7-30　与 ChatGPT 进行问答式交流

视觉大模型像一个聪明的"认图专家",它通过学习、分析大量的图片和视频数据,掌握了识别和理解视觉信息的技能。首先将输入的视觉数据(如图片)分解成很多小的、基础的视觉元素,比如颜色、形状、线条、纹理等;然后利用这些基础元素来识别整个图像的内容,比如识别出这是一张人脸还是一辆汽车;同时还能理解这些图像之间的联系,比如理解一个动作的连续性,或者一个故事的情节发展。典型的视觉大模型是 2020 年谷歌公司提出的 ViT 模型,使用约 3 亿幅图片的超大规模数据集进行预训练,模型参数达到 6 亿个,在各种视觉识别领域的表现都非常优异。医疗影像分析、自动驾驶、工业视觉检测等都为视觉大模型应用提供了场景。华为的盘古电力大模型具备电力巡检的基础能力,可做到一个模型识别上百种缺陷,替代原有 20 多个小模型,大幅提升了模型开发效率,如图 7-31 所示。

多模态大模型是指能够处理文本、图像、音频等两种以上类型数据的大模型,具体包括文生图模型、文生视频模型和图生文模型等,如图 7-32 所示。多模态大模型内部有多个不同的部分,每个部分负责处理文本、图像信息等某一种类型的数据,各部分都经过大量的训练,能够很好地理解自己负责的数据类型,从而能够更全面地理解和处理复杂的

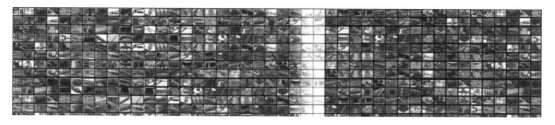

图 7-31 电力缺陷识别示意图

图 7-32 AI 绘画示意图

数据。如谷歌公司 2023 年 7 月发布的机器人多模态大模型 RT-2,既能使机器人"听懂"人类语言指令并执行复杂任务,也能"感知"所处的距离空间和颜色信息。OpenAI 公司 2024 年 2 月发布了文生视频大模型 Sora,其可以根据用户的文本提示创建最长 60 s 的逼真视频,而在此之前,其他主流工具生成的视频都只有约 5 s。相比业界水平,Sora 将视频生成的时长一次性提升了 10 倍多,一经推出便在极短的时间内引起了全球科技、产业、教育、医疗、艺术等各界的关注与热议。多模态大模型泛化能力更强,对知识、逻辑理解更具深度,在复杂内容创作、智能机器人、社会治安等领域具有巨大应用潜力。

7.6.3 大模型技术发展趋势

　　大模型并不是近两年才兴起的新概念,已有十余年的探索历程。整体来看,历经两个时期。

　　一是探索沉淀时期(2013—2019)。2013 年,自然语言处理模型 Word2Vec 诞生,首次提出将单词转换为向量的"词向量模型",以便计算机更好地理解和处理文本数据。2014 年,被誉为 21 世纪最强大算法模型之一的对抗式生成网络(GAN)诞生,标志着深度学习进入了生成模型研究的新阶段。2017 年,谷歌颠覆性地提出了基于自注意力机制的网络结构 Transformer,奠定了大模型预训练算法架构的基础。2018 年,OpenAI 公司和谷歌公司分别发布了 GPT-1 与 BERT 大模型,意味着预训练大模型成为自然语言处理领域的主流。以 Transformer 算法架构为代表的全新神经网络架构,奠定了大模型的算法架构基础,使大模型技术的性能得到了显著提升。

二是迅猛发展期(2020 至今)。2020 年,OpenAI 公司推出了 GPT-3,模型参数规模达到了 1750 亿个,成为当时最大的语言模型,并且在零样本学习任务上实现了巨大性能提升。2022 年 11 月,搭载了 GPT-3.5 的 ChatGPT 横空出世,凭借逼真的自然语言交互与多场景内容生成能力,迅速引爆全球。2023 年 3 月,OpenAI 发布 GPT-4,赋予了 ChatGPT 多模态理解与多类型内容生成能力。此后,各类大模型以及相关重大创新成果如雨后春笋般涌现。

大模型的创新探索仍在不断加速,主要有以下几个发展趋势。

(1) 多模态能力进一步提升。大模型对多模态信息的表征能力不断增强,并利用自监督学习、半监督学习、元学习、迁移学习等新型学习范式,提升模型鲁棒性和学习效率。同时,随着大模型在语义理解、视觉感知及逻辑推理等方面的迭代与成熟,多模态大模型能更好地理解真实世界,获取实时的环境反馈,具身智能等新技术方向将在感知、推理、泛化能力上进一步突破。

(2) 模型实现高效化与轻量化。模型剪枝、模型量化以及知识蒸馏等深度模型压缩方法不断创新,实现自适应的轻量化大模型设计,持续减小模型规模,降低计算和存储需求,从而满足不同的硬件环境,拓展大模型的应用场景。未来大模型将能在更多设备上运行,包括手机、物联网设备等,而不仅限于云端。

(3) 垂直行业成为大模型的主战场。与通用大模型相比,行业大模型具有专业性强、数据安全性高等特点,未来大模型真正的价值将体现在更多行业及企业的应用落地层面。一方面,行业大模型将通用大模型的多领域资源集中于特定领域,模型参数相对较小,对于企业应用而言具有显著的成本优势。另一方面,行业大模型结合企业等机构内部数据,为其实际业务场景提供服务,能进一步体现模型对于企业的降本增效作用。

(4) 大模型的安全与治理问题受到关注。大模型存在幻觉、滥用、偏见等新型安全性问题,带来潜在的安全威胁。公众对于个人隐私保护与伦理道德安全问题的关注,也将达到前所未有的高度。未来,随着数据安全、抗攻击能力等技术手段的不断加强,模型透明度和可解释性的不断提高,人工智能系统也将越来越遵循伦理原则进行设计指导,从而实现伦理嵌入设计,人工智能监管立法和国际治理合作也将进一步推进。

7.7 智能融合技术

7.7.1 人工智能与集成电路技术的融合

1. 定义与融合需求

人工智能与集成电路技术的发展密不可分,单靠软件算法不足以支撑人工智能的发展,需要强大的集成电路作为硬件支撑,集成电路技术的快速发展可以推动人工智能算法和实际应用性能的提高。人工智能与集成电路技术融合的主要研究方向是针对人工智能算法设计专用高效的集成电路。20 世纪 80 年代初,采用不用译码的 Forth 语言在单片机上执行,这就是人工智能在集成电路中应用的萌芽。当传统的中央处理器(CPU)和图形处理单元(GPU)难以满足日常需求时,日本率先研制出仿人脑集成电路,美国国际商用公司则研发出基于神经形态架构的人工智能微处理器,两者均在集成电路中应用了人工智能技术。

计算机技术经过长时间发展,已经形成了 CPU 与 GPU 两大计算核心。但是在人工智能计算中使用 CPU 或 GPU 等通用集成电路,在计算效率或功耗上均存在缺陷。比如 2015 年,人工智能 AlphaGo 在与职业棋手樊麾的对战中,共使用了 1 202 颗 CPU 和176 颗 GPU 作为计算资源,在功率消耗和设备体积上都远超出人类。图 7-33 展示了AlphaGo 的算法原理。所以,传统 CPU 和 GPU 主要用于云端数据中心等对功耗、体积、价格均不敏感的领域。

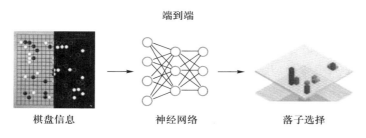

图 7-33　AlphaGo的算法原理

人工智能专用集成电路(ASIC)能够实现在成本约束下的性能最优化,已成为主要攻关方向。工业场景对人工智能的计算效率、设备体积、可靠性等均有较高要求,在工业生产中如果仍使用 CPU 等通用集成电路处理人工智能任务,可能无法满足现场侧、边缘侧人工智能识别、推理、控制的需求,人工智能专用集成电路是人工智能技术在工业生产中落地应用的关键。

以自动驾驶为例,传统硬件架构难以满足自动驾驶对准确性、功耗、实时性、可靠性等各类人工智能计算的要求。基于此,我国的人工智能技术企业地平线公司基于自主创新的集成电路架构,研制出"征程"系列人工智能集成电路,可实时处理分辨率为1 920×1 080,帧率为 30 f/s 的视频,每帧中可同时对 200 个目标进行检测、跟踪、识别,典型功耗为 1.5 W,每帧延时小于 30 ms。图 7-34 所示为地平线公司自主研发的"征程 1.0"人工智能集成电路。

如图 7-35 所示,基于"征程"系列人工智能集成电路打造的自动驾驶环境感知解决方案,能够同时对行人、机动车、非机动车、车道线、交通标识牌、红绿灯等多类目标进行精准的实时监测与识别,满足车载严苛的环境要求以及不同环境下的视觉感知需求。

2. 关键技术

人工智能集成电路在广义上包括 CPU、GPU、FPGA、ASIC 等类型,从时间上经历了

图 7-34　地平线公司自主研发的　　　图 7-35　基于"征程"系列人工智能集成电路的
"征程 1.0"人工智能集成电路　　　　　　自动驾驶环境感知解决方案

从传统通用的 CPU、GPU 向 FPGA、ASIC 发展的历程。从架构上说,计算机主要使用的冯·诺伊曼架构存在"功耗墙"的问题,而非冯·诺伊曼架构的人工智能集成电路是未来的发展方向。

(1)冯·诺伊曼架构集成电路。FPGA 具有现场可编程的优势,工程师可依照实际需求将一些常用人工智能算法硬件化,烧写进 FPGA 内,相比传统基于软件运算的人工智能运算方式能够极大提高运算效率。但是,FPGA 自身的物理特性也导致集成电路能效比较低,集成电路成本较高,并不是进行人工智能计算的最优方案。随着人工智能技术的发展,深度学习等算法逐渐成熟,开发面向人工智能算法的 ASIC 以提高人工智能运算能力,成为了技术发展的趋势。相比 FPGA,ASIC 虽然开发周期较长、成本较高,但在运算性能和功耗上均具有明显优势,更适合部署在靠近工业机械臂的边缘侧,相比部署在数据中心内的 GPU 等集成电路,部署在边缘侧的 ASIC 能够提供更低的延迟。最著名的人工智能 AISC 就是谷歌公司推出的张量处理器(tensor processing unit,TPU)。2017 年,在与中国世界围棋冠军柯洁的对战中,AlphaGo 并未依靠数据中心作为算力支撑,而仅使用了 4 个 TPU 就战胜了对手,搭载 4 个 TPU 的计算机板卡如图 7-36 所示。相比 GPU 等通用集成电路,人工智能专用集成电路能够极大提高计算效率,相关技术的逐步成熟将极大推动人工智能在工业中的落地应用。

(2)非冯·诺伊曼架构集成电路。计算机主要使用的冯·诺伊曼架构,其计算和存储分离,并且更侧重于计算功能。人工智能运算需要大量的数据参与,冯·诺伊曼架构的集成电路在进行人工智能运算时,数据在运算单元和存储器之间不停往复传输,造成功耗居高不下,导致"功耗墙"问题,这将会成为未来人工智能工业应用的新瓶颈。谷歌公司的 TPU 中包含高达 24MB 的局部内存,就是为了减少数据读取次数,降低功耗,但并不能从根本上解决"功耗墙"问题。近些年,研究者开始更多关注以类脑集成电路为代表的非冯·诺伊曼架构的集成电路,期望从根本上解决问题,但这一领域尚处于研究阶段。2020 年,位于瑞士苏黎世的 IBM 公司欧洲研发中心研发出一种基于相变存储器(PCM)的非冯·诺伊曼架构集成电路(图 7-37)。IBM 公司研究人员用 ResNet 分类网络进行实验,在将训练后的权重映射到 PCM 突触后,在 CIFAR-10 数据集上的准确率达到 93.7%,在 ImageNet 基准 top-1 上的准确率达到 71.6%。此外,研究人员通过一种补偿技术,可将原

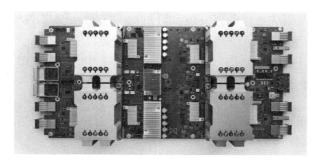

图 7-36 搭载 4 个 TPU 的计算机板卡 图 7-37 IBM 公司研发出非冯·诺伊曼
架构集成电路

型集成电路在 1 天内的测试准确率保持在 92.6% 以上,据悉,这是迄今为止模拟电阻式
存储硬件在 CIFAR-10 数据集上所产生的最高分类准确率。

　　类脑集成电路的核心是借鉴人脑信息处理方式,将存储和计算一体化,能够实时处
理非结构化信息,满足超低功耗的需求。典型的类脑集成电路研究成果是 IBM 公司的
TrueNorth 集成电路(图 7-38),其包含 4 096 个小处理核心,每个核心包含约 120 万个晶
体管,少数晶体管负责数据处理,多数晶体管负责数据存储和通信,每个核心能独立完成
计算、存储、通信等功能,作为一个单独的"神经元"使用。

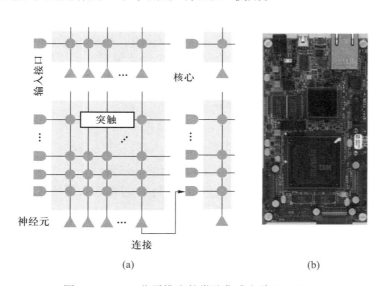

(a) (b)

图 7-38 IBM 公司推出的类脑集成电路 TrueNorth

3. 技术方向

　　基于冯·诺伊曼架构的人工智能 ASIC 是短期内人工智能集成电路的发展重点。人
工智能 ASIC 相比 CPU、GPU、FPGA 等集成电路具有极大计算效率优势,随着人工智能
技术的逐渐成熟与普及,技术算法逐渐定型,在工业领域的大规模应用将导致人工智能
ASIC 的需求量快速增长,进而摊平开发成本,加速推动人工智能 ASIC 的普及。

非冯·诺伊曼架构的类脑集成电路是解决集成电路"功耗墙"问题的关键,是人工智能集成电路长期发展的方向。类脑集成电路的设计目的不仅仅在于人工智能算法加速,而是从集成电路及其基本结构层面改变设计,开发出忆阻器等类似于人脑的计算机体系结构,用于机器人电子皮肤等更为复杂、数据量更大的场景,进一步推动工业智能化发展。

7.7.2　人工智能与未来网络技术的融合

1. 定义与融合需求

区别于"面向终端、尽力而为"的传统网络,未来网络基于"以网络为主体、能力内生"的核心设计理念,打造新型网络协议体系,在网络侧提供安全、确定、智能、移动与可控的内生能力支持,实现万网万物互联,使更多的新服务接入网络。未来网络面向5G/6G、云服务、工业互联网、车联网、卫星互联网等新业务承载需求,技术上具备泛在连接、开放智能、安全可信、高速可靠、确定性通信和绿色普惠等 6 大特征。

面向新一轮科技革命和产业变革,现有网络在架构、性能、运维、业务运营、可持续发展等方面面临新挑战。

首先,网络系统规模和复杂度的与日俱增,传统依赖工单流转与人工操作的运营、运维经验难以固化与推广,运维成本过高,效率有待提升。

其次,网络通信对安全可靠、海量数据处理和资源调度提出了更高的需求,以传统人工方式为主的运营模式面临着效率低、运营复杂度高、服务保障困难以及安全和隐私风险等挑战。

再次,随着个人用户市场的饱和,新型智能服务和行业应用对网络服务时延、可靠性、带宽及连通性等各方面均提出了更为严苛的个性化需求。人工智能技术与通信网络的硬件、软件、系统和流程等进行深入融合,利用网络丰富的数据和算力资源,可以实现网络的降本、增效、提质,提升用户服务体验。

下面以移动网络基站节能策略为例,介绍深度学习在基站节能方面的应用。随着速率的提升和覆盖密度的增加,基站成为网络耗能大户。如何自动识别不同场景,并制定合适的节能策略已经成为基站节能的关键。传统的基站节能手段主要为粗放式的关断,如在凌晨针对小区等场所的基站进行关断等。然而,随着未来网络的发展,网络覆盖场景与业务类型日趋复杂,一刀切的关断已经无法满足多样化场景的业务需求。

人工智能技术通过对网络节能场景进行精细化自动识别,可预测网络业务量趋势,如话务忙闲时段和区域、流量/能耗趋势、多小区共覆盖场景识别等,自动生成最符合该场景的精细化、颗粒化的节能策略,并通过不断的迭代,实现节能策略的不断优化,如图7-39 所示。为应对节电期间的突发业务情况,通过建立智能监控平台,实时监控流量、用户数、邻区负荷情况等,当达到设定阈值时,紧急唤醒节电小区,保障客户使用。智能基站节能方案可以在兼顾网络关键绩效指标(KPI)、用户体验的情况下,实现基站的智能灵活节能减排,达到"一站一策",减少运维人员的投入。在针对 5G 基站的智能节能应用中,智能基站节能方案已经实现了全网平均超过 13% 的节能效果,节能时长较传统节能方式提升 89% 以上,在全国范围内一年可以节省超过上亿千瓦时的电力。

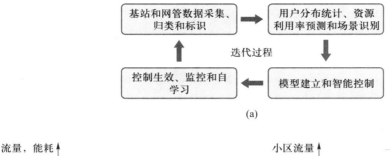

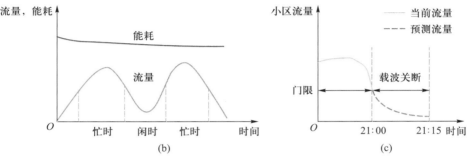

图 7-39 基于深度学习的基站节能

2. 关键技术

网络智能化应用所需要的关键技术包括基于人工智能技术的业务预测、网络切片以及资源分配共享。

（1）业务预测。由于用户业务服务需求的不断增长,业务预测对通信网络的监督与管理至关重要。准确的业务预测要求对数据流的变化进行实时跟踪,从而构建实际的网络业务模型。由于受多种非线性因素的影响,通信网络的业务变动会产生很大的非规律性,这就导致了传统的线性回归方法无法对现有的网络业务变化进行预测与分析。在已有的研究基础上,基于时间序列、反向传播网络和支持向量机等多种人工智能算法技术开始应用于业务预测,提高了预测的准确性。例如,我国某通信企业利用机器学习、软件编排等技术,开发了重点业务感知监测分析机器人,从数据自动获取与数据处理、感知问题预测、智能定界分析、报告智能撰写、邮件推送这五大过程来智能预测并优化重点业务,实现了网络优化从传统的"人工分析"到"智能分析"模式的变革,为未来的网络智能化进行积极探索。图 7-40 展示了重点业务感知监测分析机器人的基本流程框架。

（2）网络切片。目前的"一体适用"网络体系结构将导致各种业务之间的需求冲突,从而影响到用户的使用体验。而采用网络切片技术后,通信网络能够根据不同的业务需求,自主地租借共用的实体结构,从而形成多个独立的、具有逻辑的网络。网络切片是一种"网络即服务"的模式,它可以根据业务和应用的动态需求灵活地配置和再配置网络资源,以适应通信网络的各种情况。为了在网络切片中实现灵活的调度,可利用人工智能技术对代理实体进行设计,同时通过多个基础模块的联合调用,提高网络资源的使用效率。例如,我国某通信企业的商用 5G SA 网络在多样化 5G 业务的高效、精准、智能网络切片方面仍存在一系列挑战。该企业采用切片数据采集、切片模型选择、切片人工智能

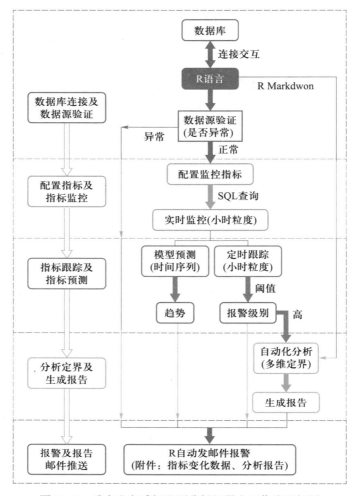

图 7-40　重点业务感知监测分析机器人工作流程框图

关联及切片参数修正四步法,并结合人工智能算法的无监督学习和自适应学习,实现网络切片的按需构建,为网络切片最优化配置、性能感知体验提供了理论指导、模型选择及最优解决方案。

　　(3) 资源分配共享。通信网络在实际运作中,对于业务动态而言,其本质是对无线资源的动态分配,因此资源分配也是十分关键的技术之一。无线资源的配置能够利用深度强化学习、遗传算法、Q 学习算法等人工智能算法进行。例如,某研究机构利用深度强化学习算法对无线网络资源的分配进行建模,实现以较低复杂度最大限度地提高时变信道环境中的能量效率。图 7-41 展示了模型的构建流程。

　　3. 技术方向

　　人工智能与网络的融合尚处于起步阶段,为了引导网络智能化的总体发展方向,国际电信联盟电信标准分局(ITU-T)、电信管理论坛(TMF)等电信标准化组织已经基本统一了对网络的智能化等级分级,将网络智能化等级分为 L0~L5 级。其中,L0 级为人工运

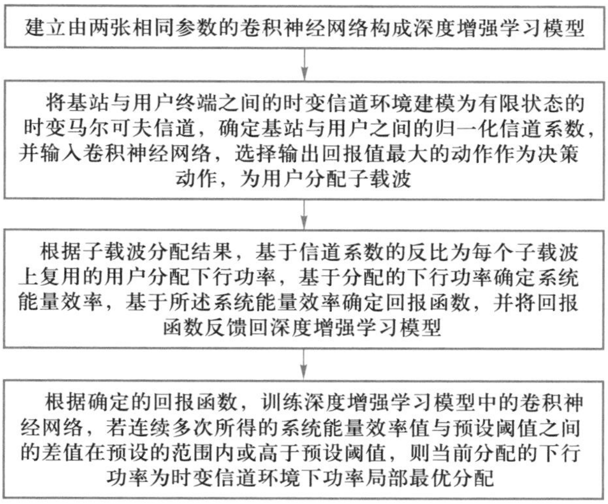

建立由两张相同参数的卷积神经网络构成深度增强学习模型

将基站与用户终端之间的时变信道环境建模为有限状态的时变马尔可夫信道，确定基站与用户之间的归一化信道系数，并输入卷积神经网络，选择输出回报值最大的动作作为决策动作，为用户分配子载波

根据子载波分配结果，基于信道系数的反比为每个子载波上复用的用户分配下行功率，基于分配的下行功率确定系统能量效率，基于所述系统能量效率确定回报函数，并将回报函数反馈回深度增强学习模型

根据确定的回报函数，训练深度增强学习模型中的卷积神经网络，若连续多次所得的系统能量效率值与预设阈值之间的差值在预设的范围内或高于预设阈值，则当前分配的下行功率为时变信道环境下功率局部最优分配

图 7-41 模型构建流程

营网络,不具备人工智能相关能力;L5 级为电信网络达到完全智能化,实现全系统完全智能化。

随着智能社会的到来,各种感知终端与设备所产生的海量原始数据将需要至少千兆网络的接入能力。未来网络将面向联合国可持续发展目标,成为支撑解决人类社会、经济和环境三大发展问题的新一代网络信息基础设施,是数字化时代的"底座"和"基石"。各行各业所产生的海量数据都需要大量算力进行处理,云数据中心受到传输带宽成本和时延的影响,边缘算力将成为支撑智能社会海量数据处理的关键一环,这也对网络能力提出了新的要求。未来网络通过感知业务的算力需求,协同算力资源与网络资源,提供云、边、端万物智能连接服务,实现全社会的泛在智能。

7.7.3 智能传感技术

1. 定义和融合需求

智能传感器是具有一定的检测、自诊断、数据处理和自适应能力的传感器。智能传感器带有微处理器,具有采集、处理、交换信息的能力,是传感器集成化与微处理器相结合的产物。智能传感器能够将检测到的各种物理量储存起来,并按照指令处理这些数据,从而创造出新数据。智能传感器之间能进行信息交流,并能自我决定应该传送的数据,舍弃异常数据,完成分析和统计计算等。

传统传感器的输出信号大部分是模拟信号,不具备信号处理和联网功能,需要连接到特定的测量仪器以实现信号处理和传输功能。随着材料科学、传感器工艺、计算机技术的发展,新型智能传感器将传统传感器的检测信息功能与微处理器等智能电子设备的信息处理功能有机融合,如图 7-42 所示。因此,与传统传感器相比,智能传感器具备高精度信息采集、智能化数据分析以及多样化应用功能等优势。

传感器制造商意法半导体推出了新一代智能 MEMS 传感器,该传感器集成了适合

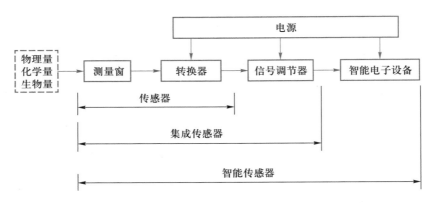

图 7-42　智能传感器原理

案例 7-5：
科大讯飞
声学成像
仪应用
演示

运行人工智能算法的数字信号处理器(DSP),以便在信号识别和异常检测等任务中,通过神经网络技术进行数据分析,确保其具有出色的检测准确度和能效。除此之外,与其他传感器产品相比,其尺寸更小、功耗降低多达 80%;再如,科大讯飞公司将声纹传感器与人工智能算法结合应用于电网巡检场景,实现多点同时检测,故障方向判断可精确到 1°以内。

2. 关键技术

智能传感器的关键技术主要包括集成电路技术、网络技术、数据采集技术和数据处理技术。

(1) 集成电路技术。智能传感器主要用于感知过程,一方面需要自我感知,另一方面则对外部环境进行感知。智能传感器需要采用大量的传感器集成电路,包括各种环境传感器集成电路、压力传感器集成电路等。这些集成电路需要小巧、稳定,并具备高效的能源利用能力,以满足智能传感器在实际使用中的需求。例如,MEMS 加速度计是一种加速度传感器,可在不同轴向检测物体的加速度变化,已被广泛应用于智能手机、汽车以及医疗设备等领域。

(2) 网络技术。网络技术是智能传感器关键的基础技术之一。通过网络技术,智能传感器可以实现互通以及与其他设备的通信,以便为数据的采集和分析提供支持。所用网络主要包括无线传感器网络(wireless sensor network,WSN)和物联网。其中,无线传感器网络是一种无线多跳自组织的传感器网络,由众多的传感器节点、汇聚节点和控制中心组成,常用于环境监测、智能建筑、智能交通、智能农业等领域;物联网是通过信息传感设备,按约定的协议,连接传统的物理设备(如传感器、执行器、控制器等)和计算机系统网络,使物理设备通过互联网实现数据交换和相互通信,具备超大规模、异构性、自组织和安全性等特征。

(3) 数据采集技术。智能传感技术是以数据为核心的技术,其关键在于数据采集的高效实现。传输技术的进步,比如物联网技术的兴起,可以帮助智能传感器实现高效的数据采集与数据分析。数据采集装置主要包括模/数转换器和信号放大器等。模/数转换器可以将传感器测量值转化为数字信号,并进行量化表示,其精度、分辨率、采样率等参数也会直接影响数据质量和可靠性,因此需要进行充分的测试和调整。信号放大器用于对传感器采集到的信号进行放大处理,以保证传感器测量的精度和可靠性。信号放大器通常需要考虑灵敏度、噪声、失真、带宽等参数,以确保传感器测量数据的准确性。除此之外,数据采集技术还需要考虑到诸如防抖、滤波、校准等诸多方面,以进一步提高数据采集精度和可靠性。

(4) 数据处理技术。数据处理技术是智能传感器最重要的技术,通过从海量数据中提取有用的信息,为用户提供决策支持和智能化服务。因此,数据处理技术对于智能传感器的稳定、高效运行具有非常重要的意义。

在环境监测场景,智能传感器可以采集环境变化的大量数据,例如温度、湿度、CO_2 浓度等,数据处理技术可以根据这些数据进行环境分析和环境曲线绘制,实现环境监测和预警。

在能源管理场景,智能传感器可以采集用能设备的状态和能耗数据,数据处理技术可以基于这些数据实现能源监控、能耗预测、节能评估等,提高能源利用效率。

在工业生产场景,智能传感器可以采集机器设备的运行状态和故障信息,数据处理技术可以根据这些数据实现机器故障预测、维护预警和生产过程优化等,提高工业生产效率。

在健康监测场景,智能传感器可以采集人体健康数据,例如心率、血压、血糖等,数据处理技术可以根据这些数据实现健康监测、疾病预测、个性化健康管理等,为人们提供更好的健康保障。

3. 技术方向

智能传感器这一概念早在 20 世纪 70 年代就已提出并形成。20 世纪 80 年代传感器与微处理器相结合,以微处理器为核心,把传感器信号调节电路、微计算机存储器及接口电路集成到一块芯片上,使传感器具有一定的人工智能。1983 年,美国霍尼韦尔公司开发出世界第一个智能传感器——ST3000 系列智能压力传感器(图 7–43)。20 世纪 90 年代,随着智能化测量技术的进一步发展,传感器实现了微型化、结构一体化、阵列式和数字式,具备了自诊断、记忆与信息处理等多种功能,操作变得更简单,使用起来更方便。1993 年,电气与电子工程师协会(IEEE)和美国国家技术标准局(NIST)提出了智能传感器接口标准(smart sensor interface standard)。2000 年开始,微机电系统技术的大规模使用,进一步推动传感器向智能化、微型化、集成化发展。2010 年以后,随着物联网和智能制造的兴起,智能传感器得到广泛的关注和迅猛的发展。

未来智能传感技术将主要呈现以下发展趋势。

(1) 智能程度更高。比如,智能传感器可实现开机自检和运行自检,以提高工作的可靠性;又比如,内含的智能算法可以根据待测物理量的数值大小和变化情况等自动选择测量方式,提高检测的适用性;智能传感器还能够不断融合更复杂的人工智能算法,对获取

图 7–43 ST3000 系列智能压力传感器

的数据进行加工处理,大幅提高测量的精确度。

(2)微型化设计。智能传感器自身的体形体积会对其未来的应用领域与空间造成直接影响,为了全面提升智能传感器的应用范围和应用效果,将有效借助半导体等先进技术对传感器进行微型化设计,这样才能够有效降低智能传感器的制造成本,并拓展其实际应用领域。

(3)多传感器融合。多传感器融合技术主要应用在自动驾驶和机器人领域。自动驾驶安全性需要传感器的冗余支持,以及多种传感器协同以提升容错率。在未来一段时间内,能够支持摄像头、毫米波雷达、激光雷达以及超声波等多种传感方式,能够识别颜色、距离、速度等多种变量多传感器融合技术将成为自动驾驶市场的主流。进一步预测,在可穿戴设备、健康检测、智能家居等领域,多传感器融合技术将会得到进一步应用和发展。

7.7.4　智能控制技术

1. 定义和融合需求

智能控制技术是将控制与人工智能相结合,在无人干预的情况下,能够自主驱动机器实现控制目标的计算机控制技术。控制理论主要包括现代控制理论和经典控制理论。现代控制理论采用的时域直接分析方法,能够根据给定的性能或综合指标设计出最优控制系统。较为成熟的控制方法有反馈控制、最优控制、模糊逻辑控制和自适应控制等。经典控制理论的控制对象主要是较为简单的单输入 – 单输出线性定常控制系统,它建立在确定模型的基础上,因此无法表示时变系统、非线性系统和非零初始条件下的线性定常系统。例如,工业过程的病态结构问题导致某些干扰无法预测,致使难以建立其模型。经典控制方式对线性问题有较成熟的理论,而对高度非线性的控制对象虽然有一些非线性方法可以利用,但不尽如人意。

随着新一代人工智能技术的快速发展,智能控制焕发新生机。智能控制采取人的思维方式,建立逻辑模型,使用类似人脑的控制方法来进行控制。新一代人工智能技术与控制技术的结合,使控制系统具有足够多的控制策略,可以解决更多复杂场景下的控制问题,提高控制效率和控制水平。

以工业机器人抓取控制为例,传统基于解析法的控制方式利用动力学来估算抓取的稳定性,存在以下缺点。

一是需要掌握机械手和抓取对象的工作机理。既要建立精确的机械手动力学模型、抓取对象的物理模型,还需要获取机械手相对抓取对象的位置信息,这就要求抓取对象的形状、位置必须是固定的。

二是抓取方式单一。抓取过程中,机械手臂的协调与定位都需要预先标定,然后采取机器人逆动力学进行控制,不仅带来了复杂的计算,也导致了机械手功能单一化,限制机器人的广泛应用。

基于深度学习的抓取控制方法无须对目标进行位置估计,而是由图像误差信号计算控制量,再将此控制量转换为机械手的运动空间,驱动机械手向目标运动。因此,基于深度学习的抓取控制具备以下优势。

一是能解决许多复杂问题,比如工件随机摆放、几何形状复杂、箱体空间较深等各种复杂情况。

二是抓取成功率高,基于人工智能算法能够评估出抓取概率最高的位置。图7-44所示的机械手面对40个未知物体的抓取预测准确率达99%。

图7-44　基于深度学习视觉识别的机械手智能抓取

案例7-6:机械手智能分拣

三是能够实现自主学习、协同学习等高级智能化功能。例如,基于深度强化学习方法可以使机器人具备自主学习功能。此外,由多个机器人同时对抓取任务进行训练,能够极大缩短训练时间。

2. 关键技术

智能控制技术包含五大关键技术。

(1)控制目标识别。在智能控制系统中,控制目标有时并不明确或不能直接得到有效数据,需要智能化识别。例如,在机械手抓取系统中,需要检测被抓取物的位置,识别并估计其姿态以确定机械手需要达到的位置和角度。这个过程可以根据颜色的不同检测物体的位置,并将物体的图像数据输入卷积神经网络,如图7-45所示,根据网络的输出结果经进一步计算可获得物体种类和姿态对应的信息,再根据信息控制机械手运动,完成抓取动作。

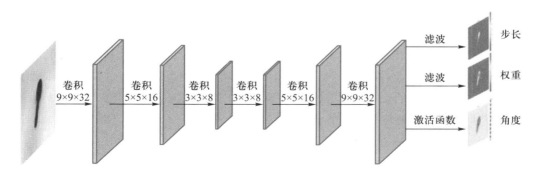

图7-45　基于CNN的抓取模型网络结构

（2）状态特征提取。现代控制理论需要经过状态特征提取才能实现更精准的控制过程。而在自动驾驶汽车、机器人等各类控制系统中，系统状态大多由图片体现，但是图片维度较高，不易于由人工提取特征。深度学习十分适合对图片数据进行降维与特征抽取，甚至在基于视觉的控制系统中，深度学习与强化学习方法结合，使得系统能够根据深度强化学习提取特征，并给出控制策略，如图 7-46 所示。

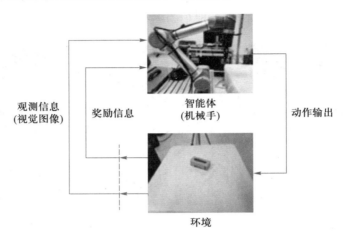

图 7-46　基于深度强化学习的学习过程

（3）系统参数辨识。系统参数辨识是根据系统的输入、输出时间函数来描述系统行为的数学模型。对于复杂的非线性动态系统，神经网络利用其拟合复杂非线性函数的能力可以较好地进行系统辨识。浅层神经网络可能存在局部最优的问题，不能准确描述动态系统，具有一定局限性。深度神经网络通过对参数的辨识，可以获得系统的实时状态并预测未来状态，具有较高的发展前景。

（4）控制策略计算。与单输出控制系统不同的是，在智能控制系统中，控制策略除了是单一控制量之外，还可以是一串动作或一个决策。对于传统的控制系统而言，如 PID 控制系统，是从系统机理出发进行设计的，并且需要获取给定量和系统输出之间的差值才能计算控制策略。而对于智能控制系统而言，是利用深度学习算法对监督信号进行训练建模而设计的，获取系统状态数据即可进行控制策略计算，极大提升了控制系统的适用性与效率。

（5）性能指标评价。虽然深度学习在控制系统中能够表现出一定的控制效果，但是仅仅通过试错等方式并不能保证控制性能。深度学习用于控制系统中的理论研究仍然欠缺，尚没有一套指标体系能够评估基于深度学习的控制系统在控制过程中的稳、准、快等性能。这方面理论的欠缺有可能阻碍深度学习在控制系统中的研究发展，所以理论方面的研究将是未来非常值得研究的方向。

3. 技术方向

随着未来人工智能的发展和应用，智能控制的主要发展趋势将呈现以下特点。

（1）集成化。未来实现复杂系统的控制依然是一个重要的研究方向。综合不同智能方法的优点建立集成化智能控制系统,并将其运用在对复杂系统的控制中将会成为一个重要的研究内容。集成化智能控制通过将各种控制技术,甚至与神经科学等理论相互交叉融合,取长补短,可以最有效地实现控制过程的优化与协调。

(2) 自主化。智能控制系统将向无人自主系统方向不断发展,已经出现许多引人注目的应用。无人驾驶车辆和无人机已走进人们的生活。例如,谷歌公司已经发布了销售无人驾驶汽车的消息,特斯拉和其他汽车制造商的产品也正在进行测试。此外,在搜索、救援和战场环境中也经常使用用途各异的无人驾驶飞机。未来,智能控制会在智能安防、智能军事、智能指挥、智能家电、智慧城市、智能教育、智能管理、智能社会和智能经济等各个领域获得日益广泛的应用。

思 考 题

7-1 何谓大数据智能? 大数据智能包含哪些关键技术?

7-2 深度学习在生活中有哪些典型应用?

7-3 跨媒体智能包含哪些关键技术? 未来的发展趋势如何?

7-4 何谓群体智能? 群体智能有什么作用?

7-5 何谓人机交互? 人机交互有哪些应用实例?

7-6 何谓智能传感技术? 智能传感器与传统传感器有什么不同?

7-7 智能控制技术有哪些关键技术? 未来有哪些发展趋势?

第8章

人工智能在工业中的应用

8.1 概 述

智能化正在成为制造业未来发展的关键趋势。以智能制造为主攻方向,坚定不移坚持制造强国建设对进一步打造具有国际竞争力的制造业,提高经济质量效益和核心竞争力至关重要。制造业在信息技术支撑下持续演进,从第三次工业革命以来,通过融入信息技术,已经基本解决了大批量生产、流程化管理所需的高效和准确问题。科技和社会的发展,特别是为满足和应对客户需求、市场环境、突发事件、持续发展等多种因素带来的新变化,对制造业提出了许多新的更高的要求。高质量优性能、高柔性定制化、高效率控成本、高可靠快响应、高集成可重构,全方位提升运营效率,更有效组织制造资源,确保产业链和供应链安全等,已经成为制造业创新发展的时代呼唤,制造业智能化转型升级大势所趋、势在必行。

通过智能化等赋能技术与制造技术的深度融合,未来的制造将更加精准、柔性、敏捷、协同。精准是指基于数据和知识驱动的高效决策,实现各类生产经营活动的高效率运行;柔性是指通过企业各类制造资源、制造能力的灵活组织和动态调整,实现制造业向柔性方向发展;敏捷是指实现对市场变化与生产经营中出现的各种异常的快速响应;协同是指能够充分整合全社会生产制造资源,并进行高效利用,最终实现更大范围的组织和协作。

智能化对赋能技术提出更高要求,人工智能等新技术的突破为其提供关键支撑和巨大的赋能潜力。作为引领新一轮科技革命和产业变革的战略性技术,人工智能具有很强的"头雁效应",也为制造业提供了有力的赋能工具。人工智能可以应用于生产和制造的各个环节,实现对工业生产过程中关键参数和指标的智能优化,提升工业产品质量和生产灵活性,保障工业生产的稳定性和一致性,进一步推进工业优质、安全和绿色发展;可以加速与智能制造装备、工业软件等产品融合,实现机器的自动反馈和自主优化;也能在一定程度上带动材料技术、新型药物等领域的理论突破与研发创新。尤其是生成式大模型,其成为人工智能发展史上一次革命性里程碑意义的重大突破、重大跨越,使人工智能技术实现指数级颠覆式发展。ChatGPT 的横空出世,推动人工智能进入了大模型时代,百模千态赋能千行万业,人类社会正在加速迈向智能时代,也一定会对智能制造产生前所未有的重大影响。有关调研报告数据显示,到 2035 年,人工智能技术将为制造业贡献近 50% 的增长动力。

8.2　工业智能的应用发展

8.2.1　工业智能的定义与意义

人工智能自诞生以来,经历了从早期的专家系统、机器学习,到持续火热的深度学习以及快速发展的大模型等多次技术变革与规模化应用的浪潮。随着硬件计算能力、软件算法、解决方案的快速进步与不断成熟,工业生产逐渐成为人工智能的重点探索方向,工业智能应运而生。

工业智能(或工业人工智能)是人工智能技术与工业应用深度融合并贯穿于设计、生产、管理、服务等各环节,实现模仿或超越人类感知、分析、决策等能力的技术、方法及应用系统。工业智能具有自感知、自学习、自执行、自决策、自适应等特征,本质上是承载于工业应用实体之中的智能系统,是人工智能技术在工业领域中的深入应用。工业智能能不断丰富和迭代自己的分析与决策能力,以适应变幻不定的工业环境,并完成多样化的工业任务,最终达到提升企业智能化水平,提高生产效率或产品性能的目的。工业智能的发展将带来以下方面的重要变革。

(1)智能化程度加速提升。工业智能可实现更快速的计算、更精准的控制和更灵敏的响应等,如在产品仿真加速场景中,工业智能使通常需要由高性能计算机花费数个小时才能解决的问题在数秒内完成;在产品缺陷检测场景中,传统检测方法只能识别出明显的、大尺寸缺陷,工业智能通过深度学习方法可以检测各种复杂的、微小的缺陷,将深度学习与 3D 显微镜结合,甚至可以将缺陷检测降低到纳米级;在工业流程优化场景中,人工经验评价只能考虑 10 个左右的参数,而人工智能通过考虑全流程参数,可实现全局优化。

(2)分析决策过程的自动化。工业智能可减少对人的依赖,提高整个工业领域分析决策自动化程度。从人工智能主流算法技术演进的规律来看,人工智能的发展根本体现在数据利用过程中人的脑力占比的降低,使得从原始工业数据到最终智慧决策的过程中,机器与系统可以完成越来越多的工作。比如专家系统已经能固化基本操作经验,自动完成一些相对简单的流程;传统机器学习需要一定的数据标注和预处理工作,之后便能够通过建模分析得到预测识别结果;知识图谱和深度学习极大地加速了工业自动化分析决策水平的提升,通过对大量知识、数据的初步处理或汇聚,可以解决复杂的推理决策问题;大模型技术通过语言理解与更加全面的知识预训练,实现灵活智能的交互与跨模态复杂推理。

(3)工程和技术实现突破性创新。人工智能技术持续演进及综合作用,不断扩展工业可解问题边界。一方面,通过数据驱动、自主学习等全新范式解决机理复杂的、以前不可解的各类工业的问题,如复杂供应链优化、用户需求预测等;另一方面,人工智能能够在一定程度上扩展人类的认知范围,如新材料研发,不仅实现研发效率的提升,还能获得现有科学理论之下无法得到的新配方、新产品。

8.2.2　工业智能的应用

案例 8-1:
工业智能
制造平台

工业智能应用的场景正在不断增多,覆盖的范围正在不断扩大,智能化特征正在不断增强。人工智能技术已经在制造业的研发、生产、管理、服务等全环节、全领域形成了典型应用场景,细分场景多达近百个。随着工业人工智能技术的创新发展,工业智能制造平台也实现了广泛应用,实现降本、增效、提质、减排,推动制造业转型升级。

1. 研发设计环节

研发设计环节充分利用“数据 + 知识 + 人工智能”组合模式的新型研发范式驱动产业变革创新,主要形成创成式设计、材料/药物智能研发、快速仿真、生产工艺创新优化等代表性技术。

创成式设计是一个通过算法对产品结构优化的设计过程,可以基于一系列物理和制造约束,通过人工智能分析去除材料来降低零件重量。通过该方法生成的产品重量更轻、外观更生动,而且所需材料较少、设计周期更快。创成式设计可以对同一零件生成不同优化策略,然后基于材料和单位成本,选择最符合要求的设计。部分领先企业将创成式设计应用到各类产品设计中。例如,在换热器设计过程中,引入知识图谱与深度学习技术,能够缩短设计周期,减轻换热器重量,提高传热效率。图 8-1 所示的不锈钢座椅支架是美国通用汽车公司使用人工智能算法设计的。该设计方法能快速探索零件设计中的多种排列。若使用传统技术,该支架需 8 个部件,并涉及多个供应商。新方法设计的座椅支架仅由一个部分组成,重量减轻 40%,强度提高 20%,且更具抽象艺术性。

图 8-1　利用人工智能
设计的座椅支架

材料/药物智能研发借助数据共享,对先进材料或药物分子的物理、化学性质进行预测、筛选,从而加快新材料、新药物的合成和生产。以往新材料的研制是基础研究和应用基础研究相互融合促进的过程,往往需要经历化学性质改良和物理加工方法改进,过程颇为复杂,是一种典型的试错性研发,研发周期往往较长,甚至成本巨大。图 8-2 所示是利用人工智能机器人代替人进行实验的场景。该机器人在 8 天内自主设计化学反应路线,完成了 688 个实验,找到了一种高效催化剂来提高聚合物光催化性能,这项实验若由人工完成将花费数月时间。利用 1 200 种光伏电池材料作为训练数据库,机器学习算法通过研究高分子材料结构和光电感应之间的关系,成功在一分钟内筛选出有潜在应用价值的化合物结构,传统方法则需 5~6 年时间。

快速仿真利用人工智能算法绕过传统的方程求解过程,可迅速得到仿真结果。即使用迄今最快的超级计算机,模拟复杂自然现象也要耗费数小时。作为一种超快速模拟的算法,人工智能技术仿真器提供了一条“捷径”——基于神经网络的人工智能技术可以很容易地生成精确的仿真器,从而将所有科学领域的仿真加速数百至数十亿倍。如

图 8-3 所示,在汽车风洞仿真环节加入人工智能技术,使原本需要花费一周的仿真时间缩短至不到一秒。在机翼流体仿真领域,基于人工智能模型实现三维超临界机翼流体仿真,对飞机全场景飞行状况进行快速且高精度的模拟,全流场误差仅万分之一,三维翼型仿真模拟时间降低为原来的千分之一,加速了飞机设计的效率。

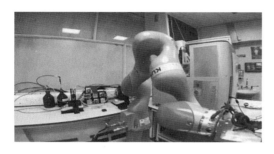

图 8-2　利用人工智能机器人代替人进行实验　　　　图 8-3　汽车风洞仿真实验
　　　　　　的场景

生产工艺创新优化是指将人工智能技术应用于复杂工业机理的研发环节,能够实现对半导体制造、生物制品以及增材制造等前沿工艺的智能优化,驱动复杂装备装配工艺规划、复杂零件加工工艺设计、工业失效模式和影响分析(failure mode and effect analysis,FMEA)等复杂工艺决策实现创新。例如,在新材料加工过程中,充分利用超声传感器记录的过程数据,应用人工智能算法结合机理分析,优化碳纤维增强复合材料的切削工艺参数;在飞机制造过程中,通过对飞机总装制造的数据进行知识抽取及关系挖掘,形成飞机总装工艺知识图谱,能够描述总装制造人员、业务、产品与技术等知识领域,提升制造效率,如图 8-4 所示。

2. 生产制造环节

生产制造环节是工业智能应用最多的环节,主要包括工业流程优化、智能质量管理、设备资产管理优化、智能排产、智能安全识别、能耗与排放优化等。

(1)工业流程优化。工业流程优化是指基于充足的过程历史数据,利用人工智能建立过程模型,寻找最佳的过程参数组合,以减少对人工知识和经验的依赖。以钢铁行业为例,高炉炼铁过程"黑箱"原理复杂,传统操作依赖人工操作经验,生产效率有待提高。钢铁企业依托机理模型库进行烧炉过程物料平衡、热平衡计算,应用烧炉专家系统及人工智能算法,可实现热风炉智能控制、喷煤智能控制、配料闭环控制;通过建立企业高炉专家知识库,对专家知识库操炉知识进行显性化、数字化、软件化,实现高炉运行状态在线自诊断;运用机理建模技术,解析高炉从上部布料至下部出渣出铁整个过程的规律,并结合大数据分析技术,实现操作制度优化。

(2)智能质量管理。智能质量管理通常包含质量检验和质量追溯等。质量检验通过机器视觉技术实现产品表面磨损、凹陷、偏移等各类缺陷的检测,是工业智能应用普及程度最高、相对较为成熟的应用,如图 8-5 所示。

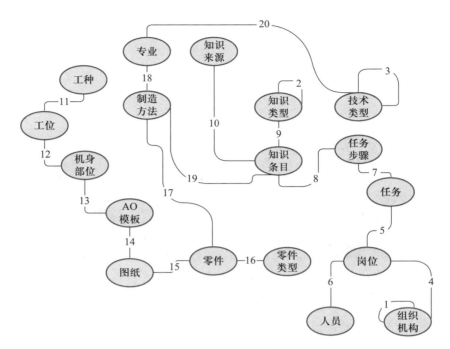

图 8-4　飞机总装工艺知识图谱架构

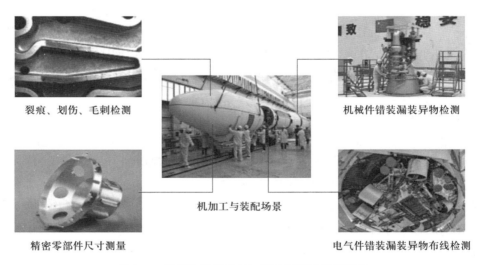

图 8-5　利用机器视觉对加工装配质量进行管理

在电子零部件质量检测过程中,人工智能检测替代了原先需要大量质检人员肉眼检测的方式,不仅节省了大量人力,而且提升了检测效率与良品率。在质量追溯场景中,通过"人工智能 + 大数据"建立质量影响因素模型、在线判定模型、追溯模型等,可实现产品质量动态改进,甚至能够判断零件产品的潜在风险和质量问题。如通过人工智能算法对产品关联参数进行计算,精准分析出与产品质量最相关的关键参数,并搭建参数曲线

模型,在生产过程中实时监测和调控变量,最终将最优参数在大规模生产中精准落地,大幅提升良品率,创造巨大利润。在化纤质检场景中,利用智能质检一体机对产品进行无死角拍摄,再通过人工智能视觉模型进行缺陷检测,从而保障产品质量。

(3) 设备资产管理优化。设备资产管理优化通常包含设备效能提升和设备预测性维护等。在设备效能提升场景中,对于 3D 打印设备,在传统的切片和刀路软件上加入数据检测和扫描功能,打印时先扫描打印件,形成 3D 模型,然后通过人工智能检索技术与实际零件的 3D 图样做对比,如图 8-6 所示。随着经验累积,3D 打印设备能自动修改打印路径,为后续打印做补偿,实现设备系统自我学习和进化。在设备预测性维护场景中,智能传感器通过对设备进行数据采集和状态实时监测,在故障发生之前基于人工智能模型预测可能出现的故障隐患,并提出防范措施,更换相关零部件,能够大幅延长设备的维护周期,减少设备维护成本。

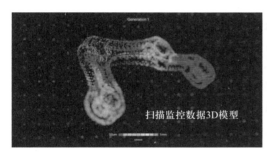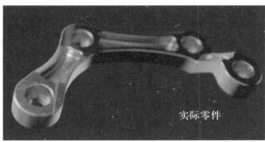

图 8-6　3D 模型与实际零件 3D 图档的对比

(4) 智能排产。智能排产是指通过一套综合的人工智能算法得到一组最佳排产结果来满足复杂的生产场景,以实现生产计划的最优化,帮助企业进行系统整合与资源优化。例如,在生产过程中,品种多、批量小、变化多等因素导致车间内生产排产、调度工作异常繁重,对工人经验要求极高。智能排产系统可基于制造执行系统(MES)基础数据对各个工序的约束和排产期望进行系统建模,并得出最优解,从而得到高效智能的排产计划,如图8-7 所示。该系统能够缩短企业计划制定时间,大幅提升计划体系效率,排产结果能够指导车间的生产和物流部门的物料准备和配送,减少对人员的经验依赖,降低人工成本。同时,深度强化学习等算法也在智能排产中实现创新应用。例如,国内某工厂采用基于深度强化学习的智能排产解决方案,利用 ERP 和 MES 数据进行建模分析,实现智能排产优化,产能提升 19%,订单完成量提高 24%。

(5) 智能安全识别。智能安全识别是指利用高精度摄像头和传感器对车间内的风险场景进行图像与视频采集,并利用深度学习算法进行建模,从而实现对车间的立体化安全防护,例如火苗烟雾监测、吸烟行为监测和佩戴安全帽监测等。火灾是车间中最严重的安全事故之一,火苗烟雾检测算法采用基于深度学习及回归问题的目标检测算法,具有良好的抗干扰能力,可广泛应用在仓库、化工厂等易燃场景;吸烟是引发火灾的重要原

图 8-7　基于人工智能的智能排产示意图

因之一,吸烟检测算法通过深度学习技术对人脸、肢体动作及烟的特征进行定位分析,快速识别出工人吸烟行为,及时消除安全隐患;安全帽是现场施工人员的重要保护装备,人工智能监测可以通过人脸和安全帽的对比识别,快速检测出人员是否佩戴安全帽,及时提醒安保人员处理,消除安全隐患。智能安全识别可广泛应用于工地、仓储、加油站等场所,如图 8-8 所示。

(a) 未戴安全帽识别　　　　　(b) 未穿反光衣识别　　　　　(c) 翻越行为识别

(d) 电子围栏　　　　　(e) 吸烟行为识别　　　　　(f) 烟雾明火识别

图 8-8　利用人工智能视觉算法识别违规行为

案例 8-3:
新疆电网智能化巡检

　　(6) 能耗与排放优化。我国新疆电网由于地理环境等因素,人工巡检面临极大挑战,通过建设融合新疆地区特点的人工智能训练平台进行赋能,实现了设备缺陷检测、人员行为检测等智能巡检。

　　能耗与排放优化是指基于数字传感器、智能电表、5G 网络等实时采集多能源介质的

消耗数据,构建多介质能耗分析模型,预测多种能源介质的消耗需求,分析影响能源效率的相关因素,进而可视化展示能耗数据,开展能源计划优化、高能耗设备能效优化等应用。在能源计划优化场景中,智能汽车通过实时采集车内外温度和制冷机系统负荷,利用校核系统模型实时决策制冷机运行的最佳效率,降低汽车整体能耗,大幅提升节能率。在高耗能设备能效优化场景中,工业智能算法和模型与厂务系统的大数据分析技术相结合,对高能耗设备进行能耗与健康状态的预测与诊断,能够优化设备维护策略及排产计划,降低运维成本,智能优化风机、泵类、空压机、制冰机等大型设备能耗,降低生产成本。

3. 经营管理环节

工业智能在经营管理环节往往应用在计算复杂度较低,但影响因素较多的场合,通常是通过工程技术与传统机器学习技术实现的,主要包括智能管理决策、智能财务管理、供应链优化等。

智能管理决策通过在商业智能(business intelligence,BI)平台中加入人工智能技术,基于全局性数据开展智能分析,实现更精准的事件识别、用户推荐、用户价值预测、风险识别与管理等。例如,图 8-9 所示的 ERP 系统可以利用人工智能算法进行自动化数据处理与分析。其中,机器学习算法能够对生产数据、库存数据、销售数据等进行数据挖掘,预测市场需求并优化生产过程;自然语言处理算法可以智能分析企业的文档数据,自动识别主题并分类、自动生成报告等,为企业决策提供数据支撑;视觉识别算法结合摄像头等设备监测生产流程以及产品的表征特征,并提供反馈结果来优化生产过程或自动进行误差修复。

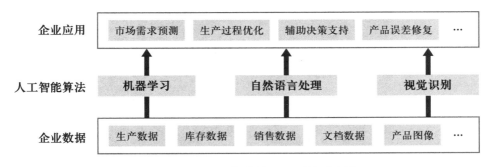

图 8-9　基于人工智能的 ERP 系统示意图

智能财务管理是基于人工智能算法实现财务数据识别分析、审计核算以及经济前景分析等的智能化应用。例如,在财务票据识别场景中,传统财务票据处理方式包含发票认证、报销录入、分摊费用、会计凭证等一系列流程,耗费大量人力。基于人工智能视觉的票据识别系统,借助于人工智能系统精准识别和快速计算的优势,能够识别字体模糊、印刷错位、盖章覆盖文字、票据褶皱等各类票据,进一步减轻企业财务管理人员的工作负担,极大提升企业财务管理的效率,如图 8-10 所示。

供应链优化是指汇集交货期、库存、运输工具、天气等可能影响物流供应链的各类因素,建立供应链模型,以优化物流路径甚至预测传统方法无法预见的各类事件。例如,在

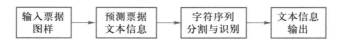

图 8-10 基于人工智能视觉的票据识别应用

面临因自然灾害导致的突发事件时,人工智能监控系统能迅速识别已经或即将发生的交通堵塞、库存不足等大范围影响产品交付质量与周期的事件,基于数据分析安排快捷运输、紧急补货、优先排产、客户沟通等工作,最大限度降低突发事件的影响。

4. 服务与商业模式环节

工业智能在服务与商业模式环节的应用主要包括智能产品、设备智能运维服务等下游场景,最终实现价值空间拓展与商业模式创新。

智能产品是指通过对产品增加感知、分析、控制功能,实现产品的可监测、可控制、可优化,有效提高产品的功能灵活性、易扩展性、安全性和可管理性,并基于多个互联的智能产品构成智能生态。例如,某汽车制造企业在车辆驾驶系统中融入大量人工智能技术,并通过提供在线功能升级、动力性能调整、系统远程检测维护等各类服务,使新技术的更新迭代速度达到普通车企的三倍以上,通过智能化产生了远超传统车企的价值创造潜力。在图 8-11 所示的智能化阳台中,可以搭建"洗、护、存、搭、购"全周期、跨生态的智慧场景,洗衣机能与烘干机、晾衣竿实现智能联动,并通过语音识别、视觉识别实现对命令、衣料的感知,还可与关联企业合作互联,实现对衣物的智能搭配与推荐。

图 8-11 智能阳台示意图

设备智能运维服务是基于数据分析提供的运维优化等各类服务,正在成为制造业的核心价值来源。部分工业企业数字化服务部分的营业额甚至超过产品生产销售本身的营收。例如,某企业面向商用车队打造人工智能数据分析健康管理方案,通过传感器获取每辆车的位置、发动机状态、燃油使用情况、驾驶员行为等信息数据和车辆健康指标,通过深度学习算法识别影响车队运营效率、燃料消耗和成本维护的因素,优化车队运营,降低维护成本。很多大型工业企业也在生产或使用具有自主驾驶功能的各类工程机械,并提供设备预测性维护等"产品 + 服务"以及各类信贷、保险等基于"平台 + 数据"的新型盈利模式。

8.2.3 大模型在工业领域深度应用的前景

在深度学习高速发展的浪潮中，大规模预训练模型备受瞩目。但由于工业场景的复杂性、工业数据集的难获取性等因素，人工智能大模型在工业领域的应用尚处初级阶段。当前，工业领域围绕语言大模型、视觉大模型、多模态大模型以及专用大模型等开展应用探索，形成了工业交互问答、需求交互执行、工业代码生成、通用文档生成、智能交互机器人、辅助设计、质量检测等多个典型应用模式。

语言大模型的工业应用是核心探索方向，形成工业交互问答、工业信息检索与查询、工业代码生成、通用文档生成等主要应用场景，提升了任务执行效率。工业交互问答场景中，大模型基于对话进行用户意图理解，生成相应文本解答用户问题，实现设备诊断、工业知识查询、员工培训、设计合规检查等功能，降低了工业领域经验知识的应用门槛。例如，罗克韦尔公司与微软公司合作，将设备管控与大模型相结合，实现基于文本对话的设备状态以及设备故障原因咨询，并通过提取记录的数据来解释问题并提出解决方案。工业信息检索与查询场景中，基于大模型自动生成 SQL 等检索语句进行数据信息检索，通过文本进行信息归纳总结，并生成图表进行管理数据可视化展示，实现管理助手功能，提升工业领域数据检索与分析效率。例如，美国数据智能公司 C3.AI 基于大模型实现了通过聊天对话进行商业智能（business intelligence，BI）自动生成；我国企业创新奇智公司基于大模型构建生成式企业私域数据分析应用，实现基于对话的生产数据归纳检索与可视化图表生成。工业代码生成场景中，自动化企业将大模型与 PLC 编程客户端等相结合，实现基于文本的 PLC 控制代码生成功能，提升 PLC 代码编程效率。例如，德国自动化企业倍福公司将大模型融入软件客户端，并通过自动化接口与 PLC 开发环境通信，实现基于对话的辅助编程。通用文档生成场景中，大模型基于输入文本实现设计方案、报告与邮件编写等功能，提升工业场景办公效率。例如，软件公司赛富时（Salesforce）推出 Einstein GPT，实现了电子邮件自动撰写服务。

视觉大模型基于领域数据训练适配，应用于安全巡检与质量检测等场景，能够在有限数据前提下增强单个人工智能质检或巡检模型的能力，降低开发门槛与成本。例如，山东能源集团公司积极开展大模型探索并将视觉大模型应用于矿山巡检领域，对卸压钻孔施工质量进行智能分析，辅助防冲部门进行防冲卸压工程规范性验证，不仅降低了82% 的人工审核工作量，还将原本需要 3 天的防冲卸压施工监管流程缩短至 10 分钟，实现防冲工程 100% 验收率。

多模态大模型集成语义、视觉、规划、执行等多类数据，在工业图像检测与智能机器人领域实现初步应用，通过多类型数据处理强化综合认知水平，解决复杂任务执行需求。在工业图像检测方面，多模态大模型将异常图像、缺陷特征等，与行业知识、根因分析、决策方案打通，能够基于更多维度实现对异常情况的识别与判断。例如，哈尔滨工业大学利用语言 – 视觉大模型进行工业异常图像检测，可以通过语义交互得到异常的颜色、类型、尺寸等具体信息。在智能机器人方面，基于视觉 – 语言 – 动作大模型识别当前环境，自动生成控制指令,增强机器人执行复杂任务的能力。例如,美国机器人创业公司 Figure 与 OpenAI 公司联合发布多模态大模型驱动的机器人 Figure 01,能快速理解用户指令要求,并深度感知环境信息,再将任务进行拆解编排,最终实现灵敏、精准的机器人动作,具备未来在精密、复杂工业场景应用的潜力。

专用大模型基于结构化数据,形成辅助设计、药物研发等核心场景,通过高效生成与预测提升研发效率。在辅助设计方面,专用大模型能够基于图像或文本进行 2D-CAD 草图构建,从而提升设计人员草图绘制效率。例如,谷歌公司旗下人工智能企业 DeepMind 基于 470 万幅 CAD 草图及相应生成规范数据训练大模型,实现草图自动生成,并逐步向 3D 草图生成演进。在药物研发方面,专用大模型聚焦蛋白质 / 药物的性质、结构与匹配能力的预测优化,大幅提升药物研发效率。例如, META 公司通过在 1.25 亿个蛋白质分子结构数据集上进行训练,构建了 150 亿个参数的大模型 ESMFold,仅两周完成包含罕见物质的 6 亿多个蛋白结构的预测;华为公司打造的盘古药物分子大模型,能够基于图结构药物分子输入,实现高效的药物分子生成和药物分子定向优化,生成 1 亿个药物分子,新颖性达 99.68%。

人工智能大模型将在工业领域激发更多潜能,但具体应用仍存在一系列挑战。一是高质量工业数据集获取难。为了提高工业大模型完成特定任务的性能,需要超大规模的训练数据集,但工业数据集长尾效应显著,能够满足训练要求的数据少之又少,高成本的数据标注更加剧了工业大模型的开发难度。二是工业机理知识碎片化严重。工业技能知识(know-how)特性突出,每个细分行业不同环节的机理知识差异显著,这些知识也无法基于通用大模型凭空生成,需要不断累积才能开发出更加具有针对性的工业大模型。

人工智能大模型在工业领域的应用,标志着工业智能从专用小模型训练为主的"手工作坊时代"迈入以通用大模型预训练为主的真正现代"工业化时代",成为工业智能发展的分水岭。未来,随着基础算力、模型能力、数据集质量与数量的提升,工业大模型将进一步向工业核心场景探索赋能,引领工业领域智能化升级与变革。

8.2.4　工业智能的发展趋势

人工智能技术诞生已 60 余年,工业智能发展逐渐深入,经历了从基于规则的专家系统的早期探索时期,基于统计的传统机器学习的初步融合时期,到基于复杂计算的深度学习的广泛赋能时期,目前已进入基于大数据、大算力、大模型的通用智能探索时期。

(1) 早期探索时期:基于规则的专家系统时代。20 世纪 80 年代,随着知识工程和专家系统逐渐成熟,人工智能能够基于归纳已有知识形成规则库来解决特定问题,在工业企业生产管控、运营管理方面成功应用,融合发展迎来了首轮高潮。例如,日本川崎重工业株式会社的 GO-STOP 专家系统存储了 600 条专家知识规则,实时监测高炉冶炼过程状态,将各种因素控制在最佳范围内。但由于专家系统需要丰富的经验和大量知识的积累,开发周期较长,成本昂贵,极大地限制了其大范围推广应用。

(2) 初步融合时期:基于统计的传统机器学习时代。20 世纪 90 年代至 21 世纪初期,机器学习和神经网络等基于统计的传统机器学习技术飞速发展,人工智能初步具备解决机制相对模糊问题的能力,推动了人工智能在控制、优化和检测等工业领域的应用,融合发展迎来新一波高潮。以模糊逻辑控制、神经网络控制为代表的智能控制理论在工业过程控制、机器人和航空航天领域得到了广泛应用;基于图像处理技术的视觉质量检测主要应用在电子信息、装备制造等领域;机器学习可对工业数据建模分析,构建解析制造过程的数据模型以优化制造过程。但传统机器学习多属于黑箱模型,其可解释性差、可靠性低以及需要大量数据样本的缺点限制了其在工业领域的深度应用。

(3) 广泛赋能时期:基于复杂计算的深度学习时代。最近 8~10 年来,在大数据、云计算、脑科学等新理论、新技术驱动下,深度学习、知识图谱等更为复杂的机器学习算法相继出现,提高了人工智能算法模型的可解释性,解决了大量复杂的模式识别难题,人工智能在解决部分实际问题的能力上全面超越人类。这一时期的典型代表有基于数据驱动的优化与决策、深度视觉质量检测,工业知识图谱解决全局性、行业性问题,人机协作等智能工业机器人。

(4) 通用智能探索时期:基于大数据、大算力、大模型的时代。2023 年起,随着 ChatGPT 发布,全球掀起大模型技术的工业应用探索热潮。相比于复杂计算的深度学习时期的模型,大模型具有更庞大的参数规模和复杂程度,使计算机具备相对通用且更强大的分析、预测、交互能力。虽然仍处于探索初期,但已在基础研发、控制代码生成、文表自动处理等场景展现较好的应用潜力。

随着人工智能技术在工业领域的应用逐步深入,工业智能技术突破也将进一步加快,应用场景创新不断加速,成为助推制造业迈向高质量发展的重要引擎。工业智能正在呈现出以下四大发展趋势。

1. 人工智能与工业机理融合,深入赋能制造核心环节

以数据驱动的工业机理模型需要工业大数据作为支撑。工业大数据的来源包括三个方面:一是物理设备,包括制造过程的零件加工,设备故障诊断、性能优化和远程运维等的原理及方法;二是业务流程,包括 ERP、MES、SCM、CRM、生产效能优化等业务系统中蕴含的流程逻辑;三是研发工具与生产工艺,包括 CAD、CAE 等设计、仿真工具的参数以及生产工艺中的工艺配方、工艺流程、工艺参数等。对于工业大数据的管理,则需要在信息管理系统和自动化系统基础上,构建具备智能分析优化能力的工业智能大数据系统。工业机理模型利用人工智能的智能分析和决策功能,在数字化、网络化融合的基础上构建智能分析优化系统(工业大脑)。

随着制造业全面转型升级,更复杂的工业场景、更高性能的应用需求不断推动人工智能与工业机理加速融合,逐步深入制造核心环节,实现立体化赋能。如质量溯源分析、生产工艺优化、产品研发制造等。在车辆表面缺陷检测过程中,由于油漆缺陷表现得相对滞后,汽车表面的凹坑、杂质污染往往是在车辆已经离开油漆车间后被发现的。为解决此问题,根据油漆缺陷产生机理构建缺陷分析知识图谱,并与视觉识别算法进行融合,通过机器学习的方式不断演进迭代,从而快速对缺陷进行原因分析,防止缺陷车辆流出。

人工智能是数字化技术的核心,工业机理是制造业的根基。通过建立知识图谱,构建工业大脑,加速人工智能技术与工业机理的深度结合,实现基于知识图谱的工业智能决策,不断赋能制造核心环节,助力制造业转型升级。

2. 组合人工智能技术,拓展工业可解问题边界

以深度学习和知识图谱为代表的诸多人工智能技术能够从根本上提高系统建模和处理复杂性、不确定性、常识性等问题的能力,显著提升工业大数据的分析能力与效率,为解决工业各领域的诊断、预测与优化问题提供了得力工具。而将人工智能技术进行不同形式的组合,能够将不同技术的优势最大化,实现技术的相辅相成,进一步扩大人工智能技术可解决工业问题边界的深度和广度。

人工智能技术组合的方式主要有如下两类。

(1) 将数据技术、知识工程领域的技术进行跨界组合。这种组合方式可实现以工业大数据和工业知识共同驱动的智能化应用,能够解决产品研发、企业决策管理等工业机理不明确、计算复杂度较高,任务环节多、流程长等工业领域最为复杂的问题。在产品研发场景中,可利用知识图谱技术解决复杂产品研发问题,首先将产品分解为不同的功能模块,构建设计方案库,然后利用深度学习的复杂计算能力进行指标分析和方案评估,从而确定最佳设计方案,缩短设计研发周期;在企业决策管理场景中,通过梳理领域知识建立知识图谱,并与机器学习模型相结合,为企业提供决策、流程优化建议以及智能化、自动化的解决方案等,助力实现企业级优化运营。

(2) 不同数据技术(深度学习、强化学习、迁移学习等)的组合。不同数据技术的组合可以强化已有的智能化能力。例如,在智能抓取场景中,可以基于深度学习赋予机器人抓取混杂零件的功能,并通过强化学习赋予机器人自学习能力,然后经过机器人自主训练,提升其对散件分拣的准确率。

总体来看,人工智能技术组合能够充分发挥各自技术优势,弥补技术的不足,将成为制造业实现创新应用的共性选择。

3. 面向应用落地需求,加速提升工业适配性

通用人工智能技术在满足工业各种实际应用需求时,存在着无法快速、可靠地适应工业特殊环境等诸多不足。面向各种人工智能技术在工业领域的应用需求,亟需提升智能算法与行业领域的适配性,因为只有将前沿算法应用到实际工业场景中才能凸显其价值。工业适配性主要分为以下四个方面。

(1) 小样本数据集。在工业场景中,由于信息安全、工作量、任务特殊性等原因,很多针对特定任务的工业智能模型往往很难获得大量有效的专项数据,而没有对应任务的数据就无法进行有效的机器学习与大数据分析。在工业质检场景中,合格的生产线必然能够稳定地产出良品率较高的工业产品,但在基于深度学习算法进行缺陷检测时,需要大量有效数据进行学习才能获得具有高检测性能的视觉模型,但在实际生产中,由于产品良品率过高、小批量多品种生产、长尾缺陷效应等因素,有效缺陷样本难以进行规模化采集,这将直接影响产品质检效果。在设备故障诊断场景中,由于工业实际生产中设备长时间处于无故障的工作状态,能够有效采集的故障信号样本非常少,而智能诊断算法需要依靠大量设备故障数据分析才能够得到具有高准确性的预测结果。缺乏足够的故障样本作为训练数据,难以支撑对智能故障诊断算法的高效训练,这成为在实际应用中无法取得高准确性的重要原因之一。

解决小样本问题通常主要有三种方法。

一是数据扩充,即对数据进行镜像、旋转、平移等物理操作或通过生成式对抗神经网络(GAN)进行扩展,这适用于工业样本在处理后仍能够保留大部分原始特征,且工业数据集已标注(如类别、尺寸和位置)等场景。

二是引入先验知识,如模型预训练与迁移学习等方法,这适用于工业场景目标域和源域数据关联性较强、特征相对一致,且工业数据集规模大、类型多样的情况。

三是网络模型结构优化,通过设计合理的网络结构高效利用现有数据,减少对样本的需求,这适用于工业模型数据集的标注信息较少甚至无标注的情况(弱监督/无监督)。

(2) 模型可解释性。随着黑箱机器学习模型更加深入、广泛地应用于工业领域,工业智能模型的可解释性也被赋予更高的要求。在工业领域,工业智能模型不仅需要能够快速得出具有高准确性的预测结果,还需要通过模型结构本身得出做出此预测结果的根本原因,从而辅助工人更加透明、系统地了解车间运行状态。探索工业智能模型的可解释性具有很大的潜力与价值。例如,在产品缺陷检测场景中,可解释性能够突出图像中人工智能视觉模型对缺陷产生的特定分类区域,且特征显性程度越高,该区域的颜色越突出,进而辅助质检人员对产品缺陷原因进行溯源分析。工业智能模型的可解释性可使其作用机理实现透明化、白箱化,因此具有重要意义。

提高工业智能模型的可解释性有如下两类工程化方法。

一是基于特征可视化的方法。该方法通过得到特征与结果之间的因果或相关关系,并进行可视化输出,以此提高模型的可解释性。该方法适用于在生产过程中产品或设备有特征区域定位需求的场景,如质量检测、设备异常识别等需要对缺陷及异常进行追因溯源,或是需要挖掘不同特征对检测结果的影响程度的场景。

二是基于逻辑、规则或知识的方法。该方法是指利用决策树、决策规则、工业知识图谱等可解释的模型构建黑箱模型的局部或全局来近似实现解释,该方法适用于需要输出易于理解的算法模型,或是工业算法模型较复杂、需要对模型进行简化的情况,如故障根源分析、生产缺陷预测等场景。

(3) 响应实时性。工业环境错综复杂,工作状况瞬息万变,在遍布多样化工业设备的生产作业现场,需要保证数据的实时传输与处理。所以,工业智能模型需要及时响应快速的生产节拍,对生产过程进行实时预测与控制,并对工作状态的变化给予快速响应,一旦决策出现延迟,生产线的调整将浪费大量的时间与精力。例如,在化工行业,企业重点关注原料性质变化、生产负荷调整等,通过利用实时数据进行大数据建模分析,能够对生产过程状态进行实时反馈与优化控制,实现对生产过程的精确把握、实时干预,降低因为干预不及时而造成的原料浪费。工业智能模型的实时性是确保生产线安全平稳运行的关键因素之一。

解决工业智能模型实时性问题的路径主要有以下两条。

一是模型优化路径。该路径具体包括模型知识蒸馏与模型剪枝量化方法。模型蒸馏是一种模型压缩技术,是指将一个复杂的大模型中的知识转移到另一个简单的小模型中,适用于工业数据集规模较小或者标注信息较少的情况,已在产品质检、设备维护等场景中开展应用探索。模型剪枝量化方法灵活度高、压缩性强,适用于工业模型的训练样本标注信息较多且数据规模较大的情况,已在生产过程预测、流程优化、质检等场景开展应用探索。然而,由于以上模型效率提升相关技术的专用性和学术性较强,限制了工业应用推广。

二是硬件算力提升路径。人工智能集成电路作为工业智能模型的算力底座,以冯·诺伊曼架构局部优化为主要发展路径。冯·诺伊曼架构用于人工智能计算所面临的内存墙挑战在于访问存储器的速度无法跟上运算器消耗数据的速度。基于此,众多技术厂商聚焦质量检测、状态识别等工业边缘视觉场景,推出集成电路、加速模块甚至边缘计算盒子等相关硬件产品,并开展多样化技术路线探索,不断夯实算力支撑能力。

(4) 适配性与易用性。人工智能学习框架是上承差异化工业应用、下接多样化工业硬件的关键。在搭建工业智能模型的过程中,面对日益繁杂的应用场景,人工智能学习框架能够节省编写大量底层代码的精力,也能省去适配环境的时间,更聚焦业务场景与模型设计本身,大幅降低了构建工业智能模型的门槛。TensorFlow、PyTorch 等是工业领域应用普及度较高的人工智能学习框架。在适配性方面,人工智能学习框架不断完善与工业端硬件的适配性,如 TensorFlow RunTime 通过提供统一、可扩展的基础架构层,支持模型在不同硬件上构建和部署,提升生产环境中模型训练与维护性能。在易用性方面,人工智能学习框架不断构建配套工具链或完善工业相关组件,如 TensorFlow Extended (TFX),打造面向工业场景的丰富组件,帮助机器学习模型快速投入生产环境,提升执行效率。

8.3　数字孪生技术

8.3.1　定义与技术原理

数字孪生技术是指在虚拟空间中构建物理产品的数字模型,该模型包含从产品设计到回收再利用全生命周期的产品信息。简单来说,数字孪生技术就是构建一对"双胞胎",一个存在于物理现实世界中,可以被人们感知和触碰,另一个存在于数字虚拟空间中,是用大量数据仿真出来并与物理实体进行数据交流的数字化模型。数字孪生技术可以把物理世界不容易直观看到的现象,或者未来有可能发生的情况,通过在数字空间快速分析及图形化展示,支撑实现物理世界的优化。

数字孪生技术五维概念模型是一种数字孪生技术的通用架构,由物理实体(physical

entity,PE)、虚拟实体(virtual entity,VE)、服务(services,Ss)、孪生数据(DT data,DD)、连接(connection,CN)等五维结构组成,如图 8-12 所示。

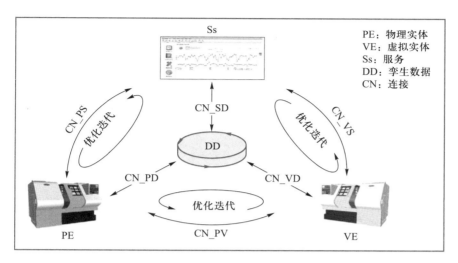

图 8-12 数字孪生技术五维概念模型示意图

(1) 物理实体(PE)。它是构成五维模型的基础,按照功能及结构复杂程度分为单元级物理实体、系统级物理实体、复杂系统级物理实体。

(2) 虚拟实体(VE)。它是物理实体的数字化表达,由几何模型、物理模型、行为模型和规则模型组成。

(3) 服务(Ss)。服务是指对各类数据、模型、算法、仿真、结果进行服务化封装,实现服务的便捷利用。

(4) 孪生数据(DD)。它是数字孪生技术的驱动,主要包括:物理实体相关数据,如物理实体规格、功能等属性数据和实体运行等动态过程数据;虚拟实体相关数据,如几何模型相关数据以及基于模型进行仿真、验证、评估、预测等的仿真数据;服务相关数据,如算法、模型以及企业管理数据、生产管理数据、产品管理数据等;知识型数据,如专家知识、行业标准、规则约束、算法库和模型库等;对各类型数据处理后得到的衍生数据。

(5) 连接(CN)。连接是指实现各组成部分的互联互通。

基于数字孪生技术五维概念模型对功能要求进行拆解,形成数字孪生技术功能架构,如图 8-13 所示。数字孪生技术是多类数字化技术的集成融合和创新应用,基于物理实体在数字空间构建虚拟实体,以孪生数据作为驱动实现虚实精准映射,以连接支持虚实实时交互与融合,进而通过服务化封装支撑综合决策,推动工业全业务流程闭环优化。

上述功能架构包含五大功能主体。其中,物理实体是基础组成部分,以数字孪生车间为例,车间内各设备是功能实现的单元级物理实体,由设备组合构成的生产线可视为系统级物理实体,由生产线组成的车间可视为复杂系统级物理实体。虚拟实体从不同时间、空间尺度刻画物理实体,实现对物理实体的几何外观描述、内部机理表达、业务流程

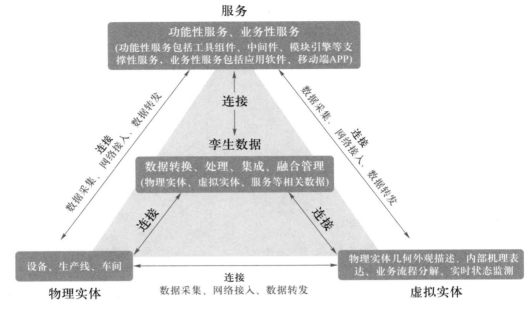

图 8-13　工业数字孪生技术功能架构

分解和实时状态监测。孪生数据具备物理实体、虚拟实体、服务等多源异构数据的转换、预处理、关联、集成、融合管理功能,支撑数据共享。服务将各类数据、模型等进行服务化封装,以工具组件、中间件、模块引擎等形式提供支撑性服务功能,以应用软件、移动端APP 等形式满足不同领域用户的业务性功能需求。连接通过数据采集、网络接入、数据转发等实现各组成部分的互联互通。

　　数字孪生概念提出以前,人们依靠计算机辅助软件,尤其是仿真软件来模拟物理对象的结构、性能等。后来逐渐发展出“数字样机”的概念,数字样机在 CAD 系统中通过三维实体造型和数字化预装配,得到一个可视化的产品数字模型,用于协调零件之间的关系,进行可制造性检查等。仿真模拟与数字孪生技术最大的区别在于实时数据的接入,数字孪生技术的出现使原本静态的仿真模型接入了真实数据,从而实现动态的展示分析。如美国在 1970 年执行“阿波罗 13 号”飞船载人登月任务时,登月飞船服务舱氧气罐发生爆炸,飞船主引擎被破坏,当时的宇航员依靠通信设备及时和地面模拟器联系,反馈飞船受损情况,地面控制人员结合地面模拟器的大型计算机群组及大量训练公式,基于通信数据迅速地修改、调整模拟器环境参数,及时反馈最佳应急方案,使“阿波罗 13 号”飞船成功着陆,这些高保真度的模拟器及其相关的计算机系统,再加上与飞船持续保持通畅联系的通信系统和获取到的通信数据流构成了一套完整的“阿波罗 13 号”飞船数字孪生系统,数字孪生这一技术的应用取得极大成功。

　　数字孪生技术在国民经济各领域的应用正在不断深化,有力推动了产业数字化、网络化、智能化转型,并且在智慧城市、智慧能源、智能制造等领域具有广阔的应用空间。

　　从国家层面看,随着我国工业互联网创新发展工程的深入实施,我国涌现了大量数字化网络化创新应用,但在智能化探索方面实践较少,如何推动我国工业互联网应用由数字化网络化迈向智能化成为亟需解决的重大课题。数字孪生技术为我国工业互联网智能化探索提供了基础方法,成为支撑我国制造业高质量发展的关键抓手。

从产业层面看,数字孪生技术有望带动我国工业软件产业快速发展,加快缩小与国外工业软件的差距。由于我国工业发展时间短,工业软件核心模型和算法一直与国外存在差距,成为关键"卡脖子"短板。数字孪生技术能够充分发挥我国工业门类齐全、场景众多的优势,释放我国工业数据红利,将人工智能技术与工业软件结合,通过数据技术优化机理模型性能,实现工业软件弯道超车。

从企业层面看,数字孪生技术在工业研发、生产、运维全链条均发挥重要作用。在研发阶段,数字孪生技术能够通过虚拟调试加快推动产品研发低成本试错。在生产阶段,数字孪生技术能够构建实时联动的三维可视化工厂,提升工厂一体化管控水平。在运维阶段,数字孪生技术可以将仿真技术与大数据技术结合,不但能够知道工厂或设备"什么时候发生故障",还能够了解"哪里发生了故障",极大提升了运维的安全可靠性。

8.3.2 数字孪生关键技术

数字孪生技术是各类数字化技术与工业相结合的集大成者,各类技术相辅相成,共同推动机理模型和数据技术相互结合,得出最优化解决方案。数字孪生的关键技术如图8-14所示,自底向上分别为连接、孪生数据、虚拟实体。其中,连接提供数字支撑底座,包括采

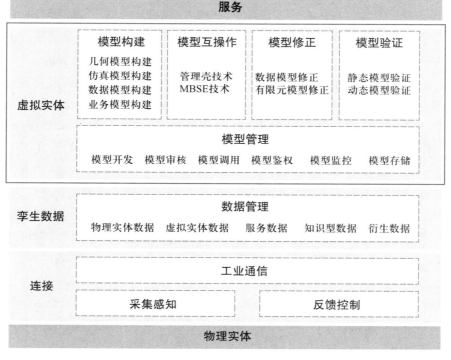

图 8-14 数字孪生关键技术

案例 8-5:
吉利汽车
数字孪生

集感知、反馈控制、工业通信技术;孪生数据为驱动,汇聚物理实体数据、虚拟实体数据、服务数据、知识型数据、衍生数据等关键资源要素,提供多源异构数据管理能力;虚拟实体为关键,重点围绕模型构建、模型互操作、模型修正、模型验证和模型管理五大核心技术,开展数字孪生创新应用。下面着重介绍虚拟实体相关技术。

1. 模型构建

模型构建是数字孪生技术体系的基础,各类建模技术的不断创新,加快提升了对孪生对象外观、行为、机理规律等的刻画效率。

在几何建模方面,通过全数字化设计仿真提前发现并解决潜在问题,可以极大缩短项目建设周期。如吉利汽车通过数据采集和 3D 建模技术,实现智能级工厂规划,在项目设计阶段即解决问题百余项,极大缩短现场匹配时间,大幅提升工艺指标。如上海及瑞工业设计公司借助人工智能技术打造创成式设计模式,实现智能化建模,帮助北汽福田公司设计前护板、转向支架等零部件,利用人工智能算法产生了超过上百种设计选项,综合比对用户需求,从而使零件数量从四个减少到一个,重量减轻 70%,最大应力减少 18.8%。

在仿真建模方面,运用新型求解算法不断提升计算效率。仿真工具通过融入线性时不变(linear time invariant,LTI)系统、奇异值分解(singular value decomposition,SVD)和实验设计(design of experiments,DOE)等模型降阶技术,在保证整体计算精度的同时节省仿真建模时间。如 ANSYS 软件采用降阶模型处理的方式实现印制电路板(printed circuit board,PCB)温度分布实时计算,PCB 包含两个芯片、一个风扇,使用降阶模型技术调节芯片功率、风扇风量参数进行仿真计算,按传统分析方法需要 1~2 个小时,而降阶处理方法可实现实时计算,极大提升分析效率。利用无网格技术帮助仿真工具跳过传统仿真最耗时费力的网格划分步骤,可大大提升仿真模拟计算效率,但精度有待提高。如 ALTAIR 软件基于无网格计算优化求解速度,消除了传统仿真中几何结构简化和网格划分耗时长的问题,能够在几分钟内分析全功能 CAD 程序集而无须网格划分。

案例 8-6:ANSYS 模型降阶技术

在数据建模方面,传统统计分析叠加人工智能技术,强化了数字孪生技术的预测建模能力。数字孪生技术基于深度学习、强化学习等新兴机器学习技术,建立深度分析模型,提高分析效率。如 MATLAB 软件创建的设备数字孪生体,为各种故障情况生成传感器统计数据,并对其进行调优以匹配测量数据,然后使用机器学习创建预测性维护算法,提升决策准确性。基于迁移学习理论,可以提升模型通用性,不需要针对同领域、同类型的不同问题多次建模。如企业可以利用数字孪生模型通过迁移学习提升新资产设计效率,对发动机维护及其寿命进行建模,有效提升发动机速度,实现更精确的模型再开发,以保证虚实精准映射。

在业务建模方面,业务流程建模(business process modeling,BPM)、机器人流程自动化(robotic process automation,RPA)等技术加快推动业务模型敏捷创新。工业互联网平台和 RPA 技术融合逐渐成为趋势,如 SAP 发布业务技术平台,在原有 Leonardo 平台的基础上加入 RPA 技术,形成"人员业务流程创新—业务流程规则沉淀—RPA 自动化执行—持续迭代修正"的业务建模解决方案。

2. 模型互操作

模型互操作是指能够通过多模型融合技术将几何模型、仿真模型、业务模型、数据模型等多类模型进行关联和集成融合,包括正向数字线程技术和逆向数字线程技术两大类型。

正向数字线程技术以基于模型的系统工程(model based systems engineering,MBSE)技术为代表,在用户需求阶段就基于统一建模语言(unified modeling language,UML)定义好各类数据和模型规范,为后期全部数据和模型在全生命周期的集成融合提供基础支撑。基于模型的系统工程技术正加快与工业互联网平台集成融合,未来有望构建"工业互联网平台+MBSE"的技术体系。一方面基于 MBSE 的工具可以统一异构模型的语法、语义,另一方面又可以与平台采集的物联网数据相结合,充分释放数据与模型集成融合的应用价值。

逆向数字线程技术以管理壳技术为代表,依托多类工程集成标准,对已经构建完成的数据或模型,基于统一的语义规范进行识别、定义、验证,并开发统一的接口进行数据和信息交互,从而促进多源异构模型之间的互操作。管理壳技术通过高度标准化、模块化方式定义了全部数据、模型集成融合的理论方法,未来有望实现全域信息的互通和互操作。中国科学院沈阳自动化研究所构建了跨汽车、冶金铸造、通信电子、光伏设备、装备制造、化工和机器人七大行业的管理壳平台工具,规范定义元模型等标准,可支撑模型统一管理、业务逻辑建模及业务模型功能测试。

3. 模型修正

模型修正是保证数字孪生迭代精度的重要手段。在对构建好的模型进行实验、检验时,有时发现模型存在系统性偏差,应基于实际运行数据持续修正模型参数。模型修正包括数据模型实时修正、有限元模型修正等。

在数据模型实时修正方面,在线机器学习基于实时数据持续完善数据模型精度。流行的 TensorFlow、Scikit-learn 等人工智能工具中都嵌入了在线机器学习模块,可基于实时数据动态更新机器学习模型。

在有限元模型修正方面,有限元仿真模型能够基于实验或者实测数据对原始有限元模型进行修正。有限元模型修正技术(或实验/分析模型相关)就是要充分利用结构实验和有限元分析两者的优点,用少量的结构实验所获得的数据对有限元模型进行修正,以获得比较准确的有限元模型。上述方式有利于省掉一些大型结构实验,从而节省研制的费用和缩短研制的周期。较为先进的有限元仿真工具均具备有限元模型修正的接口或者模块,支持用户基于实验数据对模型进行修正,提升模型的精度。

4. 模型验证

模型验证就是利用工况数据验证模型,结合报警、预警、预测数据,验证模型准确性并优化模型,唯有通过验证的模型才能够安全地下发到生产现场进行应用。模型验证技术通过评估已有模型的准确性,提升数字孪生应用的可靠性,主要包括静态模型验证技术和动态模型验证技术两大类。例如,自动化厂商和建模仿真工具企业合作,针对工厂控制系统进行模型验证和测试,减少控制过程调试和启动时间。

数字孪生模型验证技术贯穿于方案设计到产品交付的全过程。下面以装备设计制造过程为例,介绍模型验证的一般步骤。

方案设计阶段。在物理样机完成之前,开展测试性设计虚拟验证,可以发现前期方案设计的缺陷。

原型验证阶段。数字样机完成之后,分别利用测试性数字样机和测试性物理样机开展测试性验证实验,利用两者各自特点,完成测试性指标的准确评估。

装备定型阶段。实时迭代数字孪生模型,进行不同任务、不同环境下的测试性验证与迭代。

基于数字孪生技术的测试性验证技术可同步进行测试性设计与产品功能设计,同步开展测试性研制与测试性验证,提升装备性能与装备测试性水平。

5. 模型管理

模型管理是为研发设计仿真、生产过程管理、设备故障诊断、产品质量控制、服务效能提升等领域工业原理、技术、方法、经验等多类机理模型提供模型分类搜索、模型下载、模型维护等一站式托管服务的技术。

模型管理借助模型开发、模型审核、模型调用、模型鉴权、模型监控、模型存储等功能模块来实现敏捷、高效的产品数字孪生全生命周期的管理。例如,数字孪生服务商为企业提供统一的模型管理平台,基于结构化的产品与业务流程服务,提高工程项目实施效率。如施耐德公司与剑维软件公司(AVEVA)及北京飞轮数据公司合作,基于统一的模型管理平台,融合异构数据与行业模型,为石油和天然气行业提供结构化的产品与业务流程服务,极大提升项目效率。

8.3.3 　 数字孪生技术发展趋势

数字孪生技术发展背后是数字化技术在工业领域的演进与变革,整体发展经历三大阶段。

第一阶段:技术准备及概念模糊期。2002 年 12 月,美国密歇根大学的迈克尔·格里夫斯(Michael Grieves)教授在该校“PLM 开发联盟”成立时的讲话中首次提出了数字孪生的概念。2003 年他在讲授 PLM 课程时使用了“digital twin(数字孪生)”一词,并强调物理产品应能够进行抽象的数字表达,并能够基于数字表达对物理产品进行真实条件或模拟条件下的测试。这个观念尽管没有被称作数字孪生,但是它具有数字孪生技术所具有的要素和功能,即构建物理实体的等价虚拟实体,虚拟实体能够对物理实体进行仿真分析和测试。迈克尔·格里夫斯教授提出的理论,可以被看成数字孪生技术在产品设计环节中的运用。数字孪生概念提出的基础是当时 PLM、CAD/CAE 等仿真工业软件已经较为成熟,为在虚拟空间构建数字孪生体提供了基础支撑。

第二阶段:概念成形及初步应用期。2010 年,美国国家航空航天局在“建模、仿真、信息技术和处理"与"材料、结构、机械系统和制造"两份技术路线图中直接使用了"数字孪生体(digital twin)"这一名称。2014年,迈克尔·格里夫斯教授在其撰写的《数字孪生:通过虚拟工厂复制实现卓越制造》文章中对数字孪生技术进行了较为详细的阐述,由此奠定了数字孪生技术的基本内涵。紧接着,物联网、大数据、机器学习、区块链、云计算等外围智能技术陆续成熟,并出现了仿真驱动的设计、基于模型的系统工程等领先的设计范式。数字孪生技术最早应用于航空航天领域,包括机身设计与维修、飞行器能力评估、飞行器故障预测等。后来拓展到工业、医疗、城市管理等多个领域。2015年,通用电气公司推出数字化风电场,将数字孪生技术推向商用。2017年,更多的国际化企业涉足数字孪生技术,纷纷提出自己的数字孪生定义或与自身业务相关的数字孪生体解决方案。从2018年开始,国际标准化组织(ISO)、国际电工委员会(IEC)、电气电子工程师学会(IEEE)三大标准化组织也陆续开展数字孪生体相关标准化工作。

第三阶段:数字孪生技术工程化应用期。数字孪生技术的应用已从航空航天领域向工业各领域全面拓展,西门子公司、通用电气公司等企业纷纷打造数字孪生解决方案,赋能制造业数字化转型。数字孪生技术连续三年入选高德纳(Gartner)咨询公司十大战略技术,2017年数字孪生技术出现在新兴技术成熟度曲线(Gartner曲线)的上升段,2018年到达曲线顶点,2019年未出现在曲线中,标志着它已不再是新兴技术,而是进入主流技术行列。

数字孪生技术将沿着技术应用精度、时间范围、空间范围三个方向发展。简单来说,孪生精度就是数字孪生技术应用的深度,比如实现物理实体的可视化就是一种简单的数字孪生技术,而能够在数字空间经过复杂分析再反馈到物理实体,实现整个流程的自主化控制就是深度数字孪生技术应用。数字孪生时间就是数字孪生技术覆盖企业业务流程的长短,如仅在某个单一环节进行应用较为简单,而覆盖从产品设计、生产、运维、服务等全流程的数字孪生技术则较为复杂。数字孪生空间就是数字孪生技术应用在实体物理空间的大小情况,单一设备或零件的数字孪生技术相对容易,而覆盖整个工厂甚至城市的大范围数字孪生技术相对困难。

(1) 在精度上,数字孪生技术由物理实体的简单描述向着更精准、更深层次方向发展。一个物理实体的信息包含对象名称、外观形状、实时工况、工程机理、复杂机理等不同组成部分,而每一部分均可通过数字化工具在虚拟空间进行表现。如实体名称可以通过信息模型表述,外观形状可以通过CAD建模表述,实时工况可以由物联网数据采集进行表述,工程机理可以通过仿真建模进行模拟,人类尚未认识的复杂机理可通过人工智能进行"暴力破解"。数字孪生技术正逐渐由表现物理实体某个单一特征,向着对物理实体更精准、更全面的特征表现以及分析、反馈、控制演进。

(2) 在时间上,数字孪生技术由物理实体的单一场景应用向着全生命周期应用发展。由于不同企业数字化发展水平不均衡,仅有少数企业从资产研发阶段便开始积累孪生数据和孪生模型,更多的企业仅仅在批量生产阶段和运维阶段才开始碎片化地打造数字孪生解决方案,这使数字孪生技术并未有效结合研发阶段的孪生模型开展分析,难以发挥出数字孪生技术的潜在价值。从长远来看,随着企业日益重视数据资产价值,未来会有越来越多的企业从产品研发阶段便开始打造数字孪生解决方案,覆盖产品的全生命周期过程。

(3) 在空间上,数字孪生技术由少量孪生对象简单结合向大量孪生对象集成协同的方向发展。任何一个复杂的孪生对象都是由简单孪生对象组合而成的,比如设备是由机械零部件组成的,车间是由不同设备组成的,不同类型的车间又组成了工厂。数字孪生技术正在由单元级向复杂系统级演进,不同类型、不同空间尺度的孪生对象持续加强相互间的信息交流与协同。

8.4　数字孪生技术在工业中的应用

工业企业的数字化转型重点围绕"数据驱动"这一主题展开,而数据价值要想实现最大化,就需要从设计理念开始,贯穿研发设计、生产制造、运维管理和报废回收各环节,形成一个完整的生命周期闭环。伴随着新一代计算机、工业软件、通信网络、控制和传感器、云计算等技术的快速发展以及向传统制造业的深度渗透,一场以数字化、网络化、智能化、个性化、服务化等为特征的产业革命正在加速到来,数字化的逐渐普及使得大量CAD、CAE 文件以及各类数字化文档、说明书、操作手册等静态信息和生产、物流、仓储等物联网实时数据信息剧增,而海量、多源异构、复杂的工业数据造成严重的信息孤岛,数据利用价值较低。此外,工业领域存在"黑匣子"特性,企业无法清晰了解高价值设备的内部运行状态,不能快速进行产品结构或生产工艺的验证优化等均限制了企业数字化转型的进程。

工业数字孪生技术在智能制造实现过程中已显现出巨大的应用潜力。在产品应用方面,数字孪生技术实现产品全生命周期管理,不但实现产品研发阶段的低成本试错,还能够进行高价值产品的实时监测和运维;在设备应用方面,数字孪生技术通过对设备数据的实时采集和分析,实现虚实联动的设备监控,进而基于实时仿真进行参数调优和深度运维管理;在工厂应用方面,数字孪生不仅有效保障新建工厂的合理布局,提升传统设备生产线物理调试的效率,还可有效提升工厂的一体化管控水平。另外,数字孪生技术在安全培训、供应链优化等方面均能发挥不可替代的作用,部分企业正积极探索。

数字孪生技术通过集成传感、网络、控制、仿真建模、云计算、大数据等数字化与工业化技术,打通数字空间与物理空间,建立强关联关系,将物理几何模型、显性与隐性知识、不同结构化类型的数据进行结合,贯通企业研发、生产、管理、运维等各环节,以图形化、体系化的方式支撑企业进行决策优化,推动制造业企业数字化转型,如图 8–15所示。

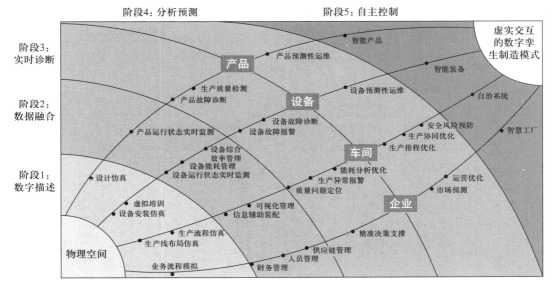

图 8-15　数字孪生技术应用视图

8.4.1　产品应用

（1）通过多学科联合仿真提高产品研发效率。航天器、船舶等大型复杂产品研发涉及力学、电学、动力学、热学等多学科交叉领域，产品研发技术含量高、研发周期长，单一领域的仿真工具已经不能满足复杂产品的研发要求。基于多学科联合仿真研发能够有效打通不同结构类型研发工具接口及研发模型标准，支撑构建多物理场、多学科集成的复杂系统级数字孪生解决方案。

在航天器研发过程中，需重点解决航天器总体方案设计、总体性能参数分解与综合、轨道设计、分系统设计、动力学分析、飞行方案设计等的一体化分析与设计问题。从航天器的整体功能和性能出发，把握各分系统之间的相互联系和相互协调，从而开展总体设计，建立空间站核心舱、试验舱Ⅰ和试验舱Ⅱ的测控、数管、能源、环热控、推进、制导、导航与控制七个分系统模型（图8-16），涵盖总体、分系统、关键单机设备。根据分系统相互联系、相互作用和相互协调的关系，基于科学的分析和计算来进行分解和综合，使系统设计和技术协调达到整体优化的要求，从而获得最高的效益。

（2）通过数字孪生体进行产品运维。对于高价值装备产品，基于数字孪生技术的产品远程运维更加安全和便捷。脱离了与产品研发阶段机理算法相结合的产品远程运维，很难有效保证高质量的运维效果，而基于数字孪生体的产品运维将产品研发阶段的各类机理模型与物联网实时数据及人工智能分析相结合，可实现更加高可靠的运维管理。

在数控机床的远程运维方面，首先对机床物理实体构建1∶1的高保真模型，叠加设备的故障诊断与寿命预测模型进行仿真；其次配置丰富的传感器，采集机床运行状态的各类实时数据，将采集的各类状态数据实时传输到数字孪生平台；最后，基于各类机理模

案例 8-7：
机床数字孪生体

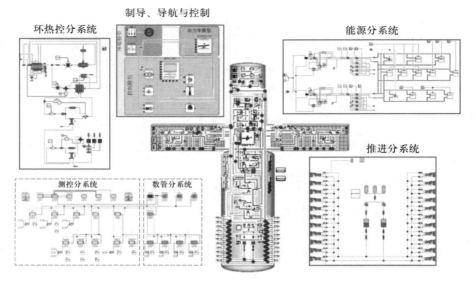

图 8-16　航天器研发典型场景

型诊断机床关键零部件及刀具的运行状态及寿命,实现健康评估与故障预测,结合知识图谱技术提供预警并给出维修或更换零部件的指导意见。

8.4.2　设备应用

(1) 通过虚实联动进行设备监控。传统的设备监控仅显示设备某几个关键工况参数的变化,而基于数字孪生技术的设备监控需要建立与实际设备完全一致的三维几何模型,在此基础上通过添加传感器,全方位获取设备数据,并将各个位置数据与虚拟三维模型一一映射,实现物理实体与孪生设备完全一致的运动行为,更加直观地监控物理实体的实时状态。

在图 8-17 所示的设备远程监控场景中,通过构建多类工程机械设备的孪生体,优化设备监控工作,提升设备使用效率。首先,通过三维软件对工厂的关键设备进行可视化建模,实现复杂结构定义及模型外观、内部结构的真实复现。其次,远程采集设备各部位实时数据,并接入孪生设备模型,形成实时数据驱动的虚实联动。在此基础上,结合设备诊断模型、健康预测模型,监控者不但能够直观观看设备运行情况,实现远程监控,还可以预测设备维护时间点,实现物理设备与虚拟设备实时交互管控。

案例 8-8:
设备预测
性维护

(2) 通过工艺仿真参数调优提高设备生产效率。流程行业生产机理复杂,在生产现场进行工艺参数调优面临安全风险,所以工艺优化一直是流程行业的重点和难点。基于数字孪生技术的工艺仿真为处理上述问题提供了解决方案,通过在虚拟空间进行工艺参数调整可验证工艺变更的合理性,以及由此产生的经济效益。

在仿真参数调优应用场景中,根据采集的工艺、设备、控制等数据,进行全流程工艺建模,并将仿真系统与控制系统集成,使生产和设备状态维持最优状态。

(3) 基于实时仿真进行设备深度运维管理。传统设备预测性维护往往只能预测设备

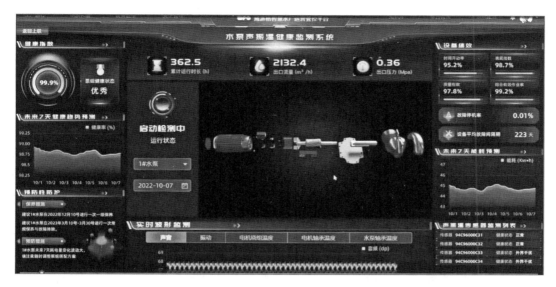

图 8-17 基于数字孪生技术的设备预测性维护

故障时间点,不能预测故障发生的具体部位。而基于数字孪生技术实时仿真的设备监测将离线仿真与物联网实时数据相结合,可实现实时数据驱动的仿真分析,能够实时分析设备的故障发生位置,并给出最佳响应决策。

在利用设备实时仿真解决变压器内部运维的场景中,主变压器的线圈与铁心通常浸泡在油箱中,无法通过安装传感器实时获取其温度,通过开发主变压器数字孪生系统,使用数字孪生技术的虚拟传感器特性,可实时计算并显示出主变压器内部温度、磁通量、载荷等关键信息,从而大大降低发生重大事故的可能性。

8.4.3 工厂应用

(1)基于三维模型和实时数据的工厂监控。通过构建工厂三维几何模型,为各个设备、零部件几何模型添加信息属性,并与对应位置的物联网数据相结合,可实现全工厂行为的实时监控。

一类是以传统工业软件为基础支撑,在原有数据报表、2D 可视化系统、视频监控等基础上,实现 3D 建模优化。图 8-18 所示的工厂生产线、设备实时监控系统,通过三维组态可视化技术实现生产全局的信息集成,提升可视化监控水平。首先,进行物理实体建模,采用"数字化移交 + 正向建模"方法,实现复杂结构定义及模型外观、内部结构的真实复现。其次,关联设备信息属性,包括设计、制造、安装、运维全生命周期数据,真实反映物理实体的性能指标和工作原理,可视化生产线流程信息,真实再现工艺装置的能量、质量平衡,操作条件等流程信息。基于资产模型与数据服务,实现物理生产线与虚拟生产线的实时交互。

案例 8-9:
数字孪生
工厂监控

另一类是借助游戏引擎,建立高效编辑器、开发环境和工具套件,实现快速的数据导入和图形渲染。如企业可以借助 Unity 软件进行高效数据逻辑处理,对模型、传感器及点

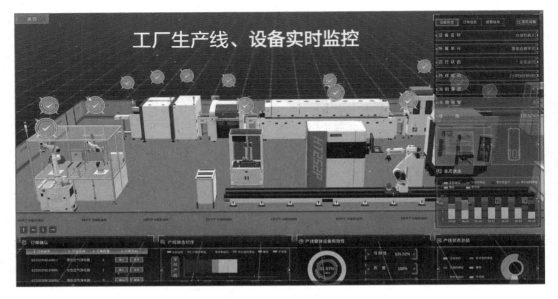

图 8-18 工厂生产线、设备实时监控系统

云数据进行实时传输渲染,实现快速三维建模,支撑各类工厂可视化管理。

(2) 基于离散事件仿真的生产线规划。在新建传统工厂或生产线过程中,各个设备摆放的位置、工艺流程的串接均凭借现场工程师的经验开展,这降低了生产线规划的准确性。而基于数字孪生技术的生产线虚拟规划大大提升了生产线规划准确率,通过在虚拟空间以"拖、拉、拽"的形式不断调配各个工作单元(如机器人、机床、自动导向车等)的摆放位置,使生产线规划达到最佳状态。此外,在对数字化生产线进行虚拟规划后,部分企业还将数字化生产线与生产实时数据相结合,实现工厂规划、建设、运维一体化管理。

(3) 基于工厂能源系统建模和大数据分析技术实现能源精准管控。充分利用既往与实时的能源系统数据及工艺参数,以效率计算、热力循环计算等理论方法结合大数据分析方法,构建能源生产、传输、使用设备的数字孪生模型,以此实现能源、设备协同调度与生产运行参数优化,达到能源精准按需供应,尽可能减少企业能源消耗。

案例 8-10: 烟草行业能源精准管控

在烟草企业的能源管理优化场景中,烟草企业针对其能源动力设施、动力集控系统及子系统、生产自动化系统、制造执行系统等系统之间缺乏智能联动、智能预判,导致整个能源管控的精细化程度不足的问题,对能源全流程数据进行采集,并运用大数据分析技术,对供能设备及设备组效率、负载效率、能源参数及控制参数整体进行分析、评价、诊断、优化,结合模型对产能、用能负荷进行预测,实现能源系统管理与设备启停、生产排产、工艺质量需求、环保等的深层次协同,如图 8-19 所示。

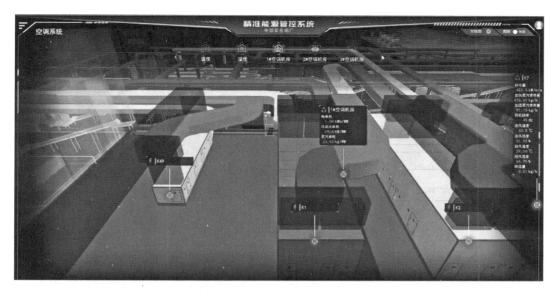

图 8-19　基于数字孪生技术的能源管理优化

8.4.4　其他方面应用

（1）基于虚拟仿真的安全操作培训。流程行业具有的生产连续、设备不能停机、安全生产要求高等特点，导致其无法为新入职的从事设备管理与检修等工作的工程师提供实操训练环境。基于数字孪生技术的仿真培训为现场工程师提供了模拟操作环境，能够快速帮助工程师提升技能，为其真正开展实际运维工作提供基础训练。

在操作培训方面，建立设备的数字孪生体，并与增强现实技术结合，搭建培训仿真交互系统。首先还原设备，包括设备的运行原理和机制、每个部件的结构及相互之间的关联、实际的数控系统等；其次采用云渲染技术，降低终端部署成本，提高终端画面呈现质量；最后通过增强现实眼镜分步骤推送设备维修操作步骤，指导维保人员进行操作，如图8-20 所示。

（2）基于供应链网络模型和数据进行供应链优化。具有少品种、大批量生产特点的离散行业企业为打造供应链创新解决方案，构建了供应链数字孪生应用，通过打造物流地图、添加物流实时数据、嵌入物流优化算法等举措，持续降低库存量和产品运输成本。

对于大型国际化企业，利用数字孪生技术可实现全球供应链管理。首先，创建供应链网络地图并从生产系统提取供应链数据；其次，构建产品制造、存储、运输和销售的关系模型；然后，向网络地图中添加用户订单、物流运输、库存水平等实时运营数据，建成供应链数字孪生体，了解全球供应链运行状态和存在的问题。基于数字孪生技术提供数据的可视性和完整性，供应链规划人员能从本地运营转变为全球化决策，从而降低存储、运输成本，缩短供应周期。

（3）基于工业数字孪生技术建模仿真助力人工智能模型训练。人工智能模型的训练需要以大量数据为基础，而工业场景数据样本量相对较小，需要通过反复运行物理过程

图 8-20　数字孪生技术辅助维修

生成大量数据,成本高,耗时长,这成为人工智能在工业领域应用的较大制约。利用工业数字孪生技术可以仿真运行生成数据集,直接用于人工智能模型的训练,与使用物理机器生成数据相比,数字孪生技术可以更快速、更低成本生成训练人工智能模型所需的大量数据。

例如,微软公司 Project Bonsai 平台使用 Ansys Twin Builder 软件创建设备或流程的数字孪生体,助力其模型训练。Project Bonsai 是微软公司的一款低代码人工智能平台,其以图形化的方式连接通过编程可执行人工智能功能的软件模块。通过与 Ansys Twin Builder 软件合作,Project Bonsai 可同时运行数百个机器的虚拟模型,并将这些数字孪生体生成的数据直接输入模型进行优化,从而不断克服各种局限性。

思 考 题

8-1　工业智能的定义是什么?

8-2　人工智能技术组合有几种组合方式? 其区别是什么?

8-3　工业适配性分为几个方面?

8-4　何谓数字孪生?

8-5　数字孪生中的关键技术有哪些?

8-6　数字孪生技术在工业中有哪些应用领域?

附录　技术名词英文缩写与定义

ACO:ant colony optimization,蚁群优化算法

定义:一种用来寻找优化路径的概率型算法,具有分布计算、信息正反馈和启发式搜索的特征,本质上是进化算法中的一种启发式全局优化算法。

ADC:analog-to-digital converter,模数转换器

定义:模数转换器是指将连续变化的模拟信号转换为离散的数字信号的器件。

AGI:artificial general intelligence,通用人工智能

定义:是指具有高效的学习和泛化能力、能够根据所处的复杂动态环境自主产生并完成任务的通用人工智能体,具备自主感知、认知、决策、学习、执行和社会协作等能力,且符合人类情感、伦理与道德观念。

AGV:automated guided vehicle,自动导向车

定义:它沿标记或外部引导命令指示的,沿预设路径移动的移动平台,一般应用在工厂,由电气系统、机械系统和控制系统组成。

AIGC:artificial intelligence generated content,生成式人工智能

定义:是指基于生成式对抗网络、大型预训练模型等人工智能的技术方法,通过已有数据的学习和识别,以适当的泛化能力生成相关内容的技术。

ALM:application lifecycle management,应用生命周期管理

定义:一种用于管理软件、应用程序整个生命周期的方法和工具。

AM:amplitude modulation,幅值调制

定义:一种用信息信号的幅值变化来表示信息的调制方式。在幅值调制中,信息信号的幅值被改变,从而改变了载波信号的幅值,使得接收端可以通过检测载波信号的幅值变化来还原出原始的信息信号。

APC：advanced process control，先进过程控制

定义：比常规比例–积分–微分（PID）控制具有更好控制效果的控制策略的统称，如模型预测控制、最优控制、解耦控制、推理控制、自适应控制、鲁棒控制、模糊控制、智能控制等。

API：application programming interface，应用程序接口

定义：一组用于构建和集成应用软件的定义和协议。在国际短信发送中，通常有HTTP，SMPP，GOI 三种协议。

APO：automatic priority queueing，自动优先级队列

定义：一种用于管理计算机系统中任务和进程的方法，可以根据任务的重要性和紧急程度来安排任务的执行顺序。

APS：advanced planning and scheduling，高级计划与排程

定义：指比制造执行系统中的工序调度功能更高级的生产计划与排程系统，可实现灵活高效的智能排产。

ASIC：application specific integrated circuit，专用集成电路

定义：是指为特定应用而设计的集成电路，主要用于路由器、交换机、调制解调器等电子设备中。

BI：business intelligence，商业智能

定义：泛指用于业务分析的技术和工具，通过获取、处理原始数据，并将其转化为有价值的信息来指导商业行为，为企业提供决策支持。

BOM：bill of materia，物料清单，也称产品结构表

定义：描述产品组成的技术文件，表明产品的总装件、分装件、组件、部件、零件、原材料之间的结构关系以及所需数量，是用来核算产品成本的基础。

BPMN：business process modeling notation，业务建模标准

定义：一种流程建模的通用和标准语言，用来绘制业务流程图，以便更好地让各部门之间理解业务流程和相互关系，同时提供了丰富的符号集，可用于对不同方面和层面的业务流程进行建模。

CAD：computer aided design，计算机辅助设计

定义：指利用计算机的计算功能和图形处理能力，辅助进行产品或工程设计与分析的方法。其本质是数字化设计，方便人们进行图形处理、方案优化与信息交互。

CAE：computer aided engineering，计算机辅助工程

定义：指用计算机辅助求解分析复杂工程，对产品性能进行分析、预测与优化的方法。其本质是以建模仿真取代物理实验的方式，验证设计出来的产品是否达到规定要求。

CAM：computer aided manufacturing，计算机辅助制造

定义：指利用计算机辅助进行生产设备管理控制和操作的方法。其本质是将利用 CAD 技术设计好的方案转化为驱动数控机床自动化加工的计算机数控代码。

CAX：computer aided x，各项计算机技术的综合叫法

定义：是各项计算机技术的综合叫法，其本质是把多元化的计算机辅助技术集成起来复合和协调地进行工作。

CMC：cellular mobile communication，蜂窝移动通信

定义：是采用蜂窝无线组网方式，在终端和网络设备之间通过无线信道连接起来进行通信的技术。

CMOS：complementary metal-oxide-semiconductor，互补金属氧化物半导体

定义：一种应用广泛的集成电路工艺技术。其基本特征是用一对互补的 P 型和 N 型金属氧化物半导体场效应晶体管实现逻辑功能。

CNC：computer numerical control，计算机数字控制

定义：采用存储程序计算机代替数控装置，按照计算机中的控制程序来执行一部分或全部数控功能的数值控制方法。

CNN：convolutional neural network，卷积神经网络

定义：一种深度学习算法模型，主要用于图像和视频处理领域，通过卷积层、池化层和全连接层等组件，对输入数据进行特征提取和分类。

CPSS：cyber-physical-social systems，社会物理信息系统

定义：是在信息物理系统的基础上，进一步纳入社会信息、虚拟空间的人工系统信息，将研究范围扩展到社会网络系统，注重人的智力资源、计算资源与物理资源的紧密结合与协调，使得人员组织通过网络化空间以可靠的、实时的、安全的、协作的方式操控物理实体。

CPU：central processing unit，中央处理器

定义：由控制器和运算器组成的计算机核心部分。它负责解释指令的功能，控制各

类指令的执行过程,完成各种算术和逻辑运算。

CRM:customer relationship management,客户关系管理

定义:指以客户为中心,将企业内部的设计、生产、销售、售后服务等各个部门联系起来,以协同的方式进行部门的客户管理和服务支持,帮助企业有效地获取和管理客户,为客户提供最好的支持服务,提升客户体验感。

CV:computer vision,计算机视觉

定义:一种人工智能技术,旨在使计算机能够理解和处理图像和视频数据。计算机视觉技术包括图像识别、目标检测、人脸识别、场景分析等多个方面,被广泛应用于自动驾驶、智能安防、医疗影像等领域。

DAC:digital to analog converter,数 / 模转换器
定义:一种将数字信号转换为模拟信号(以电流、电压或电荷的形式)的设备。

DAO:decentralized autonomous organization,去中心化自治组织

定义:是基于区块链技术衍生出的一种具体应用,指的是不存在中心节点也不存在层级架构的一种自动化治理组织类型。

DAPP:decentralized application,去中心化应用,也称分布式应用

定义:是在底层区块链平台衍生的各种分布式应用,是区块链世界中的服务提供形式。它被认为是开启区块链时代的标志。

DAS:distributed antenna system,分布式天线系统

定义:是在预定的空间或建筑内,由多个空间分离的天线节点,通过多种信号传输媒介,连接到多种信号源,组建而成的移动通信网络。

DAS:direct-attached storage,直连式存储

定义:指将存储设备通过 SCSI 接口或光纤通道直接连接到一台主机上,主机管理它本身的文件系统,不能实现与其他主机的资源共享。

DCS:distributed control system,分布式控制系统

定义:以微处理器为基础,采用控制功能分散、显示操作集中、兼顾分而自治和综合协调设计原则的控制系统,是集先进的计算机技术、通信技术、显示技术和控制技术于一体的新型控制系统。

DIP：dual in-line package，双列单插封装技术

定义：是指采用双列直插形式封装的集成电路，引脚从封装两侧引出，且引脚数一般不超过 100，在大多数中小规模集成电路也有采用这种封装形式。

DNS：domain name system，域名解析系统

定义：指一个使主机能够查询分布式数据库的应用层协议，其作用就是根据域名查出对应的 IP 地址。

DOE：design of experiments，实验设计

定义：一种通过系统性、科学性的方法来研究变量之间关系的技术。在实验设计中，研究人员会设计一系列实验，并根据实验结果来推断出变量之间的关系，从而得出结论。

DRAM：dynamic random access memory，动态随机存取存储器

定义：一种特定类型的随机存取存储器，允许以较低的成本获得更高的密度。当与 CPU 结合使用时，可以运行指令集（程序）和存储工作数据。个人计算机中的内存模块使用的就是动态随机存取存储器。

DRIE：deep reactive ion etching，深度反应离子刻蚀工艺

定义：一种高度各向异性的干法刻蚀工艺，使用刻蚀与钝化交替进行的工艺，解决了普通反应性离子刻蚀中无法得到高深宽比结构或陡直壁的问题。

DSP：digital signal processor，数字信号处理器

定义：一种快速、强大的微处理器，能够将模拟信号转换成数字信号，用于专用处理器的高速实时处理，具有高速、灵活、可编程、低功耗的界面功能，在通信领域的图形图像、语音、信号等处理中起到重要的作用。

DSSS：direct sequence spread spectrum，直接序列扩频

定义：是指将频带传输的二进制信息数据用高速的伪随机码（PN 码）直接调制，实现频谱扩展后传输，在接收端使用相逆方式进行解扩，从而可以恢复信源的信息。

EDA：electronic design automation，电子设计自动化

定义：指利用计算机辅助设计软件，来完成超大规模集成电路的功能设计、综合、验证、物理设计等流程的设计方式，是集成电路设计中不可或缺的重要部分。

ERP：enterprise resource planning，企业资源计划

定义：是一个将物流、财流、信息流集成化管理的应用系统，包含采购、销售、库存、客

户、财务等模块,用来进行企业资源优化,使管理效益最大化。

FCN:fully convolutional networks,全卷积网络

定义:是对图像进行像素级的分类,从而解决了语义级别的图像分割问题的网络架构。与经典神经网络在卷积层后使用全连接层得到固定长度的特征向量进行分类不同,全卷积网络可以接受任意尺寸的输入图像,采用反卷积层对最后一个卷积层的特征图进行采样,使它恢复到与输入图像相同的尺寸,从而可以对每一个像素都产生一个预测,同时保留了原始输入图像中的空间信息。

FET:field effect transistor,场效应晶体管

定义:是利用控制输入回路的电场效应来控制输出回路电流的一种半导体器件。

FPGA:field programmable gate array,现场可编程门阵列

定义:是由可编程逻辑资源,可编程互连资源,可编程输入、输出资源组成的超大规模可编程逻辑器件,主要用于实现以状态机为主要特征的时序逻辑电路。

FPLA:filed programmable logic array,现场可编程逻辑阵列

定义:一种含有可编程逻辑元件的半导体器件。

GAA:Gate all around,全环绕栅极

定义:一种升级的晶体管结构,其中栅极可以在所有侧面与沟道接触,这使得连续缩放成为可能。

GAN:generative adversarial network,生成式对抗网络

定义:一种深度学习模型,通过让两个神经网络相互对抗与博弈的方式进行学习。

HCPS:human cyber-physical system,人-信息-物理系统

定义:是为了实现特定的价值创造目标,由相关的人、信息系统以及物理系统有机组成的综合智能系统。其中,物理系统是主体,信息系统是主导,人是主宰。

HKMG:high-K metal gate,高介电常数/金属栅

定义:是半导体制造业者在纳米制程节点导入的技术。该技术旨在利用高介电常数材料来增加电容值,以达到降低漏电的目的。

HTML:hyper text markup language,超文本标记语言

定义:一种标记语言。它包括一系列标签,通过这些标签可以将网络上的文档格式

统一,使分散的网络资源连接为一个逻辑整体。

HTTP:hyper text transfer protocol,超文本传输协议

定义:一个简单的请求–响应协议,通常运行在 TCP 通信协议之上。它指定了客户端可能发送给服务器什么样的消息以及得到什么样的响应。

HCCS:human–computer close symbiosis,人机紧密共栖

定义:是关于人与“机器”关系的阐述,其内容主要是反对人和“机器”孤立发展,应创造条件使二者共融共生。

IC:integrated circuit,集成电路

定义:指利用微电子工艺在一个半导体基片上集成晶体管、电容、电阻和电感等多个电子元件及其互连线,以执行特定功能的电路。

IDS:integrated data store,集成数据存储

定义:是通用电气公司开发的世界上第一个数据库管理系统,解决了层次结构无法建模更复杂数据关系的建模问题。

IPD:integrated product development 集成产品开发

定义:是指不同部门和团队在产品的整个生命周期内进行紧密合作,从而实现高效、快速、高质量的产品开发。

LTI:linear time invariant,线性时不变系统

定义:一种在时间上保持不变的线性系统,即输入信号经过系统后输出信号的时间延迟不会改变。

MBD:model–based detection,基于模型的检测

定义:是一种基于模型的检测方法,通过训练一个机器学习模型来识别和定位目标物体。该方法通常使用深度学习技术,如卷积神经网络或循环神经网络,在大规模标注数据集上进行训练。在实际应用中,基于模型的检测通常与传统计算机视觉算法相结合,以提高检测的准确性和效率。

MBSE:model based systems engineering,基于模型的系统工程

定义:是建模方法的形式化应用,以使建模方法支持系统要求、设计、分析、验证和确认等活动,这些活动从概念性设计阶段开始,持续贯穿到设计开发以及后来的全寿命周期各阶段。从系统观念出发,以最优化方法解决复杂系统/产品的规划、设计、制造与使

用问题。

MCU：microcontroller unit，微控制器

定义：是将微型计算机的主要部分集成在一个芯片上的单芯片微型计算机。

MEMS：micro-electro mechanical system，微机电系统

定义：指尺寸在几毫米乃至更小的高科技装置上，将微型传感器、微型执行器以及信号处理和控制电路、接口、电源等集为一体的微型器件或系统。

MES：manufacturing execution system，制造执行系统

定义：位于上层的计划管理系统与底层的工业控制之间的面向车间层的管理信息系统，主要包括工序详细调度、资源分配和状态管理、生产单元分配、文档管理、产品跟踪和产品清单管理、性能分析、人力资源管理、维护维修管理、过程管理、质量管理、数据采集等功能模块。

MIMO：multiple input multiple output，多输入多输出

定义：一种用于无线通信的技术。使用多个天线同时发送和接收信号，从而实现高速数据传输和提高信号质量的目的。

MPC：model predictive control，模型预测控制

定义：一类特殊的控制。它的当前控制动作是在每一个采样瞬间通过求解一个有限时域开环最优控制问题而获得的。主要有三个部分构成：模型、预测和控制。模型可以是机理模型，也可以是一个基于数据的模型，如用神经网络训练一个数据模型；预测是构建或训练模型的用途；控制即对预测结果做出的决策。

MOM：manufacturing operations management，制造运营管理

定义：通过协调管理企业的人员、设备、物料、能源等资源，把原材料或零件转化为产品的活动，包含了生产、质量、维护和库存的运行管理。

MRP：material requirement planning，物料需求计划

定义：根据产品结构各层次物品的从属和数量关系，以每个物品为计划对象，以完工时期为时间基准倒排计划，按提前期长短区别各个物品下达计划时间的先后顺序的一种物料计划管理模式。

MRPⅡ：manufacturing resources planning，制造资源计划

定义：一种由企业的产、供、销、人、材、物等部门组成的闭环反馈控制系统，是在物料

需求计划上发展出来的对整个企业的物资、设备、人力、资金、信息等资源进行全面优化控制管理的方法和技术。

NEMS：nano-electro mechanical system，纳机电系统

定义：是微机电系统的发展与延伸，其器件结构至少有某一维的尺度在纳米量级上，即特征尺寸介于 1~100 nm，具有极高的特征频率、良好的机械特性。

NFV：network function virtualization，网络功能虚拟化

定义：一种对于网络架构的概念，利用虚拟化技术，将网络节点阶层的功能，分割成几个功能区块，分别以软件方式实现，不再局限于硬件架构。

ODM：original design manufacturer，原始设计制造商

定义：由采购方委托制造方提供从研发、设计到生产、后期维护的全部服务，而由采购方负责销售的生产方式。

OEM：original equipment manufacturer，原始设备制造商

定义：品牌生产者不直接生产产品，而是利用自己掌握的关键的核心技术负责设计和开发新产品，控制销售渠道，从而实现降低成本和提高效率的目的。

OFDM：orthogonal frequency division multiplexing，正交频分复用

定义：一种多载波调制技术。它将信道划分成若干个子信道，各个子信道的载波之间相互正交，并将高速数据信号转换成并行的低速子数据流，调制到每个子信道上进行传输。

OLAP：online analytical processing，联机事务处理

定义：利用计算机网络连接分布于不同地理位置的事务处理计算机与事务管理中心网络，以便于在任何一个网络节点上都可以进行统一、实时的事务处理活动或客户服务。

OPC DA：OPC data access，OPC 数据访问

定义：是 OPC 一系列标准规范中最为丰富的标准，是广为接受的工业通信标准，可在多供应商设备和控制应用程序之间进行数据交换，而无需专有协议。

OPC UA：OPC unified architecture，OPC 统一架构

定义：是 OPC 基金会为自动化行业及其他行业制定的用于数据安全交换时的互操作性标准，是一套安全、可靠且独立于制造商和平台的标准，可使不同操作系统和不同制造商的设备之间进行数据交换。

PCB：printed circuit board，印刷电路板

定义：通常由铜箔覆盖的基底、导电层和绝缘层组成，这些层通过化学蚀刻或光刻技术制成。印刷电路板可以用于连接各种电子元件，例如晶体管、电容、电阻器等，以便它们能够协同工作。

PCM：pulse code modulation，脉冲编码调制

定义：是通过抽样、量化和编码三个过程，将一个时间连续、取值连续的模式信号转变成时间离散、取值离散的数字信号的技术。

PID：proportional-integral-derivative，比例-积分-微分

定义：一种很常见的控制算法，在工程实际中应用最为广泛的调节器控制规律即为比例－积分－微分控制，简称 PID 控制。

PLC：programmable logic controller，可编程逻辑控制器

定义：一种数字运算操作的电子系统。采用一类可编程的存储器，用于存储程序、执行逻辑运算、顺序控制、定时、计数与算术操作等面向用户的指令，并通过数字或模拟式输入输出，控制各种类型的机械或生产过程。

PLM：product lifecycle management，产品生命周期管理

定义：一种支持产品全生命周期信息的创建、管理、分发和应用的一系列计算机应用解决方案。应用于企业内部，以及具有协作关系的企业之间，集成与产品相关的人力资源、流程、应用系统和信息，以支持产品全生命周期的信息创建、管理、分发和应用。

PMT：photo multiplier tube，光电倍增管

定义：内部有电子倍增机构并基于二次发射倍增机理的一种真空光电管。它具有内增益极高、灵敏度极高和噪声极低的特点，并已用于紫外、可见和近红外区的辐射能量的灵敏度探测。

PON：passive optical network，无源光网络

定义：除了网络的终端设备需要供电以外，网络内部全部由无源光器件组成的光接入网。其基本结构由光线路终端、光网络单元和光分配网组成。

POP：point of production，生产现场管理

定义：是指用科学的管理制度、标准和方法对生产现场各生产要素，包括人（工人和管理人员）、机（设备、工具、工位器具、工装夹具）、料（原材料、辅料）、法（加工、检测方法）、环（环境）、信（信息）等进行合理有效的计划、组织、协调、控制和检测，使其处于良好的结

合状态,达到优质、高效、低耗、均衡、安全、文明生产的目的。

PSO:particle swarm optimization,粒子群优化算法

定义:一种基于群体协作的随机搜索算法,该方法模拟粒子运动,使粒子根据对环境的适应度的变化不断地向解空间的较优的区域移动,从而达到群体优化的目的。

RC:robust control,鲁棒控制

定义:是指针对系统中存在的不确定因素,设计一个确定的控制律使得整个系统保持所期望的稳定,并获得较好的性能。

RDM:real-time data management,实时数据管理

定义:一种用于管理和处理实时数据的技术和方法。

RNN:recurrent neural network,循环神经网络

定义:一类以序列数据为输入,在序列的演进方向进行递归且所有节点(循环单元)按链式连接的递归神经网络。

RPA:robotic process automation,机器人流程自动化

定义:一种根据预先设定的程序,通过模拟并增强人类与计算机的交互过程,执行基于一定规则的大批量、可重复性任务,实现工作流程自动化的软件或平台。

SaaS:software as a service,软件即服务

定义:一种通过互联网提供软件的模式。用户不必购买软件,而向提供商租用软件,且无需对软件进行维护,服务提供商会全责管理和维护软件。

SAN:storage area network,存储区域网络

定义:是通过光纤通道交换机、以太网交换机等连接设备将磁盘阵列与相关服务器连接起来的高速专用存储网络。

SCM:supply chain management,供应链管理

定义:将顾客所需的正确的产品能够在正确的时间、按照正确的数量、正确的质量送到正确的地点,并以总成本最佳化的方式对整个供应链系统的信息流、物流、资金流进行计划、协调、操作、控制和优化的各种活动和过程。

SDN:software defined networking,软件定义网络

定义:一种通过将控制权从交换机/路由器中分离出来,在不改动硬件设备的前提

下,利用软件重新规划网络,实现网络流量灵活控制的新型网络体系结构。

SFC:shop floor control,车间级控制

定义:生产管理中的一种方法,旨在有效地管理车间内的生产作业。它包括计划、监测和控制所有生产活动,以保证生产进度的顺利执行,提高车间生产效率和质量。

SNS:social networking service,社会网络服务

定义:是指基于用户个人的社会关系网络构建而成的互联网应用服务平台,用户可以在此分享自己的兴趣爱好、日常活动等,或者建立实时的沟通联系。

SOAR:security orchestration,automation and response,安全编排、自动化和响应

定义:一种用于管理和处理自动化网络安全事件的方法和工具。

SoC:system on chip,系统级芯片

定义:指一个有专用目标的集成电路,其中包含一个或多个处理器、存储器、模拟电路模块、数模混合信号模块以及可编程逻辑阵列,可以有效降低电子元器件的耗电量、体积,提高系统运行速度,降低总的系统成本。

SRAM:static random access memory,静态随机存取存储器

定义:不需刷新就可稳定保持所存内容的易失性随机读写半导体存储器。所谓的"静态",是指这种存储器只要保持通电,里面储存的数据就可以恒常保持。但是只要断电,数据就会丢失,属于易失性存储器。

SSD:solid state disk,固态硬盘

定义:是用固态电子存储芯片阵列制成的硬盘,由控制单元和存储单元组成。

SSIS:smart sensor interface standard,智能传感器接口标准

定义:是指智能传感器之间、智能传感器与外部网络或系统之间进行双向通信所需具备的物理接口和通信协议协议的技术要求。

SVD:singular value decomposition,奇异值分解

定义:一种常用的矩阵分解方法,用于将一个矩阵分解为三个矩阵的乘积。它在数据降维、信号处理、推荐系统等领域中被广泛应用。

TDM:time division multiplexing,时分复用

定义:为了使若干独立信号能在一条公共通路上传输,而将其分别配置在分立的周

期性的时间间隔上的复用。具体是指将提供给整个信道传输信息的时间划分成若干时隙,并将这些时隙分配给每一个信号源使用,每一路信号在自己的时隙内独占信道进行数据传输。

TDMA:time division multiple access,时分多址

定义:利用不同的时间分割成不同信道的多址技术。具体是指把时间分割成周期性的帧,每一帧再分割成若干个时隙(无论帧或时隙在时间上都是互不重叠的),每个用户占用不同的时隙进行通信。

TMS:transportation management system,运输管理系统

定义:一种用于管理和优化物流运输流程的软件系统。

TPU:tensor processing unit,张量处理器

定义:一种为机器学习定制的人工智能加速器专用集成电路。

TSN:time sensitive networking,时间敏感网络

定义:面向工业智能化生产的一种具有有限传输时延、低传输抖动和极低数据丢失率的高质量实时传输网络。

TVS:transient voltage suppressors,瞬态电压抑制器

定义:在稳压管工艺基础上发展起来的一种新产品,是用于保护电路免受电压或电流突然尖峰影响的保护装置。

UML:unified modeling language,统一建模语言

定义:一种为面向对象系统的产品进行说明、可视化和编制文档的一种标准语言,是非专利的第三代建模和规约语言,独立于任何具体程序设计语言。

URI:uniform resource identifier,统一资源标识符

定义:用于标识某一互联网资源名称的字符串,常见形式有统一资源定位符(URL)和统一资源名称(URN)。

UWB:ultra wide band,超宽带[无线通信技术]

定义:一种使用千兆赫以上频率带宽的无线载波通信技术。它不采用传统通信体制中的正弦载波,而是利用纳秒级的非正弦波窄脉冲传输数据,因此其所占的频谱范围很大,尽管使用无线通信,但其数据传输速率可以达到几百兆比特每秒以上。

WGM:whispering gallery mode,回音壁模式

定义:指高频声波及光波在某些圆形谐振腔中,具有紧贴着谐振腔弧面产生"回音"效应的模式。

WLAN:wireless local area networks,无线局域网

定义:以无线多址信道为传输媒质,利用电磁波传输数据的无线通信方式,即将无线的概念引入传统的有线局域网中,使得局域网中的用户可以摆脱线缆的束缚,实现在一定范围内的移动通信能力。

WWW:world wide web,万维网,也称为 Web 技术

定义:在互联网内的一种分布式应用。它使用超文本技术提供发布和查阅以网页形式组织的文档的服务。

参 考 文 献

[1] 周济,李培根.智能制造导论[M].北京:高等教育出版社,2021.

[2] 李培根,高亮.智能制造概论[M].北京:清华大学出版社,2021.

[3] 制造强国战略研究项目组.制造强国战略研究:智能制造专题卷[M].北京:电子工业出版社,2015.

[4] "新一代人工智能引领下的智能制造研究"课题组.中国智能制造发展战略研究[J].中国工程科学,2018,20(04):1-8.

[5] ZHOU JI,LI PEIGEN,ZHOU YANHONG,et al. Toward new-generation intelligent manufacturing[J].Engineering,2018,4(01):11-20.

[6] ZHOU JI,ZHOU YANHONG,WANG BAICUN,et al. Human-cyber-physical systems (HCPS)in the context of new-generation intelligent manufacturing [J]. Engineering, 2019,5(04):624-636.

[7] 国家制造强国建设战略咨询委员会,中国工程院战略咨询中心.智能制造[M].北京:电子工业出版社,2016.

[8] 钟志华,臧冀原,延建林,等.智能制造推动我国制造业全面创新升级[J].中国工程科学,2020,22(06):136-142.

[9] 王柏村,臧冀原,屈贤明,等.基于人-信息-物理系统(HCPS)的新一代智能制造研究[J].中国工程科学,2018,20(04):29-34.

[10] 李伯虎,柴旭东,刘阳,等.工业环境下信息通信类技术赋能智能制造研究[J].中国工程科学,2022,24(02):75-85.

[11] 陈剑,黄朔,刘运辉.从赋能到使能:数字化环境下的企业运营管理[J].管理世界,2020,36(02):117-128,222.

[12] 赵宸宇,王文春,李雪松.数字化转型如何影响企业全要素生产率[J].财贸经济,2021,42(07):114-129.

[13] 安筱鹏.重构:数字化转型的逻辑[M].北京:电子工业出版社,2019.

[14] 黎明,黄如.后摩尔时代大规模集成电路器件与集成技术[J].中国科学:信息科学,2018,48(08):963-977.

[15] 温德通.集成电路制造工艺与工程应用[M].北京:机械工业出版社,2018.

[16] 田德文,孙昱祖,宋青林.系统级封装的应用、关键技术与产业发展趋势研究[J].中

国集成电路,2021,30(04):20-35.

[17] 王珊,萨师煊.数据库系统概论[M].5版.北京:高等教育出版社,2018.

[18] 周乾.关系型数据库的特殊应用[J].大东方,2016(05):208-208.

[19] 王妙琼,魏凯,姜春宇.工业互联网中时序数据处理面临的新挑战[J].信息通信技术与政策,2019(05):4-9.

[20] 吴鹤龄.关系数据库的标准语言:SQL[J].计算机研究与发展,1989(06):7-16.

[21] 赵志远,王建华,徐开勇,等.面向云存储的支持完全外包属性基加密方案[J].计算机研究与发展,2019,56(2):442-452.

[22] 焦通,申德荣,聂铁铮,等.区块链数据库:一种可查询且防篡改的数据库[J].软件学报,2019,30(9):2671-2685.

[23] 柳柏杉.全球智能传感器技术发展研究[J].新材料产业,2022(02):21-24.

[24] 谢元成,骆雪汇.传感器在自动控制中的应用[J].科技风,2022(29):65-67.

[25] 夏端武,薛小凤.智能制造技术在工业自动化中的应用研究[J].机械设计与制造,2018(02):206-209.

[26] 李家宁,田永鸿.神经形态视觉传感器的研究进展及应用综述[J].计算机学报,2021,44(06):1258-1286.

[27] 彭文正,敖银辉,黄晓涛,等.多传感器信息融合的自动驾驶车辆定位与速度估计[J].传感技术学报,2020,33(08):1140-1148.

[28] 聂珲,陈海峰.基于NB-IoT环境监测的多传感器数据融合技术[J].传感技术学报,2020,33(01):144-152.

[29] 毕卫红,祝亚男,张力方.基于通信信道的数字传感信号正交幅度调制技术仿真研究[J].燕山大学学报,2009,33(04):319-322,362.

[30] 李云开,王博文,张冰.铁镓合金的压磁效应与力传感器的研究[J].电工技术学报,2019,34(17):3615-3621.

[31] 过峰,俞建峰,陆振中.力传感器关键性能参数自动标定系统[J].电子测量技术,2015,38(05):85-88.

[32] 郑威,陈怀海,贺旭东.一种多维动态力传感器校准系统研究[J].国外电子测量技术,2014,33(01):43-45,53.

[33] 张建国,徐科军,方正余,等.数字信号处理技术在科氏质量流量计中的应用[J].仪器仪表学报,2017,38(09):2087-2102.

[34] 陈猛,郑一鸣,陈非凡.多类型温度传感器自适应智能感知节点研究[J].仪表技术与传感器,2022(06):29-34,39.

[35] 潘小山,范维,周子冠,等.柔性温度传感器研究进展[J].传感器与微系统,2017,36(10):1-3.

[36] 谷星莹,汤其富,彭东林,等.一种双边传感型电磁感应式直线位移传感器[J].仪表技术与传感器,2020(04):1-5,10.

［37］张巍,王洋洋,秦浩,等.柔性湿度传感器制作技术研究[J].传感器与微系统,2020, 39(05):45-47.

［38］马须敬,朱义彪.传感器的研究现状与发展趋势[J].青岛科技大学学报(自然科学版),2017,38(S1):11-13.

［39］张景璐,王琳娜,赵妍.一种激光传感器在智能控制中的设计与应用[J].激光杂志, 2018,39(10):160-164.

［40］李俊粉.计算机在工业电器自动化控制系统中的实现[J].电子世界,2020(13): 144-145.

［41］杨明川.PLC 技术在电气工程自动化控制中的应用[J].四川建材,2022,48(11): 37-38.

［42］胡泱,查俊,朱永生,等.基础装备制造及高档集成数控机床研究进展[J].中国机械工程,2021,32(16):1891-1903.

［43］王眇,张振明,李龙,等.数控技术发展状况及在智能制造中的作用[J].航空制造技术,2021,64(10):20-26.

［44］王超超,董晓明,孙华,等.考虑多层耦合特性的电力信息物理系统建模方法[J].电力系统自动化,2021,45(03):83-91.

［45］薛禹胜,李满礼,罗剑波,等.基于关联特性矩阵的电网信息物理系统耦合建模方法 [J].电力系统自动化,2018,42(02):11-19.

［46］杨明,杨杰,赵铁英,等.基于数字控制延时的 LCL 型并网逆变器强鲁棒性加权平均电流控制策略[J].电机与控制学报,2023,27(02):143-152.

［47］陈雪梅,谢清钟.基于模糊 PID 数字控制算法的液压启动控制伺服系统的研究[J]. 中国电子科学研究院学报,2018,13(06):732-738.

［48］王鹏,杨妹,祝建成,等.面向数字孪生的动态数据驱动建模与仿真方法[J].系统工程与电子技术,2020,42(12):2779-2786.

［49］齐昕,苏涛,周珂,等.交流电机模型预测控制策略发展概述[J].中国电机工程学报, 2021,41(18):6408-6419.

［50］乐健,廖小兵,章琰天,等.电力系统分布式模型预测控制方法综述与展望[J].电力系统自动化,2020,44(23):179-191.

［51］王磊,周建平,朱刘柱,等.基于分布式模型预测控制的综合能源系统多时间尺度优化调度[J].电力系统自动化,2021,45(13):57-65.

［52］李争,安金峰,肖宇,等.基于自适应观测器的永磁同步直线电机模型预测控制系统设计[J].电工技术学报,2021,36(06):1190-1200.

［53］王先逵.我国机床数字控制技术的回顾和发展[J].现代制造工程,2011(01):1-8.

［54］云涛.先进过程控制在煤化工行业示范及应用展望[J].自动化仪表,2020,41(08): 103-105,110.

［55］张乐迪,谢寿生,张驭,等.航空发动机分布式控制系统动态输出反馈鲁棒 H∞ 容错

控制[J].航空动力学报,2018,33(06):1519-1527.

[56] 邓成,王锦谟.可编程控制器通信技术的研究与实现[J].流体测量与控制,2023,4(01):25-30.

[57] PROAKIS J G, SALEHI M.数字通信[M].5版.张力军,张宗橙,宋荣方,等,译.北京:电子工业出版社,2019.

[58] SKLAR B.数字通信:基础与应用[M].2版.徐平平,宋铁成,叶芝慧,译.北京:电子工业出版社,2015.

[59] 中国通信学会.中国通信学科史[M].北京:中国科学技术出版社,2010.

[60] 樊昌信,曹丽娜.通信原理[M].7版.北京:国防工业出版社,2021.

[61] PALAIS J C.光纤通信[M].5版.刘杰,闻传花,译.北京:电子工业出版社,2015.

[62] 李正军.现场总线与工业以太网及其应用技术[M].北京:机械工业出版社,2011.

[63] 谢希仁.计算机网络[M].8版.北京:电子工业出版社,2021.

[64] TANENBAUM A S,WETHERALL D J.计算机网络[M].5版.北京:机械工业出版社,2011.

[65] 崔勇,张鹏.移动互联网:原理、技术与应用[M].2版.北京:机械工业出版社,2018.

[66] CHAYAPATHI R,HASSAN S F,SHAH P.网络虚拟化技术详解 NFV 与 SDN[M].夏俊杰,范恂毅,赵辉,译.北京:人民邮电出版社,2019.

[67] 高军,陈君,唐秀明,等.深入浅出计算机网络[M].北京:清华大学出版社,2022.

[68] 张晨璐.从局部到整体:5G 系统观[M].北京:人民邮电出版社,2019.

[69] 王良明.云计算的通俗讲义[M].4版.北京:电子工业出版社,2022.

[70] 张建敏,杨峰义,武洲云,等.多接入边缘计算(MEC)及关键技术[M].北京:人民邮电出版社,2019.

[71] 王培麟.云计算虚拟化技术与应用[M].北京:人民邮电出版社,2017.

[72] 雷波,刘增义,王旭亮,等.基于云、网、边融合的边缘计算新方案:算力网络[J].电信科学,2019,35(09):44-51.

[73] 余腊生.分布式系统与云计算:原理、技术与应用[M].长沙:中南大学出版社,2019.

[74] 曾德泽,陈律昊,顾琳,等.云原生边缘计算:探索与展望[J].物联网学报,2021,5(02):7-17.

[75] 李辉,李秀华,熊庆宇,等.边缘计算助力工业互联网:架构、应用与挑战[J].计算机科学,2021,48(01):1-10.

[76] 韩锐,刘驰.云边协同大数据技术与应用[M].北京:机械工业出版社,2022.

[77] 徐泉,王良勇,刘长鑫.工业云应用与技术综述[J].计算机集成制造系统,2018,24(08):1887-1901.

[78] 迈尔-舍恩伯格·维克托,库克耶·肯尼斯.大数据时代:生活、工作与思维的大变革[M].盛杨燕,周涛,译.杭州:浙江人民出版社,2013.

[79] 闫树,袁博,吕艾临.隐私计算:推进数据"可用不可见"的关键技术[M].北京:电

子工业出版社,2022.

[80] 曹磊.全球工业大数据解析[J].竞争情报,2020,16(03):57-63.

[81] 贾铁军,陶卫东,网络安全技术及应用[M].3 版.北京:机械工业出版社,2017.

[82] 潘霄,葛维春,全成浩.网络信息安全工程技术与应用分析[M].北京:清华大学出版社,2016.

[83] 刘晓曼,吴诗雨.全球工业领域网络安全态势简析[J].信息通信技术,2022,16(06):47-51.

[84] 房文治.网络安全访问控制技术[J].电子技术与软件工程,2014(15):212-213.

[85] 王文江,柏赫,刘鑫,等.计算机网络安全入侵检测技术研究[J].中国新通信,2023,25(04):102-104.

[86] 赵佩咏.网络安全态势感知系统结构及关键技术[J].无线互联科技,2022,19(22):154-156.

[87] 曹诗南,刘晓曼.全球工业领域网络安全技术演进及思考[J].通信世界,2022(11):26-27.

[88] 侯中妮,靳小龙,陈剑赟,等.知识图谱可解释推理研究综述[J].软件学报,2022,33(12):4644-4667.

[89] 肖甫.群智感知计算专题前言[J].计算机科学,2020,47(10):3-4.

[90] 杨强,童咏昕,王晏晟,等.群体智能中的联邦学习算法综述[J].智能科学与技术学报,2022,4(01):29-44.

[91] 李学龙.多模态认知计算[J].中国科学:信息科学,2023,53(01):1-32.

[92] 姚日煌,陈新苹,鹿洵.智能传感器在智能制造中的应用和意义[J].电子质量,2023(03):108-113.

[93] 伍锡如,黄国明,孙立宁.基于深度学习的工业分拣机器人快速视觉识别与定位算法[J].机器人,2016,38(06):711-719.

[94] 徐青青.基于机器视觉的工业机器人智能分拣系统设计[J].仪表技术与传感器,2019(08):92-95,100.

[95] 李亚宁,詹童杰,刘迎,等.工业智能发展关键问题研究[J].电子技术应用,2019,45(12):1-5,15.

[96] 欧敬逸,田颖,向鑫,等.基于迁移 BN-CNN 框架的小样本工业过程故障诊断[J].电子科技,2023,36(07):49-55.

[97] 雷远东.工控安全防护技术[J].网络安全和信息化,2018(06):42-43.

[98] 解旭东.工业互联网安全监测审计及态势感知技术研究[J].信息安全研究,2020,6(11):996-1002.

[99] 柴天佑.工业人工智能发展方向[J].自动化学报,2020,46(10):2005-2012.

[100] 杨涛,易新蕾,卢绍文,等.工业人工智能驱动的流程工业智能制造[J].Engineering,2021,7(09):70-83.

［101］王建民.工业大数据技术综述［J］.大数据,2017,3(06):3-14.

［102］杨易,庄越挺,潘云鹤.视觉知识:跨媒体智能进化的新支点［J］.中国图象图形学报,2022,27(09):2574-2588.

［103］李祥瑞.机器视觉研究进展及工业应用综述［J］.数字通信世界,2021(11):79-80,146.

［104］马晗,唐柔冰,张义,等.语音识别研究综述［J］.计算机系统应用,2022,31(01):1-10.

［105］PTC.Creo 7.0创成式设计和仿真新功能［J］.智能制造,2020(05):23-27.

［106］王雄.AI大模型未来将走向何方广泛应用成首要挑战［J］.计算机与网络,2021,47(22):39-40.

［107］赵朝阳,朱贵波,王金桥.ChatGPT给语言大模型带来的启示和多模态大模型新的发展思路［J］.数据分析与知识发现,2023,7(03):26-35.

［108］杨朋波,桑基韬,张彪,等.面向图像分类的深度模型可解释性研究综述［J］.软件学报,2023,34(01):230-254.

［109］李瑶,左兴权,王春露,等.人工智能可解释性评估研究综述［J］.导航定位与授时,2022,9(06):13-24.

［110］邵仁荣,刘宇昂,张伟,等.深度学习中知识蒸馏研究综述［J］.计算机学报,2022,45(08):1638-1673.

［111］刘阳.工业数字孪生白皮书发布［J］.工业控制计算机,2021,34(12):19.

［112］陶飞,刘蔚然,刘检华,等.数字孪生及其应用探索［J］.计算机集成制造系统,2018,24(01):1-18.

［113］陶剑,戴永长,魏冉.基于数字线索和数字孪生的生产生命周期研究［J］.航空制造技术,2017(21):26-31.

［114］丁凯,张旭东,周光辉,等.基于数字孪生的多维多尺度智能制造空间及其建模方法［J］.计算机集成制造系统,2019,25(06):1491-1504.

［115］冯昊天,王红军,常城,等.基于数字孪生的柔性生产线状态感知［J］.电子测量与仪器学报,2021,35(2):17-24.

［116］张立霞,张帅.面向数字孪生的通信控制组件设计与应用验证研究［J］.中国管理信息化,2020,23(24):200-203.